"十三五"高等职业教育规划教材
安徽省高校省级质量工程规划教材立项教材

C语言程序设计项目化教程

主　编　方少卿
副主编　查　艳　伍丽惠　李　婷

中国铁道出版社有限公司
CHINA RAILWAY PUBLISHING HOUSE CO., LTD.

内 容 简 介

本书是安徽省高校省级质量工程规划教材立项教材—— 计算机专业项目化系列教程（2017ghjc290）之一。全书本着"项目引领，任务驱动，围绕需求，循序渐进"的原则编写，根据高职学生的特点，围绕一个应用系统展开，每单元以围绕项目的若干个任务引入，同时配以例题与习题，便于读者理解和掌握本单元的重点和难点。

全书共分 11 单元，主要内容包括 C 语言的基本概念、语法和数据结构。本书具体介绍了 C 语言的数据类型、变量、各种基本语句和数组、函数、指针、结构体、位运算、文件操作及程序设计的方法，以及一个应用系统设计开发的综合实例。本书注重应用性和实践性，通过一些典型例题的解题分析及 C 程序帮助读者进一步加强对 C 语言的理解。为了给读者提供参考和强化读者对 C 语言的操作技能，每单元配有实训，分为基础的验证性实训和提高的设计性实训，供读者学习借鉴和参考。

本书适合作为高等专科学校和高等职业院校各专业"C 语言程序设计"课程的教材，也可作为电大、成人院校的教材和各类培训班用书，还可作为计算机等级考试和自学 C 语言的参考书。

图书在版编目（CIP）数据

C 语言程序设计项目化教程 / 方少卿主编 . —北京：中国铁道出版社有限公司，2020. 8（2022. 12 重印）
"十三五"高等职业教育规划教材
ISBN 978-7-113-27012-4

Ⅰ . ① C… Ⅱ . ①方…Ⅲ . ① C 语言 - 程序设计 - 高等职业教育 - 教材 Ⅳ . ① TP312. 8

中国版本图书馆 CIP 数据核字（2020）第 110204 号

书　　名： C 语言程序设计项目化教程
作　　者： 方少卿

策　　划： 翟玉峰　　　　**编辑部电话：**（010）51873628
责任编辑： 汪　敏　李学敏
封面设计： 刘　颖
责任校对： 张玉华
责任印制： 樊启鹏

出版发行： 中国铁道出版社有限公司（100054，北京市西城区右安门西街 8 号）
网　　址： http://www.tdpress.com/51eds/
印　　刷： 三河市宏盛印务有限公司
版　　次： 2020 年 8 月第 1 版　2022 年 12 月第 2 次印刷
开　　本： 787 mm×1 092 mm　1/16　**印张：** 19. 5　**字数：** 464 千
书　　号： ISBN 978-7-113-27012-4
定　　价： 56. 00 元

序

我国已进入新的发展阶段，产业升级和经济结构调整不断加快，各行各业对技术技能人才的需求越来越紧迫，职业教育的地位和作用越来越凸显。

国务院发布的《国家职业教育改革实施方案》（以下简称《方案》）要求“深化产教融合、校企合作，育训结合，健全多元化办学格局，推动企业深度参与协同育人，扶持鼓励企业和社会力量参与举办各类职业教育。”《方案》要求各职业院校“按照专业设置与产业需求对接、课程内容与职业标准对接、教学过程与生产过程对接的要求，……，提升职业院校教学管理和教学实践能力。”为了更好地提升计算机和信息技术技能人才的培养质量，针对目前相当一部分高职院校计算机和信息技术专业中的教学过程和课程内容仍沿用传统的学科体系，核心课程间缺乏联系或联系不紧的现象；教学内容和行业标准、工作过程脱节的现象，我们与企业合作规划设计了这套计算机项目化系列教程。整个系列教程围绕计算机应用专业和软件技术专业的核心课程和技能进行整合，以行业企业软件设计开发的岗位技能和标准需求来规划设计整套教程。全系列教材以一个真实企业项目来引领。

本系列教材是主编及参编教师在长期的教学过程中，对教与学过程总结与提升的结晶。在对现有的教材认真分析后，编写团队认为有这样一些缺点：

（1）缺少前后课程间的内容衔接。现有专业核心教材各自都注重本课程的体系完整性，但缺少课程间的内容衔接，课程间关联度不高，这影响了IT人才培养的质量与效率，也与高职技术技能型人才培养目标吻合度有距离。

（2）教学内容和行业标准、工作过程脱节，缺乏真实项目引领的教材。教材内容和行业标准、工作过程脱节，使学生学习的目标不明，学习的针对性不强，从而影响学生学习的主动性和积极性。

我们提出以一个项目贯穿专业的主干课程的思想，针对在高职人才培养过程中课程间衔接不好、各课程相互关联度不高，力争从专业人才培养的顶层对专业核心课程进行系统化的开发，组建了教学团队并编写教学大纲，委托安徽力瀚科技有限公司定制开发两个版本的“职苑物业管理系统”——桌面版和Web版。两个版本有相同的业务流程，桌面版主要为“C#程序设计项目化课程”服务，Web版主要为“动态网页设计（ASP.NET）项目化课程”和“SQL Server数据库项目化课程”服务，并在此基础上编写系列教材。

（3）学生学习课程的具体目标不明确，影响学习积极性。本系列教材以一个真实的案例开发任务来引领各课程学习，从而使学生的学习有明确而实际的学习目标，项目需求与课程间相匹配，有明确的任务适合学生学习后完成，增强学生的成就感和积极性。

本系列教材共5本，分别是《C语言程序设计项目化教程》《C#程序设计项目化教程》《动态网页设计（ASP.NET）项目化教程》《SQL Server数据库项目化教程》《实用软件工程项目化教程》，每本书按软件开发先后次序展开，并以任务形式分步进行。每单元分三部分：第一部分介绍单元需要完成的任务；第二部分介绍任务涉及的基本知识点；第三部分是完成任务。有些必需而任务中没有涉及的知识点则以知识拓展或延伸阅读的形式提供。为了更好地配合教师的教学和学生的学习，每本书提供了丰富的数字化教学资源，有配套的PPT课件，并提供了完整的项目代码和教学视频供教师和学生课下学习使用。对一些关键内容还提供了微视频，学习者可通过扫描相应的二维码来进行学习。同时每单元的实训任务也是配合教学内容相关的知识点进行设计，方便学生学习和实践操作，进而强化职业技能和巩固所学知识。

本系列教材以“职苑物业管理系统”的设计与开发进行统一规划、分类实现，分别设计了一个基于C#脚本Web版的B/S架构应用系统和一个基于C#脚本的桌面系统，同时还设计了一个C语言的简化版“职苑物业管理系统”，并以此应用系统将软件开发过程以实用软件工程来进行总结和提升。

本系列教材特点突出：

①一个项目贯穿系列教材；

②对接行业标准和岗位规范；

③打破课程的界限，注重课程间的知识衔接；

④降低理论难度，注重能力和技能培养。

⑤形成一种教材开发模式。

本系列教程为2016年安徽省高校省级质量工程名师（大师）工作室——方少卿名师工作室（2016msgzs074）建设内容之一，同时也是安徽省高校省级质量工程规划教材立项教材——计算机专业项目化系列教程（2017ghjc290）的建设内容。项目开发由安徽省高职高专专业带头人资助项目资助。

本系列教材由铜陵职业技术学院方少卿教授担任主编并负责规划和各教材的统稿定稿，铜陵职业技术学院张涛、张锐、汪广舟、刘兵、查艳、伍丽惠、李婷、崔莹、李超和安徽工业职业技术学院王雪峰、铜陵广播电视大学汪时安，安徽力瀚科技有限公司技术总监吴荣荣等为教材的规划、编写付出了很多努力。在教材建设过程中得到铜陵职业技术学院、安徽工业职业技术学院、铜陵广播电视大学有关领导和同仁的大力支持，同时教材编写过程中参考了本领域的相关教材和著作，在此一并表示感谢。

由于编者水平有限，加之一个案例引领专业核心课程还只是一种探索，书中难免存在不妥和疏漏之处，恳请广大读者和职教界同仁提出宝贵意见和建议，以便修订时加以完善和改进。

方少卿
2019年6月

前言

当今社会，以大数据、云计算、物联网和人工智能技术为标志的信息技术在各个行业和领域获得了广泛而深入的应用，以计算机技术为核心的信息时代，熟练掌握计算机应用技能已经成为人们日常工作、学习不可或缺的重要能力。作为在校大学生，学习计算机知识更是必然的选择，尤其要学习一些计算机程序设计知识，掌握一门计算机程序开发语言可以为将来的生活和工作带来长远的影响。

掌握一种程序设计语言是进行程序设计的前提和基础，诞生于20世纪70年代的C语言是目前广泛流行的通用程序设计语言。C语言是我国高职院校普遍开设的一门计算机专业基础课程，也是计算机爱好者学习程序设计语言的首选。C语言是既被美国国家标准化协会（ANSI）认可又为工业界广泛支持的计算机语言之一，几乎任何一种机型、任何一种操作系统都支持C语言开发。C语言在巩固其原有应用领域的同时，还拓展新的应用领域：在嵌入式编程开发领域也扮演着重要的角色，以一个标准规格写出的C语言程序可在许多计算机平台上进行编译，甚至包含一些嵌入式处理器（单片机或称MCU）以及超级计算机等作业平台。C语言支持大型数据库开发和Internet应用，读者以学习C语言为基础，可以为学习其他任何一种程序设计语言作好准备，为后续的面向对象程序设计、Windows程序设计、Java程序设计等程序设计语言的学习打下基础。

本书为安徽省高校省级质量工程规划教材立项教材——计算机专业项目化系列教程（2017ghjc290）的组成部分。本着“理论够用适度，任务驱动学习”的原则，本教材所涉及的案例是与企业合作开发的真实案例——职苑物业管理系统，并以此案例展开知识点的阐述。为了便于教学，教材的编写参照C语言课程教学标准和高职高专学生的特点对案例进行了修改，并按照项目开发的各个阶段分解成若干个任务，将C语言的知识点引入相关任务中。

全书以开发应用系统作为程序设计的主线，采用“项目引领，任务驱动，围绕需求循序渐进，按章小结，复习巩固”的原则，以物业管理系统设计开发引领全书的知识展开，每单元围绕应用系统开发的一个系统介绍了C语言程序设计的基本知识、算法基础、基本数据类型和数据运算、程序控制结构、数组、函数、编译预处理、指针、结构体和共用体、文件等，并通过丰富的程序设计实例，加强程序设计思维方法和实际编程的训练。

全书基于Microsoft Visual C++ 2010 Express集成开发环境和物业管理系统项目开发需求展开，每单元后都配有小结，同时安排了大量的练习题，帮助读者进一步学习和巩固本单元的重点和难点，并给出了一个综合实训供学习者调试运行。全书标有*的节为选学内容，可根据学习者基础决定是否学习。

一、本书内容

本书共11个单元，全书围绕物业管理系统项目设计展开，具体内容如下：

单元1　物业管理系统介绍：介绍物业管理系统总体框架和功能演示，为全书围绕此项目学习提供一个学习的整体目标。

单元2　物业管理系统开发平台介绍：介绍物业管理系统开发平台Microsoft Visual Studio 2010 Express以及创建应用程序并调试，为后续学习尊定基础。

单元3　数据处理——数据类型、运算符与表达式：介绍C语言的数据存储、运算相关知识，主要涉及数据类型、运算符与表达式，为项目数据处理提供保障。

单元4　结构化程序的基本结构：介绍C语言程序设计的三种基本结构，为后续项目代码设计奠定基础。

单元5　同类型批数据处理——数组：介绍数组概念及相关知识，主要介绍一维数组、二维数组和字符数组，为项目的一批同类型数据处理提供知识支撑。

单元6　数据处理功能模块——函数及预处理命令：介绍函数概念及相关知识，提供了函数定义、函数调用、变量作用域、变量存储类和预处理命令，为后续项目的数据处理模块设计提供相关知识支撑。

单元7　数据地址访问——指针：介绍指针概念及相关知识，介绍了数据的地址访问方式，主要介绍了指针定义、指针引用和指针数组等，为项目的数据地址访问打下基础。

单元8　不同类型数据处理——结构体、共用体与枚举：介绍了结构体、共用体与枚举概念及相关知识，为对项目中不同类型数据处理相应知识打下基础。

单元9　位数据处理：介绍位数据处理相关知识，介绍了C语言位操作的相关知识。

单元10　程序数据的存储——文件操作：介绍文件概念及相关操作知识，为项目数据的存储与读取提供相关知识支撑。

单元11　综合实训——物业管理系统开发与调试：以综合实训的形式对物业管理系统项目代码设计、调试相关知识作了整体介绍，形成一个完整系统。

二、配套资源

为了配合教师更好地教学和学生更方便地学习，本书开发了丰富的数字化教学资源，有配套的PPT课件，并提供了完整的项目代码和教学视频，供教师和学生课下学习使用，具体下载地址为：http://www.tdpress.com/51eds/，联系邮箱：TLFSQ@126.com，教材视频或源代码请扫描相关内容的二维码进行观看或下载学习。

三、课时分配建议

序号	教学内容	建议课时	
		理论	实训
1	单元 1　物业管理系统介绍	1	
2	单元 2　物业管理系统开发平台介绍	2	2
3	单元 3　数据处理——数据类型、运算符与表达式	4	2
4	单元 4　结构化程序的基本结构	8	6
5	单元 5　同类型批数据处理——数组	4	4
6	单元 6　数据处理功能模块——函数及预处理命令	4	2
7	单元 7　数据地址访问——指针	2	2
8	单元 8　不同类型数据处理——结构体、共用体与枚举	2	2
9	单元 9　位数据处理	1	1
10	单元 10　程序数据的存储——文件操作	4	3
11	单元 11　综合实训——物业管理系统开发与调试	4	4
合计		36	28

本书由铜陵职业技术学院方少卿任主编，查艳、伍丽惠、李婷任副主编，全书由方少卿规划并统稿。全书共11单元，其中，单元1、4、5、7、10、11和附录A～C由方少卿编写，单元2、3由查艳编写，单元6由李婷和方少卿编写，单元8、9由伍丽惠编写。

本书编写过程中得到了铜陵职业技术学院领导和信息工程系领导的大力支持，学院同事对本书的编写提出了许多宝贵意见，特别是张锐老师带领学生参与教材项目源代码的调试与修改，在此对他们表示衷心感谢！

由于编者水平有限，疏漏和不足之处在所难免，敬请读者和各位同仁不吝赐教，提出您的宝贵意见。

编　者

2020年5月

目 录

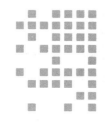

单元 1 物业管理系统介绍

随着我国进入新时代，经济得到全面发展和进步，特别是信息化手段的普及应用，更促进了我们在各个领域管理手段的进步和提升。为了加强对居民小区的精细化管理，我们开发了小区物业管理系统，以模拟对小区的物业管理并以此系统引领C语言的学习。本单元将介绍该系统的结构框架和运行效果，后续各单元内容将围绕该项目案例逐步展开。

学习目标

- 了解物业管理系统功能框图
- 了解物业管理系统运行界面

任务一　物业管理系统功能介绍

任务导入

某物业公司需要开发一个应用系统，将所管理小区的业主信息和房屋信息纳入该物业管理系统进行管理，要求只有管理员才能登录该系统对相关数据进行增加、删除、修改、查询操作，本任务要求给出该项目的系统框架和主要功能。

知识准备

物业管理系统主要管理业主信息和房屋信息，其功能设计为：业主管理模块、房屋管理模块、排序统计模块、登录管理模块；输入/输出数据保存在二进制文件中，程序需要数据时从文件中读入数据，处理后的结果数据输出并保存在文件中。

项目启动后，输入管理员登录名和密码，与从文件中读入的相应管理员登录名与密码比较，若一致则进入系统主菜单，不一致则出现提示出错信息。在主菜单中显示上述四类功能模块名称，根据选择进入相应功能菜单；在功能菜单中再根据选择执行相应的功能（实际是调用相应函数）。

视 频

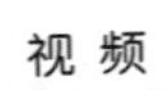

任务一
任务实施

任务实施

按照系统功能需求，设计的系统功能框图如图1-1所示。

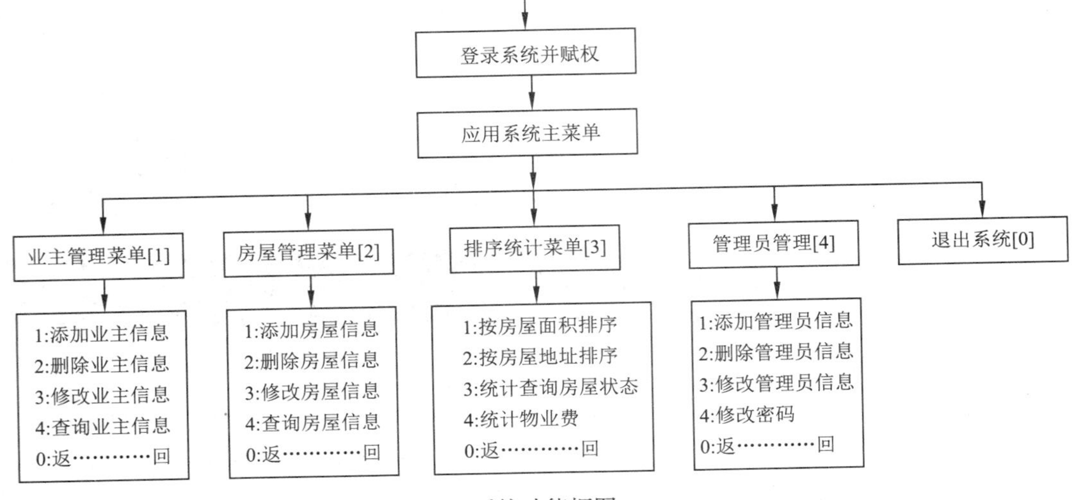

图 1-1 系统功能框图

任务二 物业管理系统功能演示

任务导入

运行“物业管理系统”，演示系统各功能运行的结果。

知识准备

启动Microsoft Visual C++ 2010 Express（简称VC++ 2010）后，打开wygl.c，如图1-2所示，单击“运行”按钮（也可以直接执行wygl.exe文件），出现登录界面（见图1-3），输入登录名和密码（本项目系统管理员账号和初始密码分别为admin、admin），则出现系统主菜单，如图1-4所示。本例为教学演示系统，设定最多只能添加50位业主和50套房屋。

任务实施

视 频

任务二
任务实施

在主菜单中选择不同的功能项，则出现相应的功能菜单，如输入“1”选择“业主管理”，则出现“业主管理”菜单，如图1-5所示。

在业主管理菜单中输入“1”，执行“添加业主信息”功能，出现添加业主界面，如图1-6所示，输入要添加的业主信息后，结果会保存在owner_inf.dat文件中。

图 1–2　物业管理系统开发界面

图 1–3　物业管理系统登录界面

图 1–4　物业管理系统主菜单

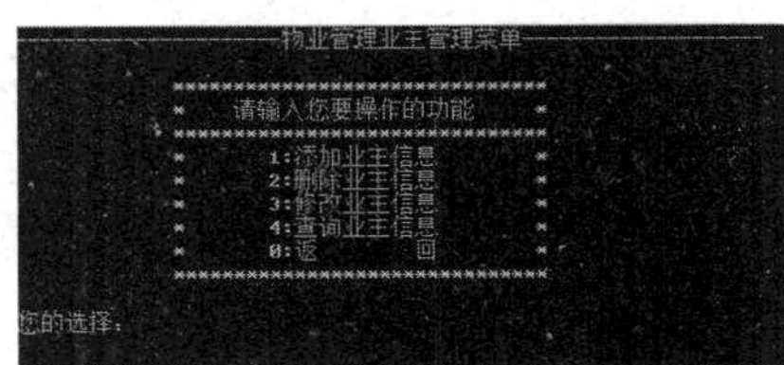

图 1–5　物业管理系统业主管理菜单界面

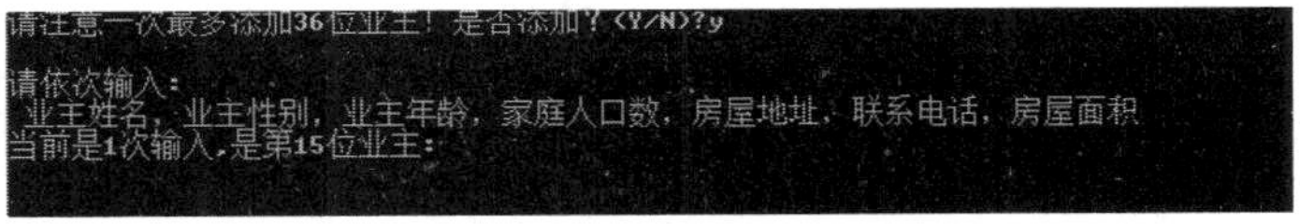

图 1–6　添加业主信息界面

在业主管理菜单中输入“2”，执行“删除业主信息”功能，则出现删除业主信息界面，如图1–7所示，输入要删除业主信息的查找方式，会显示查找到的业主信息，然后询问是否删除，当确认删除后会删除该条信息，然后将删除后的数据保存在owner_inf.dat文件中。由于考虑到教学需要，在执行删除前，会显示所有已有业主信息，这是为了更好地显示删除效果，实际系统中是不会显示所有用户信息的。

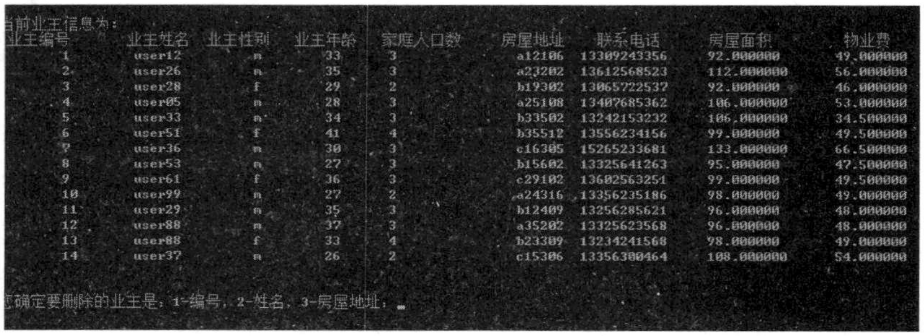

```
当前业主信息为:
业主编号    业主姓名  业主性别  业主年龄  家庭人口数    房屋地址  联系电话     房屋面积     物业费
   1        user12      m        33        3          a12106  13309243356  92.000000    49.000000
   2        user26      m        35        3          a23202  13612568523  112.000000   56.000000
   3        user28      f        29        2          b19302  13065722537  92.000000    46.000000
   4        user05      m        28        3          a25108  13407685362  106.000000   53.000000
   5        user33      m        34        3          b33502  13242153232  106.000000   34.500000
   6        user51      f        41        4          b35512  13556234156  99.000000    49.500000
   7        user36      m        30        3          c16305  15265233681  133.000000   66.500000
   8        user53      m        27        3          b15602  13325641263  95.000000    47.500000
   9        user61      f        36        3          c29102  13602563251  99.000000    49.500000
   10       user99      m        27        2          a24316  13356235186  98.000000    49.000000
   11       user29      m        35        3          b12409  13256285621  96.000000    48.000000
   12       user88      m        37        3          a35202  13325623568  96.000000    48.000000
   13       user88      f        33        4          b23309  13234241568  98.000000    49.000000
   14       user37      m        26        2          c15306  13356300464  108.000000   54.000000

您确定要删除的业主是: 1-编号, 2-姓名, 3-房屋地址:
```

图 1–7　删除业主信息界面

在业主管理菜单中输入“3”，执行“修改业主信息”功能，则出现修改业主信息界面，如图1–8所示，输入要修改业主信息的查找方式，会显示查找到的业主信息，然后询问是否修改，当确认修改后会要求输入修改后的相关信息，然后将修改后的数据保存在owner_inf.dat文件中。同样为了教学需要，在执行修改前，会显示所有原有业主信息，这是为了更好地显示修改效果，实际系统中是不会显示所有用户信息的。

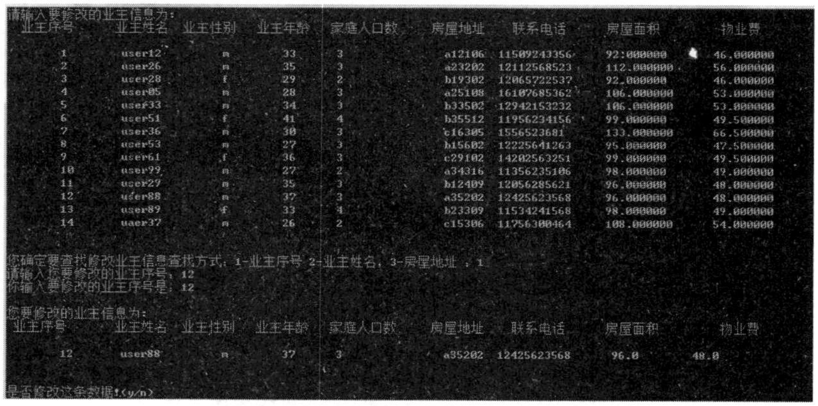

```
请输入要修改的业主信息为:
业主序号    业主姓名  业主性别  业主年龄  家庭人口数    房屋地址  联系电话     房屋面积     物业费

   1        user12      m        33        3          a12106  11509243356  92.000000    46.000000
   2        user26      m        35        3          a23202  12112568523  112.000000   56.000000
   3        user28      f        29        2          b19302  12065722537  92.000000    46.000000
   4        user05      m        28        3          a25108  16107685362  106.000000   53.000000
   5        user33      m        34        3          b33502  12942153232  106.000000   53.000000
   6        user51      f        41        4          b35512  11956234156  99.000000    49.500000
   7        user36      m        30        3          c16305  1556523681   133.000000   66.500000
   8        user53      m        27        3          b15602  12225641263  95.000000    47.500000
   9        user61      f        36        3          c29102  14202563251  99.000000    49.500000
   10       user99      m        27        2          a34316  11356235106  98.000000    49.000000
   11       user29      m        35        3          b12409  12056285621  96.000000    48.000000
   12       user88      m        37        3          a35202  12425623568  96.000000    48.000000
   13       user89      f        33        4          b23309  11534241568  98.000000    49.000000
   14       uaer37      m        26        2          c15306  11756300464  108.000000   54.000000

您确定要查找修改业主信息查找方式: 1-业主序号 2-业主姓名, 3-房屋地址 : 1
请输入你要修改的业主序号: 12
你输入要修改的业主序号是: 12

您要修改的业主信息为:
业主序号    业主姓名  业主性别  业主年龄  家庭人口数    房屋地址  联系电话     房屋面积     物业费

   12       user88      m        37        3          a35202  12425623568   96.0        48.0

是否修改这条数据!(y/n)
```

图 1–8　修改业主信息界面

小　结

本单元主要介绍了物业管理系统的功能框图和运行界面，初步介绍了该应用系统的功能需求和设计架构；介绍了物业管理系统的登录、运行过程，为后续学习作了一个铺垫。

实　训

实训要求

运行物业管理系统，了解该系统的各模块功能，添加管理员并以该管理员身份登录系统。

实训任务

实训1　运行物业管理系统的执行文件，了解该系统的登录过程、各模块功能和运行结果。

实训2　登录物业管理系统，添加管理员后退出，并以添加的管理员身份登录系统。

习　题

一、填空题

本教材的使用案例——物业管理系统的管理信息有________和房屋信息两大类，其中前者管理模块实现了信息________、________、________和________四种管理操作。

二、简答题

你认为还有哪些功能可以加入物业管理系统？

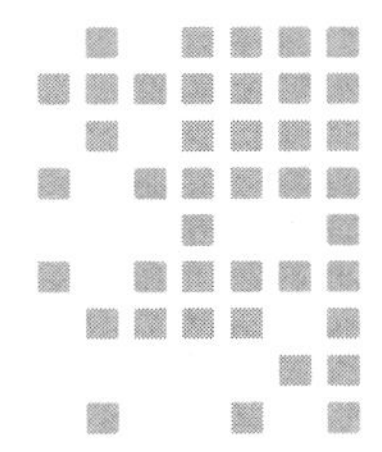

单元 2 物业管理系统开发平台

上一单元，我们了解了物业管理系统的功能设计及实现效果。从本单元开始将逐步学习如何利用开发工具完成系统项目开发，并在项目开发的过程中学习C语言的语法基础及在项目中的实际应用，同时锻炼程序开发能力，训练程序设计思维，学习专业技能，培养专业素质。

本单元将学习了解C语言的产生及发展历程，学生应熟悉C语言基本结构特点；熟悉案例项目的开发平台——VC++ 2010，掌握基本操作，为后续内容学习的展开打好基础。

学习目标

- 了解C语言的产生与发展
- 熟悉C程序的结构及特点
- 了解数据输入/输出函数
- 了解VC++ 2010的集成开发环境与功能
- 创建简单C应用程序

任务一　初识 C 语言

任务导入

C语言是一门面向过程的计算机编程语言。在编程领域中，C语言的运用非常多，它兼顾了高级语言和汇编语言的优点，相较于编程语言具有较大优势。计算机系统设计以及应用程序编写是C语言应用的两大领域。同时，C语言的普适性较强，适用于许多计算机操作系统，且效率显著。

本书的案例项目“物业管理系统”是使用C语言基于VC++ 2010集成开发环境实现的。

VC++ 2010是微软公司的C++开发工具，具有集成开发环境，可提供C、C++和C++/CLI等编程语言开发环境。

通过本任务的学习，读者将了解利用VC++ 2010开发平台如何编写程序、程序的基本结构是怎样的，学习结束时完成编写一个简单的计算机程序——Hello Word！程序。

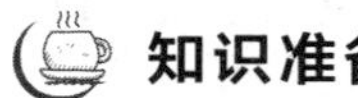

知识准备

一、C语言简介

1. C语言的发展历程

C语言是20世纪70年代初美国贝尔（Bell）实验室Dennis M.Ritchie（里奇）设计的一种程序设计语言，正式发布于1978年。它是在B语言的基础上进行重新设计的一种语言，由于是B语言的后继语言，故称为C语言。1978年，Brian W.Kernighan和Dennis M.Ritchie（合称K&R）合著了*The C Programming Language*一书，称为标准C，成为后来广泛使用的C语言版本的基础，对C语言的发展产生了深远的影响。

1983年，美国国家标准协会（American National Standards Institute）在标准C基础上制定了C 语言新标准，称为ANSI C，它比标准C有了更大的发展。目前广泛流行的C语言版本有Microsoft C、Turbo C、Quick C等，其编译系统基本相同，但也略有差异。

2. C语言的特点

C语言是一种通用的程序设计语言，是处于汇编语言和高级语言之间的一种中间型程序设计语言，常称为“中级语言”。它既具有高级语言面向用户、可读性强、容易编程和维护等特点，又具有汇编语言面向硬件和系统，可以直接访问硬件的功能，在程序运行效率方面可以与汇编语言媲美。

C语言具有以下特点：

（1）C语言吸取了汇编语言的精华

汇编语言是一种面向机器的低级语言，尽管它的编程要比高级语言麻烦得多，但目标程序质量高，运行快，所以在工业自动化控制系统等领域仍然被广泛使用，显现出强大的生命力。

① C语言提供了对位、字节及地址的操作，使程序可以直接访问硬件。

② C语言吸取了宏汇编技术中的一些灵活处理方式，提供了宏替换命令#define和文件包含的预处理命令#include。

③ C语言程序能与汇编语言程序实现无缝连接，可以在C语言程序中方便地引用汇编语言程序。

④ C语言编译生成的目标程序代码质量高，执行效率高，运行速度快。与汇编程序生成的目标程序代码执行效率相比，只低10%～20%，这是其他高级语言所无法达到的。

（2）C语言继承和发扬了高级语言的优势

① 继承了Pascal语言具有丰富数据类型的特点，并具有完备的数据结构。

② 吸取了FORTRAN语言中模块结构的思想，C语言中每个函数都是独立的，允许单独进行编译，这有利于大程序的分工协作和调试。

③ 允许递归调用，使有些算法的实现简明、清晰。

④ 发扬了高级语言面向用户、可读性强、容易编程和维护等特点，使C语言易学、易读、易懂、易编程、易维护。

⑤ 具有良好的可移植性，它没有依赖于硬件的输入/输出语句，便于在不同硬件结构的计算机之间移植。

二、简单的C语言程序介绍

下面的例子是最简单的C语言程序，一个无任何实际执行动作的程序，既无输入操作，也无输出操作。

```
/*最简单的C语言程序*/
void main()
{
}
```

这是一个最简单的C语言程序，它仅由一个函数体为空的主函数构成，运行时无任何动作。当然，这样的程序只是用来演示说明，没有任何实际意义。

程序的第一行是注释内容，并非程序有效的执行代码，C语言中的注释内容用一对"/*"和"*/"括起来（还可用双斜线"//"进行程序注释。在以后的上机操作中，会了解注释可以帮助进行程序的调试）。

程序的第二行是C语言主函数的开始，void是主函数返回值，main是主函数名，这是一个特殊的函数，每个C语言程序都必须有且只有一个主函数，它是C程序运行的起点。main后面的"()"是函数的参数部分，可以为空，但括号不能省略。

程序的第三行、第四行是对应的一对花括号"{ }"，表示函数体的开始和结束，当然函数体也允许为空（花括号可以用来构成复合语句等）。

三、C源程序的结构特点

一个实现某种特定功能的C语言程序（一个或多个文件）应包含若干个函数，每个函数又是由若干条语句组成的。同其他高级语言一样，C语言的语句用来向计算机系统发出操作指令。一条语句经编译后会产生若干条机器指令。

因此，C语言程序的结构形式如图2-1所示。

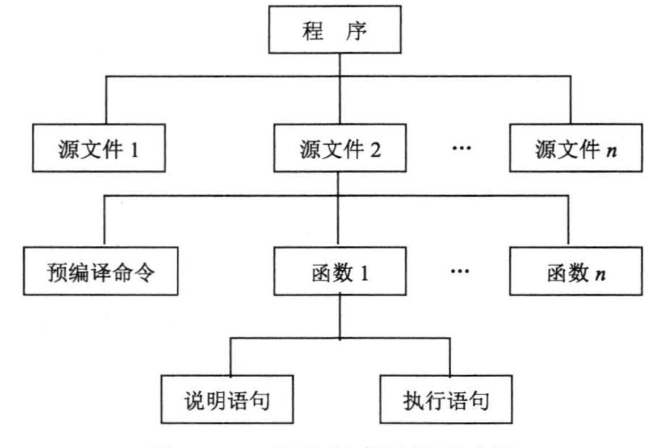

图 2-1　C 语言程序结构形式图

【说明】

（1）一个C语言源程序可以由一个或多个源文件组成。

（2）每个源文件可由一个或多个函数组成。

（3）一个源程序不论由多少个文件组成，都有且只能有一个main()函数，即主函数。

（4）源程序中可以有预处理命令（#include 命令仅为其中的一种），预处理命令通常应放在源文件或源程序的最前面。

【例2.1】编写程序，终端输出"Welcome!"欢迎信息。

```
#include <stdio.h>
#include <stdlib.h>
void main()
{
   printf("Welcome!");            /*在屏幕上输出"Welcome!"*/
   system("pause");               /*使得显示结果屏幕停留直至用户确认返回*/
}
```

运行结果：Welcome!_

该程序的主函数体包含了标准的输出函数，实现输出功能。

程序的第一、二行是两个函数库包含，也称头文件包含，用来指出C语言程序调用函数的来源，格式：#include <库函数名>。

程序的第五行是一个标准输出函数调用，完成输出功能。

在C语言中，函数分为两类：一类是标准函数，是系统本身提供的库函数，如函数printf()，一般情况下要在主函数main()之前加上相应的函数库包含，指明其来源；另一类是自定义函数，是用户根据自己需要，自行设计的一段程序，完成特定功能，这也使C语言的模块程序设计思想得到了充分体现。

程序结尾的一句system("pause")的作用是当程序被调试运行时，能够让显示运行结果的窗口停留在桌面上，方便用户仔细核对运行结果，确认结果后只需按键盘上的任意键便可返回代码编辑窗口；如果不加，调试运行时结果窗口会一闪而过。

四、书写程序时应遵循的规则

【例2.2】用函数putchar()完成字符串输出。

```
#include <stdio.h>
#include <stdlib.h>
void main()
{
   char msg[ ]="You are welcome!";   /*定义一个数组来存放字符串*/
   int i=0;
   system("cls");                    /*清屏函数，将显示区域清空*/
   while(msg[i])
   {
      putchar(msg[i]);               /*用putchar()函数进行字符输出*/
      i++;
   }
   system("pause");
}
```

运行结果：

You are welcome!

以上程序是一个简单运用putchar()函数完成字符串输出的程序，该程序严格遵循了程序的书写规则，这样的程序书写清晰，便于阅读、理解和维护。对书写程序的规则归纳如下：

（1）一个语句或一个说明占一行，且要以分号结尾，但预处理命令、函数头和花括号“}”等之后不能加分号。

（2）用{}括起来的部分，通常表示程序的某一层次结构。{}一般与该结构语句的第一个字母对齐，并单独占一行。

（3）低一层次的语句或说明可比高一层次的语句或说明缩进若干空格后书写，以便看起来更加清晰，增加程序的可读性。

读者在编程时应遵循这些规则，以养成良好的编程习惯。

任务实施

C语言程序的基本结构我们已经学习完毕了，那下面就拿出纸和笔，尝试着写出与计算机程序——在屏幕上输出“Hello World!”。

参考本任务【例2.1】程序代码，编写如下：

```
#include <stdio.h>
#include <stdlib.h>
void main()
{
   printf("Hello World!");            /*在屏幕上输出"Hello World"*/
   system("pause");
}
```

运行结果：

```
Hello World!
```

任务二　了解数据输入和输出的常用方法

任务导入

在“物业管理系统”的使用中，物业管理人员需要向系统输入业主及房屋的相关信息，也需要通过系统查看一些数据。程序的输入/输出是程序与用户之间的沟通桥梁。上一任务我们完成了一个简单的打招呼程序。那么如何进行数据输入呢？想要更加多样的数据输出应该如何实现呢？接下来就学习如何解决以上问题，并换种方式打招呼，输出“欢迎使用物业管理系统”字样，实现一个简单的“物业管理系统”欢迎界面的显示。

知识准备

程序一般都与外部有数据交换，这就涉及在程序中数据的输入和输出问题。在C语言中输入/输出是以标准函数形式提供的，通常源程序在开头部分要包含有#include <stdio.h>这一行。在本模块中先简单介绍C语言中的两个常用的格式化输入/输出函数，即printf()、scanf()函数，C语言中其余的输入/输出函数将在后面的单元进行详细的介绍。

一、格式化输出函数printf

格式：printf(控制字符串,参数1,参数2,…,参数*n*);

功能：按照控制字符串格式，将参数进行转换，然后在标准输出设备上输出。

控制字符串中有两种字符：一种是普通字符，将按原样输出；另一种是格式字符，C语言中规定格式字符以“%”开头，最常用的格式字符如下：

%d——将参数按十进制形式输出；

%c——将参数看作单个字符输出；

%f——将参数按浮点数形式输出；

%s——将参数以字符串输出（空格为终止符）。

【注意】格式字符在printf()输出函数中及scanf()输入函数中均可使用。

【例2.3】用%d格式符进行整型十进制数形式的输出。

```
…
a=12;
b=21;
printf("a=%d b=%d \n",a,b);             /*将a、b按十进制整数形式输出*/
…
```

在printf语句中“a=”及“b=”是普通字符，应按原样输出；“\n”为转义字符，转义为回车换行输出；两个格式符%d依次说明a、b应按十进制整数形式输出，因此该程序最终的输出结果为：

```
a=12 b=21
```

二、格式化输入函数scanf()

格式：scanf(控制字符串,参数1,参数2,…,参数*n*);

功能：实现从标准输入设备（通常指键盘）上按规定格式输入数值或字符，并将输入内容存放在参数所指定的存储单元中。

例如：

```
…
scanf("%d  %d",&a,&b);
/*在printf()中参数是指要输出值的变量名,而scanf()中参数是指要接收数据的变量存储单元地址,
所以变量名前要加上地址运算符“&”*/
…
```

该语句表示从键盘输入两个十进制整数，分别赋给变量a和b，&a、&b表示变量a、b的地址，输入的两个十进制整数中间用空格隔开。

任务实施

接下来，我们来完成“欢迎使用物业管理系统”欢迎界面的程序编写。

“欢迎使用物业管理系统”是一串字符，可以认为是一个字符串，所以输出时可以选用格式字符%s来进行控制。

程序代码：

```
#include <stdio.h>
```

```
#include <stdlib.h>
void main()
{
   printf("%s","欢迎使用物业管理系统");
   system("pause");
}
```

运行结果：

```
欢迎使用物业管理系统
```

任务三　熟悉开发平台及应用程序创建

任务导入

我们已经学习了如何用C语言编写出简单程序，但也只是“纸上谈兵”，要想检验自己编写的程序是否正确、程序结果是否满足预期，我们就必须将程序在开发环境中实际运行，查看实际运行结果。

本教材中使用的开发环境是VC++ 2010学习版，那么开发环境中如何创建项目、编辑代码、编译、运行程序，就是本次任务要解决的问题。

编写程序实现简单的物业费计算功能，假设物业费单价为每月1元/m²，根据用户输入的建筑面积，计算输出一年的物业费数额。

知识准备

VC++ 2010是C语言程序的开发平台之一，它为软件开发人员提供了完整的编辑、编译和调试工具，是可视化编程工具中最重要的成员之一。

一、VC++ 2010简介

1. C语言编程工具的发展

C/C++语言并非起源于Microsoft公司，在Windows 3.0出现之前，最好的C/C++编程工具是Borland公司的Turbo C/C++系列。随着Windows 3.0的推出，Microsoft推出了Microsoft C/C++ 7.0，首次采用了MFC（Microsoft Foundation Class Library，微软基础类库）。正是由于MFC的出现，让C++程序员的工作变得更加高效，也使得VC++ 6.0得以成为优秀的主流编程工具。

不过，随着时间的推移，计算机硬件及软件不断发展，VC++ 6.0中有很多变量和函数定义的方法都已落后，而且在Windows 7及以上操作系统中还存在一些兼容问题，因此目前C/C++编程工具使用较多的是VC++ 2010。

VC++ 2010是Microsoft Visual Studio 2010（简称VS 2010）的一个组成部分，其众多版本中的学习版（Express）是一款可以单独安装、独立使用的免费软件，目前全国计算机等级考试（二级C语言）的开发环境就采用的是VC++ 2010学习版。

2. VC++ 2010学习版启动

安装系统后，单击“开始”菜单，选择“程序”|Microsoft Visual C++ 2010 Express|Microsoft Visual C++ 2010命令，启动Visual C++ 2010，启动界面如图2-2所示。

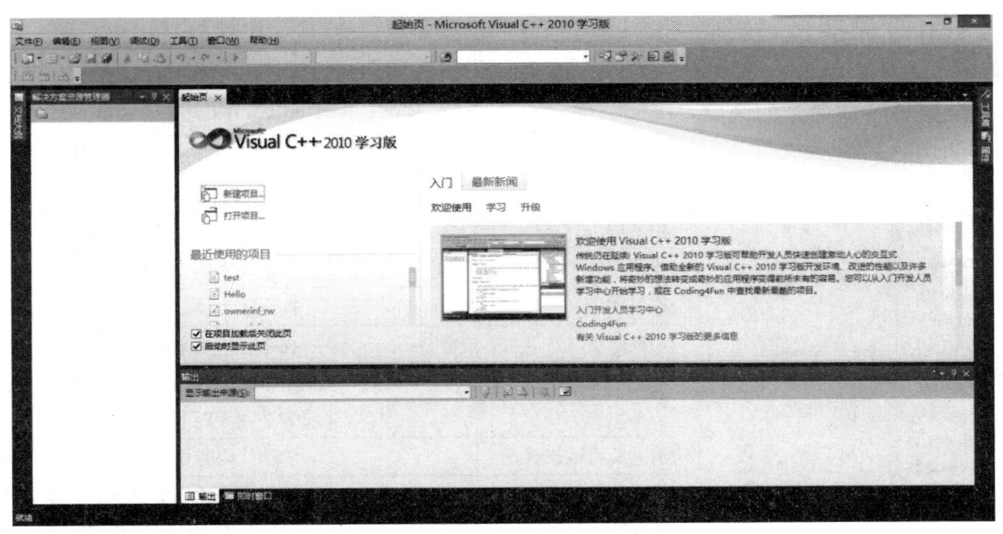

图 2–2　VC++ 2010 启动界面

二、VC++ 2010开发环境介绍

1. VC++ 2010菜单功能

VC++ 2010开发环境界面由标题栏、菜单栏、工具栏、起始页、解决方案资源管理器、输出窗口以及状态栏等组成。在开发环境界面中，有一系列菜单，如图2–3所示，而每一个菜单下都有各自的菜单命令。由于VC++ 2010这个开发平台并不只支持C语言的程序开发，因此下面仅介绍与C语言程序开发运行相关、使用较频繁的菜单。

文件(F)　编辑(E)　视图(V)　调试(D)　工具(T)　窗口(W)　帮助(H)

图 2–3　VC++ 2010 菜单

（1）“文件”菜单

“文件”菜单中的命令主要用来对文件和项目进行操作，如“新建”“打开”“全部保存”“打印”等，如图2–4所示，其中各项命令的功能描述如表2–1所示。

文件(F)　编辑(E)　视图(V)　调试(D)　工具(T)　窗口(W)
新建(N)
打开(O)
关闭(C)
关闭解决方案(T)
保存选定项(S)　Ctrl+S
将选定项另存为(A)...
全部保存(L)　Ctrl+Shift+S
页面设置(U)...
打印(P)...　Ctrl+P
最近的文件(F)
最近使用的项目和解决方案(J)
退出(X)　Alt+F4

图 2–4　“文件”菜单

表 2–1　“文件”菜单命令的快捷键及功能描述

菜 单 命 令	快　捷　键	功 能 描 述
新建	Ctrl+N	创建一个新项目或文件
打开	Ctrl+O	打开已有的文件
关闭		关闭当前被打开的文件
关闭解决方案		关闭当前项目
保存选定项	Ctrl+S	保存当前文件
将选定项另存为 ...		将当前文件用新文件名保存
全部保存	Ctrl+Shift+S	保存所有打开的文件
页面设置 ...		文件打印的页面设置
打印 ...	Ctrl+P	打印当前文件内容或选定的当前内容
最近的文件		选择打开最近的文件
最近使用的项目和解决方案		选择打开最近的项目
退出	Alt+F4	退出 VC++ 2010 开发环境

（2）“调试”菜单

“调试”菜单中的命令主要用来编译、连接、调试和运行应用程序，如图2–5所示。表2–2列出了“调试”菜单各项命令的快捷键及它们的功能。

图 2–5　Build 菜单

表 2–2　“调试”菜单命令的快捷键及功能描述

菜 单 命 令	快　捷　键	功 能 描 述
启动调试	F5	调试状态下运行程序
生成解决方案	F7	生成应用程序的 .exe 文件（编译、连接）
逐语句	F11	按语句为单位对程序进行单步调试
逐过程	F10	按函数为单位对程序进行调试
切换断点	F9	在程序中增添或撤销断点
窗口		用于调出“断点”“输出”“即时”选项卡并在界面下部显示
清除所有数据提示		清除代码旁显示的数据提示
导出数据提示 ...		将程序中的数据提示导出成 xml 文件
导入数据提示 ...		通过外部文件导入数据提示
选项和设置 ...		设置、修改项目的配置

2．VC++ 2010工具栏

工具栏是一种图形化的操作界面，具有直观和快捷的特点，熟练掌握工具栏的使用对提高编程效率非常有帮助。工具栏由某些操作按钮组成，分别对应着某些菜单选项或命令的功能。用户可以直接单击这些按钮来完成指定的功能。

如图2–6所示，工具栏位于菜单栏的下面。工具栏中的操作按钮和菜单是相对应的。VC++ 2010中包含有十几种工具栏。默认时，屏幕工具栏区域显示两个工具栏，即“标准”工具栏和“生成”工具栏。后期使用过程中，用户也可以根据自己操作的需要通过选择“视图”|“工具栏”展开的子菜单自行添加其他的工具栏。

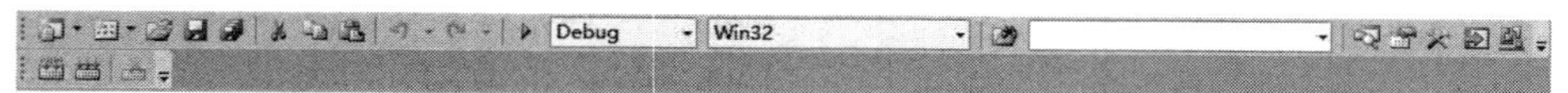

图 2–6　VC++ 2010 常用工具栏

三、VC++ 2010创建应用程序

VC++ 2010不能单独编译一个.cpp或者一个.c文件，这些文件必须依赖于某一个项目，因此必须首先创建一个项目。下面用一个实例来了解如何在VC++ 2010中创建应用程序。

【例2.4】编写程序，终端输出Hello!欢迎信息。

1．启动VC++ 2010

单击Windows“开始”菜单，选择“程序”| Microsoft Visual C++ 2010 Express| Microsoft Visual C++ 2010，启动VC++ 2010。

2．创建项目

① 从VC++ 2010菜单栏中单击“文件”|“新建”|“项目...”命令，并打开“新建项目”对话框。

② 在中间的项目模板列表中选择“Win32控制台应用程序”选项，然后在下方的项目名称文本

框中输入Hello，单击“确定”按钮，跟随Win32应用程序向导，继续下一步设置，应用程序类型选择“控制台应用程序”，附加选项选择“空项目”选项，最后单击“完成”按钮即可创建，具体设置如图2-7所示。

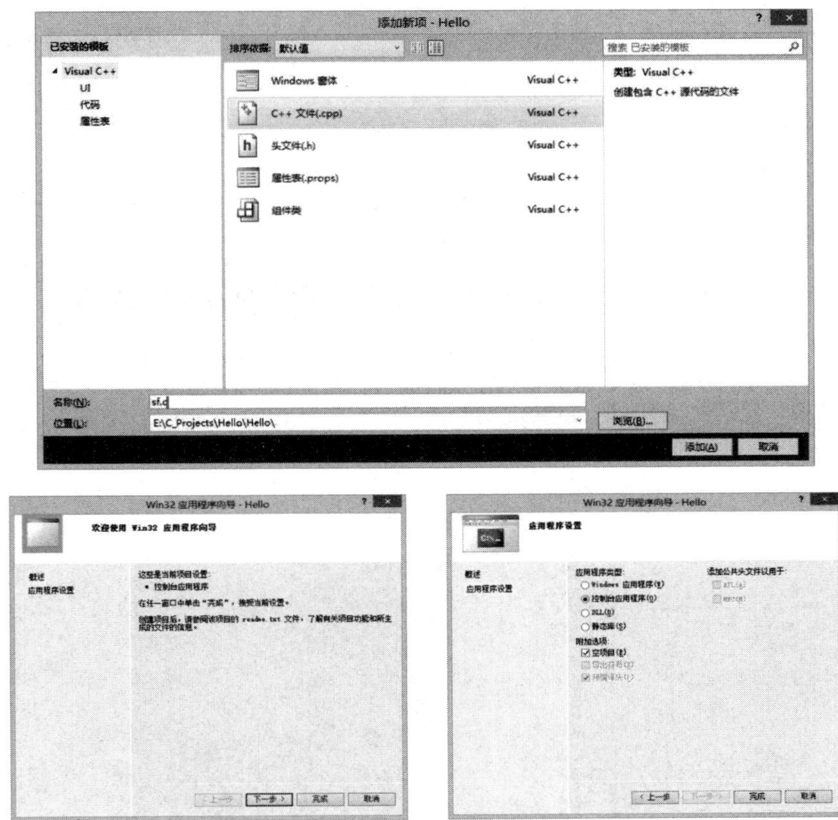

图 2-7　VC++ 2010 新建项目对话框

读一读

在位置文本框中可以选择建立工程保存的目录，用户也可以根据需要修改要保存项目的位置，也可不修改选择默认的保存位置。为了便于后期项目文件的查找及管理，建议大家进行修改，选择专门的位置进行项目保存。

3. 创建程序源文件

① 在项目窗口左侧的解决方案资源管理器中选择“源文件”。

② 右击，在打开的快捷菜单中选择“添加”|“新建项...”命令，打开“添加新项-Hello”对话框，在中间的文件模板列表中选择“C++文件”选项，然后在下方的“名称”文本框中输入：sf.c（注意扩展名为.c），创建C语言程序源文件，如图2-8所示。

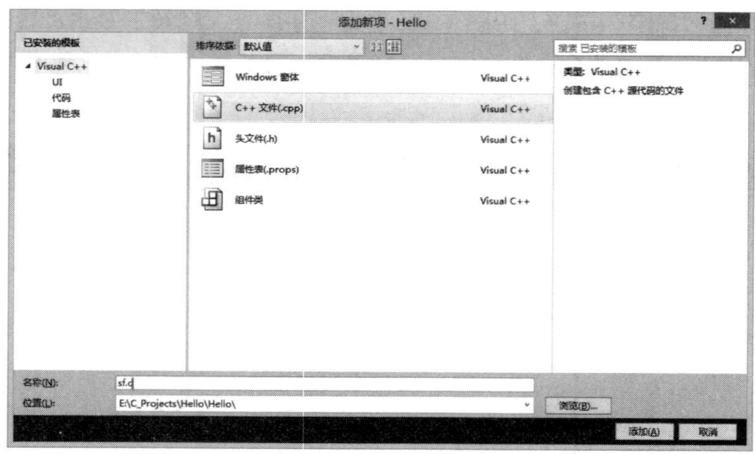

图 2-8　VC++ 2010“添加新项”对话框

③ 单击“添加”按钮，打开源代码编辑窗口。

4. 编写C源程序

① 在代码编辑窗口输入如下源程序。

```
/**********************/
//Hello.c
/*********************/
#include <stdio.h>
#include <stdlib.h>
void main()
{
   printf("Hello!");/*在控制台上输出"Hello!"*/
   system("pause");
}
```

② 在菜单栏中，单击“文件”|“保存sf.c”命令，保存该文件。

5. 程序的编译、连接和运行

单击菜单栏中“调试”|“生成解决方案”命令（或者快捷键【F7】），VC++ 2010将编译并连接程序，以创建一个可执行文件，界面下方的输出窗口可显示编译是否成功。成功编译将返回：

```
========== 生成: 成功 1 个，失败 0 个，最新 0 个，跳过 0 个 ==========
```

执行Hello程序，选择“调试”|“启动调试”命令（或快捷键【F5】）即可。

VC++ 2010中程序运行的快捷键有两种：

【F5】——启动调试，启动目标文件并将调试器附加到目标进程中，一般用于通过加断点调试；使用该方式运行程序时，结果显示窗口会一闪而过，因此，通常我们在程序结尾处加上system("pause"),强制结果显示窗口停留。

【Ctrl+F5】——开始执行（不调试），启动目标文件，但不附加调试器。一般会单独出现一个运行结果界面等待用户响应，因此使用该方式运行程序时，system("pause")可不加。

任务实施

视 频

任务三
任务实施

程序运行时需要用户从键盘输入房屋的建筑面积值，与物业费单价进行乘积运算，之后输出运算结果。所以程序中既需要使用输出函数printf()，也需要使用输入函数scanf()。

任务实现步骤：

① 启动VC++ 2010集成开发环境，创建一个新项目，命名为“任务ch2”。

② 创建程序源文件，命名为“sf.c”。

③ 在代码编辑窗口中输入程序代码，代码如下：

```
#include <stdio.h>
#include <stdlib.h>
void main()
{
   int area;  /*定义整形变量，用于存储用户输入的房屋面积值*/
   printf("请输入房屋建筑面积（平方米）：");
   scanf("%d",&area);
   printf("应交纳物业费%d元。\n",area*1);
   system("pause");
}
```

④ 对程序进行编译、连接和运行，查看运行结果。

运行结果：

```
请输入房屋建筑面积（平方米）：120
应缴纳物业费120元。
Press any key to continue
```

小　　结

本单元主要介绍了C语言程序设计的基础知识，各位读者在学习时要注意：

两个基本输入/输出函数scanf()和printf()，前者用来输入数据到变量中，后者用来输出变量的值。但要特别注意的是，scanf()函数中，变量一定要用地址的形式（例如&x、&y）来表示。

实　　训

编程实现两数相加运算并输出结果。

输入：两个整数a、b。

输出：两个整数的和。

习　题

一、选择题

1. 一个C语言程序是由（　　）组成的。

   A. 主程序　　B. 子程序　　C. 函数　　D. 过程

2. 一个C语言程序总是从（　　）开始。

   A. 主过程　　B. 主函数　　C. 子程序　　D. 主程序

3. C语言程序中的大小写字母（　　）。

   A. 都不加区分　　B. 变量不加区分　　C. 字符串不加区分　　D. 字符串加区分

二、填空题

1. 一个C程序是由若干个函数构成的，其中必须有一个________函数。
2. 在C语言中，注释部分以________开始，以________结束。
3. 在C语言中，一个函数一般由两部分组成，它们是________和________。
4. C语言源程序的扩展名是________。

三、简答题

1. 启动VC++ 2010常用的方法有哪些？
2. 编译一个C语言源程序通常有哪些步骤？

单元 3 数据处理——数据类型、运算符与表达式

在物业管理系统项目中，需要存储、处理很多的数据，如年龄、姓名等各种类型的数据，那么这些存在差异的数据在计算机及程序中是如何存储及处理的呢？本单元将学习C语言的数据类型、运算符与表达式的有关知识。

学习目标

- 掌握 C 语言中的数据类型及常量变量的使用
- 掌握各种运算符的运算规则
- 掌握数据类型、运算符及表达式在实际问题求解中的应用

任务一　C 语言程序的数据表示方法

任务导入

编写程序是为了能够帮助我们管理和处理数据。计算机可处理的信息非常广泛，比如“物业管理系统”中需要记录房屋、住户、管理人员等各类数据，有些是已知的，有些则是需要经过运算处理才能得出的，此外，在程序中如何表示这些数据？对于已知的数据怎么表示？对于未知的数据怎么表示？值不定且会经常变化的数据怎么表示？C语言中是怎样解决这些问题的？让我们带着这些疑问展开本任务的学习。

本任务学习结束后，实现编程任务：已知物业管理员张强，输入自己的年龄、工资数额，经程序运行后输出以上与张强相关的信息。

知识准备

一、C语言的字符集与C语言词汇

日常口头交流时所使用的语言，比如英语，是由英文字符和基本词汇构成的语言体系，作为与计算机进行交流的语言，C语言也有着类似的语法结构，本模块将介绍C语言的字符集与C语言词汇。

1．C语言的字符集

C语言的字符集由字母、数字、空格、标点和一些特殊字符组成。在某些情况下还可以使用汉字或其他可表示的图形符号。

① 字母，小写字母a ～z共26个，大写字母A ～Z共26个。

② 数字，0～9共10个。

③ 空白符。空格符、制表符、换行符等统称为空白符。空白符只在字符常量和字符串常量中有意义。在其他地方出现时，只起到间隔作用，编译程序会对它们忽略不计。因此在程序中使用空白符与否，对程序的编译不发生影响，但在程序中适当的地方使用空白符进行间隔将增加程序的清晰度和可读性。

④ 标点和特殊字符，主要是由西文标点和一些有特殊意义的控制符和图形符号组成。

2．C语言词汇

在C语言中使用的词汇可以分成6种类型：标识符、关键字、运算符、分隔符、常量、注释符等。

（1）标识符

在程序中使用到的变量名、函数名、语句标号等统称为标识符。其中，函数名部分除库函数的函数名由系统定义外，其余都由用户自定义。C语言规定，标识符只能是由字母（A～Z，a～z）、数字（0～9）、下画线（_）组成的字符串，并且其第一个字符必须是字母或下画线。

以下标识符是合法的：

```
a, x, b3, Day_1, sun5
```

以下标识符是非法的：

```
3x                    以数字开头
S! T                  出现非法字符“!”
-3y                   以减号开头
bowl-1                出现非法字符“-”(减号)
```

【注意】

① 标准C不限制标识符的长度，但它受各种版本的C语言编译系统的限制，同时也受到具体机器的限制。例如，在某版本C中规定标识符前8位有效，当两个标识符前8位相同时，则被认为是同一个标识符。

② 在标识符中，大小写是有区别的。例如，DAY和day被认为是两个不同的标识符。

③ 标识符虽然可由用户编程时随意定义，但标识符是用于标识某个量的符号，因此，命名应尽量有相应的含义，以方便阅读理解，做到“见名知义”。

（2）关键字

关键字是由C语言规定的具有特定意义的字符串，通常也称为保留字。用户定义的标识符不能与关键字相同。C语言的关键字分为以下几类：

① 类型说明符，用于定义、说明变量、函数或其他数据结构的类型。如前面例题中用到的int、char等。

② 语句定义符，用于表示一个语句的功能，如while就是循环语句的语句定义符。

③ 预处理命令字，用于表示一个预处理命令，如前面各例中用到的include。C语言中的所有关键字见附录B。

（3）运算符

C语言中含有相当丰富的运算符。运算符与变量、函数一起组成表达式，表示各种运算功能。C语言中的运算符可由一个或多个字符组成。

（4）分隔符

在C语言中采用的分隔符有逗号和空格两种。逗号主要用在类型说明和函数参数表中，分隔各个变量。空格多用于语句的各单词之间，作为间隔符。在关键字与标识符之间必须要用一个以上的空格符分开，否则将会出现语法错误，例如把int a;写成inta;，C编译器会把inta;当成一个标识符处理，其结果必然会出错。

（5）常量

C语言中使用的常量可分为数字常量、字符常量、字符串常量、符号常量、转义字符等多种。

（6）注释符

注释符是以“/*”开头并以“*/”结尾的串。程序编译时，不会对注释做任何处理。

注意： 注释语句可以出现在程序中的任何位置，它用来向用户提示、解释程序或程序中某条语句的意义。在调试程序时对暂不使用的语句也可用注释符括起来，使编译翻译跳过它不作处理，待调试结束后再去掉注释符号。

二、常量与变量

对于各种类型的数据，按其取值是否可改变又分为常量和变量两种。在程序执行过程中，其值不发生改变的量称为常量，其值可变的量称为变量。在C程序中，常量可以不经说明而直接引用，而变量则必须先定义后使用。

1. 常量

在程序执行过程中，其值不发生改变的量称为常量。按照在程序中表示的形式，我们将其分为直接常量和符号常量。

（1）直接常量

直接常量就是直接用数据值来表示的常量。按类型可以分为以下几种：

- 整型常量：12、0、-3。
- 实型常量：4.6、-1.23。
- 字符常量：'a'、'b'。
- 字符串常量："C Programming Language"。

（2）符号常量

在C语言中，也允许用一个标识符来表示一个常量，这样表示的常量称为符号常量。

① 用标识符定义符号常量：

标识符是用来标识变量名、符号常量名、函数名、数组名、类型名、文件名的有效字符序列。C语言中的标识符是由字母、数字和下画线构成，且首字符不能为数字。

符号常量在使用之前必须先定义，其一般形式为：

```
#define 标识符 常量
```

其中，#define也是一条预处理命令（预处理命令都以“#”开头），称为宏定义命令（本教材后续单元将详细介绍），其功能是把该标识符定义为其后的常量值。一经定义，以后在程序中所有出现该标识符的地方皆代表该常量值。

【例3.1】符号常量的使用。

```
#include  <stdio.h>
#include  <stdlib.h>
#define PRICE 30                    /*符号常量定义,将30用标识符PRICE来代替*/
void main()
{
   int num,total;
   num=10;
   total=num*PRICE;                 /*相当于 total=num*30;*/
   printf("total=%d\n",total);
   system("pause");
}
```

运行结果：

```
total=300
Press any key to continue
```

② 关于符号常量的说明：

➢为了和接下来介绍的变量在表示形式上加以区分，习惯上符号常量的标识符用大写字母，而变量的标识符用小写字母。

➢符号常量与变量不同，它的值在程序运行过程中不能改变，也不能再被赋值。

比如：#define PRICE 30

PRICE=40 这条语句对符号常量PRICE的值做了修改，是不允许的。

➢使用符号常量的好处：

• 含义清楚；
• 能做到“一改皆改”，从而减少程序修改时的工作量。

2. 变量

在程序执行过程中，其值可以改变的量称为变量。一个变量应该有一个名字，在内存中占据一定的存储单元。变量名就是这个量的代号，就像每个人都有个名字一样，而变量值是这个量的取值，学习中要注意区分变量名和变量值这两个不同的概念，如图3-1所示。

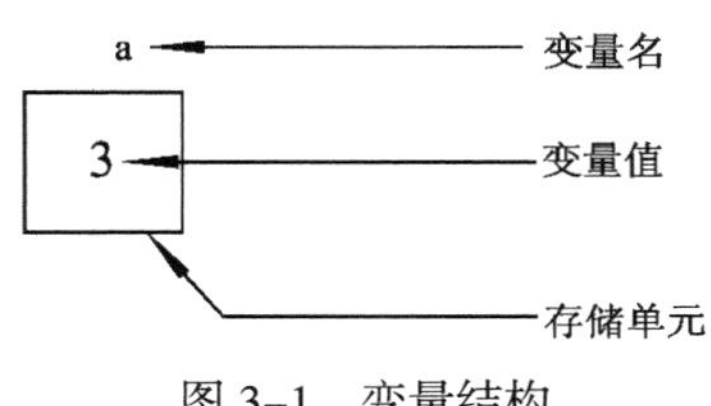

图 3-1　变量结构

在C语言中，变量必须先定义后使用。因此其定义一般放在函数体的开头部分。

变量定义的一般形式为：

```
类型说明符  变量名标识符1,变量名标识符2,…;
```

例如：

```
int a,b,c;               /*a,b,c为整型变量*/
long x,y;                /*x,y为长整型变量*/
unsigned p,q;            /*p,q为无符号整型变量*/
```

【注意】

- 允许在一个类型说明符后定义多个相同类型的变量，各变量名之间需用逗号间隔。类型说明符与变量名之间至少用一个空格间隔。
- 最后一个变量名之后必须以“;”号结尾。

三、C语言数据类型

1. C语言数据类型简介

在前面的单元内容学习中，通过例题已经看到程序中使用的各种变量都应预先加以说明，即先说明（定义）、后使用。对变量的说明可以包括3个方面：数据类型；存储类型；作用域。在本单元中，只介绍数据类型的说明，其余说明将在以后单元中陆续介绍。

数据类型是按被定义变量的性质、表示形式、占据存储空间的多少、构造特点来划分的。在C语言中，数据类型可分为：基本数据类型、构造数据类型、指针类型、空类型4大类。C语言中的数据类型如图3-2所示。

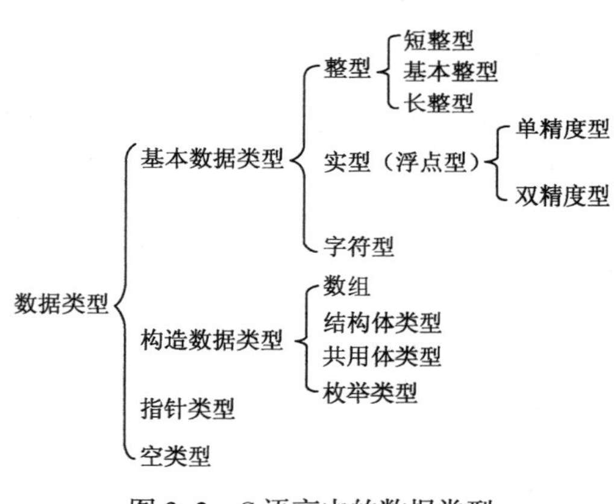

图3-2 C语言中的数据类型

本单元着重介绍基本数据类型中的整型、实型和字符型，其余类型将在以后各单元中陆续介绍。

接下来，我们将一起来学习上述3种基本类型（整型、实型、字符型）数据在程序中的表示。请读者注意，不同类型的数据在不同字长的计算机系统中的存储表示及数值范围是不一样的。由于VC++ 2010集成开发环境是运行在32位计算机系统环境下的，因此在之后的讲解中主要以32位计算机中数据的表示为例（16位计算机系统中数据类型存储容量的差异在“拓展阅读”中补充介绍）。

2. 整型数据

（1）整型常量

整型常量就是我们数学中所说的整数。在C语言中，使用的整数有八进制、十六进制和十进制3种表示方式，如表3-1所示。

表3-1 C语言中整数的表示形式

进　制	数　码	前　缀	示　例
十进制	0 ~ 9	无	237、-568、65 535、1 627

续表

进　制	数　码	前　缀	示　例
八进制	0 ~ 7	0	015（十进制为 13）、0101（十进制为 65）、0177777（十进制为 65 535）
十六进制	0 ~ 9, A ~ F(a ~ f)	0X 或 0x	0X2A（十进制为 42）、0XA0（十进制为 160）、0XFFFF（十进制为 65 535）

【注意】

在程序中是根据前缀来区分各种进制数的，因此在书写常数时不要把前缀弄错，否则造成结果不正确。

（2）整型变量

用来存储整型值（变量值是整型）的变量称为整型变量。

① 整型变量的定义。

整型变量定义的一般形式为：

```
整型变量类型说明符 变量名标识符1,变量名标识符2,…;
```

其中，整型变量类型说明符有：int、long、short、unsigned。

例如：

```
int a,b,c;                  /*a,b,c为整型变量*/
long int x,y;               /*x,y为长整型变量*/
unsigned int p,q;           /*p,q为无符号整型变量*/
```

② 整型数据在内存中的存放形式。

如果定义了一个整型变量i：

```
int i;                      /*定义i为一个整型变量并给它赋初值为5*/
i=5;                        /*给整型变量i赋值为5*/
```

i变量存储单元的存储情况如下所示。

0	0	0	0	0	0	0	0	0	0	0	0	0	0	0	0	0	0	0	0	0	0	0	0	0	0	0	0	0	1	0	1

数值在计算机中是以补码表示的。正数的补码和原码（即该数的二进制代码）相同。负数的补码：将该数的二进制形式按位取反（除符号位）后再加1。

③ 整型变量的分类。

- 基本型：类型说明符为int，在内存中占4个字节。（在16位机系统中，基本型在内存中占2个字节）
- 短整型：类型说明符为short int或short，在内存中占2个字节，所占字节和取值范围与基本型相同。
- 长整型：类型说明符为long int或long，在内存中占4个字节。
- 无符号型：类型说明符为unsigned。无符号型又可与之上的3种类型匹配而构成以下3类。

无符号基本型：类型说明符为unsigned int或unsigned。

无符号短整型：类型说明符为unsigned short。

无符号长整型：类型说明符为unsigned long。

各种无符号类型量所占的内存空间字节数与相应的有符号类型量相同，但由于省去了符号位，故不能表示负数。

在32位计算机系统中，C语言各类整型量所分配的内存字节数及数的表示范围如表3-2所示。

表 3-2　32 位系统中 C 语言各类整型量所分配的内存字节数及数的表示范围

分　类	类型说明符	数的范围		字节数
基本整型	int	-2 147 483 648 ~ 2 147 483 647	即 -2^{31} ~ $(2^{31}-1)$	4
无符号整型	unsigned int	0 ~ 4 294 967 295	即 0 ~ $(2^{32}-1)$	4
短整型	short int	-32 768 ~ 32 767	即 -2^{15} ~ $(2^{15}-1)$	2
无符号短整型	unsigned short int	0 ~ 65 535	即 0 ~ $(2^{16}-1)$	2
长整型	long int	-2 147 483 648 ~ 2 147 483 647	即 -2^{31} ~ $(2^{31}-1)$	4
无符号长整型	unsigned long	0 ~ 4 294 967 295	即 0 ~ $(2^{32}-1)$	4

【例3.2】整型变量的定义与使用。

```
#include <stdio.h>
#include <stdlib.h>
void main()
{/*程序中定义了4个整型变量a,b,c,d，以及一个无符号整型变量*/
    int a=5,b=24,c,d;
    unsigned u=10;
    c=a+u;d=b+u;
    printf("a+u=%d,b+u=%d\n",c,d);
    system("pause");
}
```

运行结果：

```
a+u=15,b+u=34
Press any key to continue
```

【例3.3】整型数据的溢出。

```
#include <stdio.h>
#include <stdlib.h>
void main()
{
   short a,b;
   a=32767;
   b=a+1;      /*a+1后超出了短整型数据的取值范围，造成数据溢出*/
   printf("%d,%d\n",a,b);
   system("pause");
}
```

运行结果：

```
32767,-32768
Press any key to continue
```

【说明】32767的补码加1后，按位进位，最终最高位进为1，其余各位均为0；在计算机中最高位作为符号位来处理（0代表正数，1代表负数），所以结果恢复成原码后就变成了-32768。

【例3.4】整型数据之间的运算。

```
#include <stdio.h>
#include <stdlib.h>
void main()
{
   long x,y;      /*x,y定义为长整型*/
   int a,b,c,d;  /*a,b,c,d均被定义为基本整型*/
   x=5;
   y=6;
   a=7;
   b=8;
   c=x+a;         /*x+a运算结果虽为长整型,但c是基本整型,所以最后结果为基本整型*/
   d=y+b;
   printf("c=x+a=%d,d=y+b=%d\n",c,d);
   system("pause");
 }
```

运行结果：

```
c=x+a=12,d=y+b=14
Press any key to continue
```

从程序中可以看到：x、y是长整型变量，a、b是基本整型变量。它们之间允许进行运算，运算结果为长整型。但c、d被定义为基本整型，因此最后结果为基本整型。本例说明，不同类型的量可以参与运算并相互赋值。其中的类型转换是由编译系统自动完成的。有关类型转换的规则将在以后介绍。

3．实型数据

（1）实型常量

实型也称为浮点型，实型常量也称为实数或者浮点数。在C语言中，实数只采用十进制。它有两种形式：十进制小数形式和指数形式。

① 十进制小数形式，该形式由数码0～9和小数点组成，也就是数学中的小数。例如，0.0、25.0、5.789、0.13、5.0、300.、-267.823 0等均为合法的实数。注意，采用十进制小数形式表示实数必须有小数点。

② 指数形式，该形式由十进制数加阶码标志e或E，以及阶码（只能为整数，可以带正负号）组成。其一般形式为：aEn（a为十进制数，n为十进制整数），其值为$a \times 10^n$。

例如：

```
2.1E5  =2.1×10^5
3.7E-2 =3.7×10^-2
.5E7 =0.5×10^7
-2.8E-2 =-2.8×10^-2
```

以下不是合法的实数：

```
345（无小数点）
E7（阶码标志E之前无数字）
-5（无阶码标志）
53.-E3（负号位置不对）
2.7E（无阶码）
```

标准C语言允许浮点数使用后缀，后缀为f或F即表示该数为浮点数，如356f和356.是等价的。

（2）实型变量

用来存储实数（变量值是实数）的变量称为实型变量。

① 实型数据在内存中的存储形式。实型数据一般占4个字节（32位）内存空间。按指数形式存储，实数3.141 59在内存中的存储形式如下：

+	.314159	1
数符	小数部分	指数

读一读

- 小数部分占的位（bit）数越多，数的有效数字越多，精度越高。
- 指数部分占的位数越多，则能表示的数值范围越大。

② 实型变量的分类。实型变量分为单精度（float）型、双精度（double）型两类（16位平台机系统下还有一种long double类型，占16字节，由于基本使用不到，这里不作详细介绍）。

存储方面，在VC++ 2010中单精度型占4个字节（32位）内存空间，如表3-3所示。

表 3-3　实型数据

类型说明符	字　节　数	有　效　数　字	数　的　范　围
float	4	6 ~ 7	-3.4×10^{-38} ~ 3.4×10^{38}
double	8	15 ~ 16	-1.7×10^{-308} ~ 1.7×10^{308}

③ 实型变量定义的格式。实型变量定义的一般形式为：

```
实型变量类型说明符 变量名标识符1,变量名标识符2,…;
```

其中，实型变量类型说明符有：float、double。

例如：

```
float x,y;                        /*x,y为单精度实型量*/
double a,b,c;                     /*a,b,c为双精度实型量*/
```

④ 实型数据的舍入误差。由于实型变量是由有限的存储单元组成的，因此能提供的有效数字总是有限的，如例3.5所示。

【例3.5】实型数据的舍入误差。

```
#include <stdio.h>
#include <stdlib.h>
void main()
{
   float a;
   double b;
   a=33333.33333;                 /*a 是单精度浮点型,有效位数只有7位,而整数已占5
```

```
                                        位，故小数两位后均为无效数字*/
    b=33333.33333333333333;             /*b 是双精度型，有效位为16位，但Turbo C 规定小
                                        数后最多保留6位，其余部分四舍五入*/
    printf("%f\n%f\n",a,b);
    system("pause");
}
```

运行结果：

```
33333.332031
33333.333333
Press any key to continue
```

4. 字符型数据

（1）字符常量

字符常量是用单引号括起来的一个字符。例如，'a'、'b'、'='、'+'、'?'都是合法字符常量。在C语言中，字符常量有以下特点：

- 字符常量只能用单引号括起来，不能用双引号或其他符号。
- 字符常量只能是单个字符，不能是字符串。
- 字符可以是字符集中的任意字符。

（2）转义字符

转义字符是一种特殊的字符常量。转义字符以反斜线“\”开头，后跟一个或几个字符。转义字符具有特定的含义，不同于字符原有的意义，故称“转义”字符。转义字符的特殊之处还在于，虽然组成字符个数都在2个以上，但在存储时只占一个字符的存储空间。

转义字符主要用来表示那些用一般字符不便于表示的控制代码。C语言中常用的转义字符及其含义如表3-4所示。

表 3-4　常用的转义字符及其含义

转 义 字 符	转义字符的意义	ASCII 代码
\n	回车换行	10
\t	横向跳到下一制表位置	9
\b	退格	8
\r	回车	13
\f	走纸换页	12
\\	反斜线符“\”	92
\'	单引号符	39
\"	双引号符	34
\a	鸣铃	7
\ddd	1 ~ 3 位八进制数所代表的字符	
\xhh	1 ~ 2 位十六进制数所代表的字符	

广义地讲，C语言字符集中的任何一个字符均可用转义字符来表示。表中的\ddd和\xhh正是为此而提出的。ddd和hh分别为八进制和十六进制的ASCII代码，如\101表示字母A，\102表示字母B，\134

表示反斜线，\X0A表示换行等。

【例3.6】转义字符的使用。

```
#include <stdio.h>
#include <stdlib.h>
void main()
{
   printf("  ab  c\tde\rf\n");        /*转义字符代表特定字符，在分析时要注意转化*/
   printf("hijk\tL\bM\n");
   system("pause");
}
```

运行结果：

```
f ab  c de
hijk    M
```

（3）字符变量

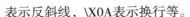

用来存储字符常量（即单个字符）的变量称称为字符变量。字符变量的类型说明符是char。字符变量类型定义的格式和书写规则都与整型变量相同。例如：

```
char  a,b;
```

（4）字符数据在内存中的存储形式及使用方法

每个字符变量被分配1个字节的内存空间，只能存放一个字符。字符值是以ASCII码的形式存放在变量的内存单元之中的。

如x的十进制ASCII码是120，y的十进制ASCII码是121。对字符变量a、b赋予'x'和'y'值：

```
a='x';
b='y';
```

实际上是在a、b两个单元内存放120和121的二进制代码。

a:

0	1	1	1	1	0	0	0

b:

0	1	1	1	1	0	0	1

所以也可以把它们看成是整型量。C语言允许对整型变量赋予字符值，也允许对字符变量赋予整型值。在输出时，允许把字符变量按整型量输出，也允许把整型量按字符量输出。

【例3.7】为字符变量赋以整数值。

```
#include <stdio.h>
#include <stdlib.h>
void main()
{
   char a,b;
   a=65;    /*整型值与字符型值通过ASCII码进行相互转化*/
   b=2113;
   printf("%c,%c\n",a,b);
   printf("%d,%d\n",a,b);
```

```
    system("pause");
}
```

运行结果：

```
A,A
65,65
Press any key to continue
```

本程序中定义a、b为字符型，但在赋值语句中赋以整型值。从结果看，a、b值的输出形式取决于printf()函数格式串中的格式符，当格式符为c时，对应输出的变量值为字符，当格式符为d时，对应输出的变量值为整数。对于程序中字符型变量b的整型值不是2113而是65的原因可以如下解释说明（具体计算时可用2113%256得到65）：

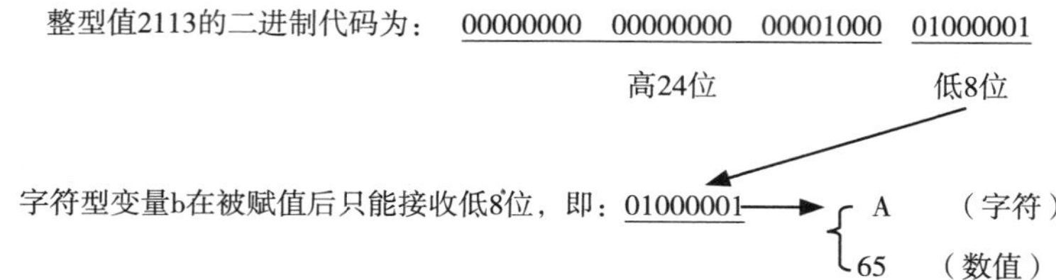

【例3.8】字符变量参与数值运算。

```
#include <stdio.h>
#include <stdlib.h>
void main()
{
   char a,b;
   a='A';
   b='B';
   a=a+32;        /*将字符A的ASCII码值代入运算*/
   b=b+32;
   printf("%c,%c\n%d,%d\n",a,b,a,b);
   system("pause");
 }
```

运行结果：

```
a,b
97,98
Press any key to continue
```

本例中，a、b被说明为字符变量并赋予字符值，C语言允许字符变量参与数值运算，即用字符的ASCII码参与运算。由于大小写字母的ASCII码值相差32，因此运算后把大写字母换成小写字母，然后分别以整型和字符型输出。

5. 字符串变量

字符串常量是由一对双引号括起的字符序列。例如："CHINA""C program""$12.5"等都是合法的字符串常量。字符串常量和字符常量是不同的量。

字符串常量和字符常量主要有以下区别：

- 字符常量由单引号括起来，字符串常量由双引号括起来。
- 字符常量只能是单个字符，字符串常量则可以含一个或多个字符。
- 可以把一个字符常量赋予一个字符变量，但不能把一个字符串常量赋予一个字符变量。在C语言中没有字符串变量，这与其他高级语言不同；但是可以用一个字符型的数组来存放一个字符串常量。此部分内容在第五单元“数组”中详细介绍。
- 字符常量占1个字节的内存空间。字符串常量占用的内存字节数等于（字符串中字符数+1）。增加的一个字节空间中存放字符'\0'（ASCII码为0），作为字符串结束的标志。

例如：

字符串"C program"在内存中所占的字节为：

C		p	r	o	g	r	a	m	\0

字符常量'a'和字符串常量"a"虽然都只有一个字符，但占用内存的情况是不同的。

'a'在内存中占1个字节空间，可表示为：

a	

"a"在内存中占2个字节空间，可表示为：

a	\0

任务实施

任务分析：已知物业管理员身份的张强，输入自己的年龄、工资数额，经程序运行后输出以上与张强相关的信息。

这里涉及4个数据：身份、姓名、年龄、工资额。其中，身份及姓名已知，可以表示为字符串常量；年龄及工资额在输入前是未知的，可以定义为变量，年龄设为unsigned short型（年龄是整数，且不会有负数情况），工资额设为float型。

实现代码：

```
#include <stdio.h>
#include <stdlib.h>
void main()
{
   unsigned short age;          /*定义存储年龄的变量age*/
   float salary;                /*定义存储工资额的变量salary*/
   printf("请输入你的年龄:");
   scanf("%d",&age);
   printf("请输入你的工资数额:");
   scanf("%f",&salary);
   printf("%s,%s,%d岁,工资数额为%f元\n","张强","管理员",age,salary);
   system("pause");
 }
```

运行效果：

```
请输入你的年龄:33
请输入你的工资数额:4200
张强,管理员,33岁,工资数额为4200.000000元
Press any key to continue
```

拓展阅读

前面已经介绍了不同类型的数据在不同字长的计算机系统中的存储表示及数值范围是不一样的，因此16位计算机系统和32位计算机系统中C语言某些类型数据的存储空间及数值范围是有差异的，主要体现在整型类型上，如表3–5所示。

表 3–5 16 位系统中 C 语言各类整型量所分配的内存字节数及数的表示范围

分　类	类型说明符	数 的 范 围	字 节 数
基本整型	int	–32 768 ～ 32 767，即 -2^{15} ～（$2^{15}-1$）	2
无符号整型	unsigned int	0 ～ 65 535，即 0 ～（$2^{16}-1$）	2
短整型	short int	–32 768 ～ 32 767，即 -2^{15} ～（$2^{15}-1$）	2
无符号短整型	unsigned short int	0 ～ 65 535，即 0 ～（$2^{16}-1$）	2
长整型	long int	–2 147 483 648 ～ 2 147 483 647，即 -2^{31} ～（$2^{31}-1$）	4
无符号长整型	unsigned long	0 ～ 4 294 967 295，即 0 ～（$2^{32}-1$）	4

与表3–2对比会发现，主要区别在基本整型int和无符号整型unsigned int上，在16位系统中它们占用2个字节，与短整型short和无符号短整型unsigned short int基本相同，而在32位系统中，它们占用4个字节。

任务二　C 语言程序的数据处理方法

任务导入

对数据的运算处理是编写程序的主要目的。在“物业管理系统”中有很多的数据处理运算，例如，物业管理中的物业费收取就需要进行数据运算。那么在系统中实现该功能时应该如何进行？又需要注意哪些C语言的语法规则？

本任务学习结束，实现编程任务：已知普通商品住宅的物业费收取标准为每月1.4元/㎡，物业管理员输入某住户的房屋面积值，经程序运行后输出该住户应交纳的全年物业费额。

知识准备

一、C运算符及表达式

表达式是由常量、变量、函数和运算符组合起来的式子。一个表达式有一个值及其类型，表达式的值和类型由表达式计算所得结果的值和类型来决定。表达式求值按运算符的优先级和结合性规定的顺序进行。单个的常量、变量、函数可以看作是表达式的特例。

C语言中运算符和表达式数量之多，在高级语言中是少见的。正是丰富的运算符和表达式使C语

言功能十分完善，这也是C语言的主要特点之一。

1. C运算符简介

C语言的运算符可分为以下几类：

① 算术运算符：用于各类数值运算，包括加（+）、减（–）、乘（*）、除（/）、求余（或称模运算，%）、自增（++）、自减（--）7种。

② 关系运算符：用于比较运算，包括大于（>）、小于（<）、等于（==）、大于等于（>=）、小于等于（<=）和不等于（!=）6种。

③ 逻辑运算符：用于逻辑运算，包括与（&&）、或（||）、非（!）3种。

④ 位操作运算符：参与运算的量，按二进制位进行运算，包括位与（&）、位或（|）、位非（～）、位异或（^）、左移（<<）、右移（>>）6种。

⑤ 赋值运算符：用于赋值运算，分为简单赋值（=）、复合算术赋值（+=、–=、*=、/=、%=）和复合位运算赋值（&=、|=、^=、>>=、<<=）3类共11种。

⑥ 条件运算符：这是一个三目运算符，用于条件求值（?:）。

⑦ 逗号运算符：用于把若干表达式组合成一个表达式（,）。

⑧ 指针运算符：用于取内容（*）和取地址（&）两种运算。

⑨ 求字节数运算符：用于计算数据类型所占的字节数（sizeof）。

⑩ 特殊运算符：有括号（），下标[]，成员（→，.）等几种。

2. 算术运算符和算术表达式

（1）基本的算术运算符

① 加法运算符“+”：加法运算符为双目运算符，即应有两个量参与加法运算，如a+b、4+8等，具有左结合性。

② 减法运算符“–”：减法运算符为双目运算符，具有左结合性。“–”也可作负值运算符，此时为单目运算，具有右结合性，如–x、–5等。

③ 乘法运算符“*”：双目运算，具有左结合性。

④ 除法运算符“/”：双目运算符，具有左结合性。参与运算量均为整型时，结果也为整型，舍去小数部分。如果运算量中有一个是实型，则结果为双精度实型。

【例3.9】除法运算。

```
#include <stdio.h>
#include <stdlib.h>
void main()
{
   printf("%d,%d\n",20/7,-20/7);          /*"/"两边均为整型,结果也为整型*/
   printf("%f,%f\n",20.0/7,-20.0/7);      /*"/"两边有实数参加运算,结果则为实型*/
   system("pause");
 }
```

运行结果：

```
2,-2
2.857143,-2.857143
Press any key to continue
```

本例中，20/7、-20/7的结果均为整型，小数全部舍去，而20.0/7和-20.0/7由于有实数参与运算，因此结果则为实型。

⑤ 求余运算符（模运算符）“%”：双目运算符，具有左结合性。要求参与运算的量均为整型。求余运算的结果等于两数相除后的余数。

【例3.10】求余运算。

```
#include <stdio.h>
#include <stdlib.h>
void main()
{
   printf("%d\n",100%3);
   system("pause");
}
```

运行结果：

```
1
Press any key to continue
```

（2）特别的算术运算符——自增与自减运算符

自增1运算符：记为“++”，其功能是使变量的值自增1。

自减1运算符：记为“--”，其功能是使变量值自减1。

自增1、自减1运算符均为单目运算符，都具有右结合性。可有以下几种形式：

```
++i        /*i自增1后再参与其他运算,即先增值再运算*/
--i        /*i自减1后再参与其他运算,即先减值再运算*/
i++        /*i参与运算后,i的值再自增1,即先取值运算再增值*/
i--        /*i参与运算后,i的值再自减1,即先取值运算再减值*/
```

在理解和使用上容易出错的是i++和i--。特别是当它们出现在较复杂的表达式或语句中时，常难于弄清，因此应仔细分析。

【例3.11】自增自减运算。

```
#include <stdio.h>
#include <stdlib.h>
void main()
{
   int i=8;
   printf("%d\n",++i);          /* i先自加,再输出,故输出9*/
   printf("%d\n",--i);          /* i先自减,再输出,故输出8*/
   printf("%d\n",i++);          /* i先输出8,后自加,值变为9*/
   printf("%d\n",i--);          /* i先输出9,后自减,值变为8*/
   printf("%d\n",-i++);         /* 先输出-i即-8,后i自加,值变为9*/
   printf("%d\n",-i--);         /* 先输出-i即-9,后i自减,值变为8*/
   system( “pause” );
 }
```

运行结果：

```
9
8
8
9
-8
-9
Press any key to continue
```

【例3.12】复杂的自增自减运算。

```
#include <stdio.h>
#include <stdlib.h>
void main()
{
   int i=5,j=5,p,q;
   p=(i++)+(i++);    /*在复杂的自增自减运算中要注意运算次序*/
   q=(++j)+(++j);
   printf("%d,%d,%d,%d\n",p,q,i,j);
   system("pause");
}
```

运行结果：

```
10,14,7,7
Press any key to continue
```

这个程序中，对p=(i++)+(i++)应理解为两个i相加，故p值为10。然后i再自增1两次，相当于加2，故i的最后值为7。而对于q的值则不然，q=(++j)+(++j)应理解为j先自增1，再参与运算，由于j自增1两次后值为7，两个7相加的和为14，j的最后值仍为7。

（3）算术表达式

算术表达式是用算术运算符和括号将运算对象（也称操作数）连接起来的，并且符合C语法规则的式子。以下是算术表达式的例子：

```
a+b
(a*2) /b
(x+y)*2-(a+b) /4
++i
sin(x)+sin(y)
(++i)-(j++)+(k--)
```

3．赋值运算符和赋值表达式

（1）赋值运算符和简单赋值表达式的概念

赋值运算符记为“=”，由“=”连接的式子称为赋值表达式。其一般形式为：

```
变量=表达式
```

例如：

```
x=a+b
w=sin(x)+sin(y)
y=i+++--j
```

赋值表达式的功能是计算表达式的值再赋予左边的变量。赋值运算符具有右结合性。因此

```
a=b=c=5
```

可理解为：

```
a=(b=(c=5))
```

在其他高级语言中，赋值构成了一个语句，称为赋值语句。而在C语言中，把“=”定义为运算符，从而组成赋值表达式。凡是表达式可以出现的地方均可出现赋值表达式。

例如，式子：x=(a=5)+(b=8) 是合法的。它的意义是把5赋值a，把8赋值b，再把a，b相加，和赋值x，故x应等于13。

在C语言中也可以组成赋值语句，按照C语言规定，任何表达式在其末尾加上分号就构成语句。因此如

```
x=8;a=b=c=5;
```

都是赋值语句，在前面各例中已大量使用过了。

（2）赋值运算中的类型转换

如果赋值运算符两边的数据类型不相同，系统将自动进行类型转换，即把赋值号右边的类型换成左边的类型。具体规定如下：

- 实型赋予整型，舍去小数部分。前面的例子已经说明了这种情况。
- 整型赋予实型，数值不变，但以浮点形式存放，即增加小数部分（小数部分值为0）。
- 字符型赋予整型，由于字符型为1个字节，而整型为4个字节，故将字符的ASCII码值放到整型量的低8位中，高24位为0。整型赋予字符型，只把低8位赋予字符量。

【例3.13】赋值运算中类型转换的规则。

```
#include <stdio.h>
#include <stdlib.h>
void main()
{
    int a,b=98;
    float x,y=8.88;
    char c1='a',c2;
    a=y;            /*整型←实型*/
    x=b;            /*实型←整型*/
    a=c1;           /*整型←字符型*/
    c2=b;           /*字符型←整型*/
    printf("%d,%f,%d,%c\n",a,x,a,c2);
    system("pause");
}
```

运行结果：

```
97,98.000000,97,b
Press any key to continue_
```

本例表明了上述赋值运算中类型转换的规则。a为整型，赋实型量y值8.88后只取整数8。x为实型，赋整型量b值98，后增加了小数部分。字符型量c1赋值a后，变为整型，整型量b赋值c2后变为字符型。

（3）复合赋值运算符

在赋值符“=”之前加上其他双目运算符可构成复合赋值符。如+=、−=、*=、/=、%=、<<=、

>>=、&=、^=、|=。

构成复合赋值表达式的一般形式为：

```
变量  双目运算符=表达式
```

它等效于：

```
变量=变量 双目运算符 表达式
```

例如：

```
a+=5        /*等价于a=a+5*/
x*=y+7      /*等价于x=x*(y+7)*/
r%=p        /*等价于r=r%p*/
```

复合赋值符这种写法，对初学者来说可能不太习惯，但十分有利于编译处理，能提高程序的编译效率并产生质量较高的目标代码。

（4）变量赋初值

程序中我们需要为变量赋初值，以便使用变量。C语言程序中多是通过赋值语句为变量提供初值。这里我们特别介绍在变量定义的同时给变量赋以初值的方法，这种方法称为初始化，其一般形式为：

```
类型说明符 变量1= 值1,变量2=值2,…;
```

例如：

```
int a=3;
int b,c=5;
float x=3.2,y=3f,z=0.75;
char ch1='K',ch2='P';
```

应注意，前面我们在介绍赋值语句时，允许多个变量赋相同值，即a=b=c=5；但在初始化时是不允许连续赋值，如int a=b=c=5是不合法的。

4．逗号运算符和逗号表达式

在C语言中，逗号“,”也是一种运算符，称为逗号运算符，其功能是把两个表达式连接起来组成一个表达式，称为逗号表达式。

其一般形式为：

```
表达式1,表达式2
```

其求值过程是分别求两个表达式的值，并以表达式2的值作为整个逗号表达式的值。

【例3.14】逗号表达式示例。

```
#include <stdio.h>
#include <stdlib.h>
void main()
{
  int a=2,b=4,c=6,x,y;
  y=(x=a+b, b+c);              /* y被赋予整个逗号表达式的值,也就是表达式2的值*/
  printf("y=%d,x=%d\n",y,x);   /* x取第一个表达式的值*/
  system("pause");
}
```

运行结果：

```
y=10,x=6
Press any key to continue
```

【说明】

对于逗号表达式还要说明两点：

• 逗号表达式一般形式中的表达式1和表达式2也可以是逗号表达式。

例如：

```
    表达式1,(表达式2,表达式3)
```

形成了嵌套情形。因此可以把逗号表达式扩展为以下形式：

```
    表达式1,表达式2,…,表达式n
```

表达式n的值就是整个逗号表达式的结果。

• 程序中使用逗号表达式，通常是要分别求逗号表达式内各表达式的值，并不一定要求整个逗号表达式的值。

【注意】

并不是在所有出现逗号的地方都组成逗号表达式，例如，在变量说明中、在函数参数表中，逗号只是用作各变量之间的间隔符。

5．关系运算符和关系表达式

关系运算的结果是一个逻辑值，C语言中没有逻辑类型的数据，因此用整数0代表逻辑“假”，整数1代表逻辑“真”。

（1）关系运算符及其优先次序

C语言中规定的关系运算符有以下6种：>（大于）、<（小于）、>=（大于等于）、<=（小于等于）、!=（不等于）及==（等于）。其中<、<=、>、>=的优先级相同，==和!=的优先级相同，前面一组的运算优先级高于后面一组；所有关系运算符的优先级均低于算术运算符。

（2）关系表达式

由关系运算符连接两个操作数的表达式称为关系表达式。关系运算符的两边必须是同一类型的量，两个操作数的值可以是数值、字符或逻辑值。关系表达式的值为逻辑值，关系成立时值为1，否则值为0。

例如，设a=4，b=7，则：

```
a>b                         /*值为假*/
1+a<b+1                     /*值为真*/
'a'<'b'                     /*值为真（字符大小比较是以字符在ASCII码值进行比较的）*/
'a'=='a'                    /*值为真*/
(c=a)!=(d=b)                /*值为真*/
a>2==b>4                    /*值为真（因为a>2值为1，b>4值为1）*/
```

6．逻辑运算符和逻辑表达式

（1）逻辑运算符及其优先次序

C语言中规定了3个逻辑运算符，分别是逻辑与（&&）、逻辑或（||）和逻辑非（!），其中前两个

是双目运算符，后一个是单目运算符。三者中“!”优先级最高，“&&”优先级次之，“||”优先级最低，尤其要注意，“!”优先级比任何算术运算符都高，而“&&”及“||”的优先级均低于所有关系运算符。

（2）逻辑运算的值

前面我们曾经提过，C语言中没有逻辑变量True和False，所以C语言用0表示逻辑假，所有非0数都表示真。表3-6列出了逻辑运算真值表。

表 3-6　逻辑运算真值表

a	b	!a	!b	a && b	a || b
0	0	1	1	0	0
0	非 0	1	0	0	1
非 0	0	0	1	0	1
非 0	非 0	0	0	1	1

（3）逻辑表达式

由逻辑运算符连接操作数构成的表达式称为逻辑表达式。操作数可以是关系表达式、算术表达式和逻辑表达式等。逻辑表达式的值仍为逻辑值。

例如，设a=2，b=0，则：

```
!a                 值为0
a && b             值为0
a || b             值为1
```

7. 条件运算符和条件表达式

条件运算符是C语言中唯一的三目运算符。条件运算表达式的一般形式为：

```
表达式1?表达式2:表达式3
```

其中，表达式1为条件表达式。如果表达式1为真，取表达式2的值；如果表达式1的值为假，取表达式3的值。

例如：max=a>b?a:b; 如果a大于b，则max=a；如果a不大于b，则max=b。

二、C语言中数据运算的相关问题

1. 运算符优先级和结合性

（1）运算符的优先级

C语言中，运算符的运算优先级共分为15级。1级最高，15级最低。在表达式中，优先级较高的先于优先级较低的进行运算，而在一个运算量两侧的运算符优先级相同时，则按运算符的结合性所规定的结合方向处理。

（2）运算符的结合性

C语言中各运算符的结合性分为两种，即左结合性（自左至右）和右结合性（自右至左）。例如，算术运算符（负号运算符除外）的结合性是自左至右，即运算时先左后右。如有表达式a-b+c，则a应先与“-”号结合，执行a-b运算，然后再执行+c的运算。这种自左至右的结合方向就称为“左结合性”。而自右至左的结合方向称为“右结合性”。最典型的右结合性运算符是赋值运算符。

如x=y=z，由于“=”的右结合性，应先执行y=z再执行x=（y=z）运算。C语言运算符中有不少是右结合性，应注意区别，以避免理解时出现错误。

所有运算符的优先级和结合性列于附录C中。

2．数据类型转换

变量的数据类型是可以转换的。转换的方法有两种：一种是自动类型转换；另一种是强制类型转换。

（1）自动类型转换

自动类型转换发生在不同数据类型的量进行混合运算时，由编译系统自动完成。自动类型转换遵循以下规则：

① 若参与运算量的类型不同，则先转换成同一类型，然后进行运算。

② 转换按数据长度增加的方向进行，以保证精度不降低。如int型和long型运算时，先把int型转成long型后再进行运算。

③ 所有的浮点运算都是以双精度进行的，即使仅含float单精度型运算的表达式，也要先转换成double型，再进行运算。

④ char型和short型参与运算时，必须先转换成int型。

在赋值运算中，赋值号两边量的数据类型不同时，赋值号右边量的类型将转换为左边量的类型。如果右边量的数据类型长度比左边长时，将丢失一部分数据，这样会降低精度，丢失的部分按四舍五入向前舍入。图3-3显示了自动类型转换的规则。

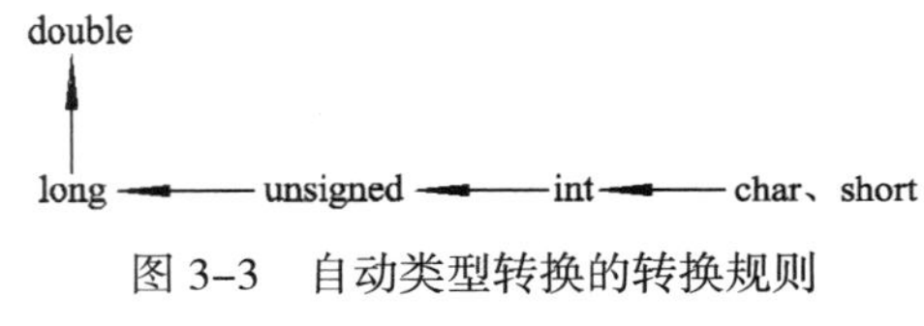

图 3-3 自动类型转换的转换规则

【例3.15】数据的自动类型转换。

```
#include <stdio.h>
#include <stdlib.h>
void main()
{
   float PI=3.14159;          /*PI为实型,s、r为整型*/
   int s,r=5;
   s=r*r*PI;                  /* r和PI都转换成double型计算,结果也为double型,
                              由于s为整型,故赋值结果仍为整型,舍去了小数部分*/
   printf("s=%d\n",s);
   system("pause");
}
```

运行结果：

```
s=78
Press any key to continue_
```

（2）强制类型转换

强制类型转换是通过类型转换运算来实现的，其一般形式为：

```
(类型说明符)(表达式)
```

其功能是把表达式的运算结果强制转换成类型说明符所表示的类型。

例如：

```
(float)a                /*把a转换为实型*/
(int)(x+y)              /*把x+y的结果转换为整型*/
```

【注意】

在使用强制转换时应注意以下问题：

- 类型说明符和表达式都必须加括号（单个变量可以不加括号），如把(int)(x+y)写成(int)x+y，则是把x转换成int型之后再与y相加。
- 无论是强制类型转换还是自动类型转换，都只是为了本次运算的需要而对变量的数据长度进行的临时性转换，并不会改变数据说明时对该变量定义的类型。

【例3.16】强制类型转换。

```
#include <stdio.h>
#include <stdlib.h>
void main()
{
   float f=5.75;
   printf("(int)f=%d,f=%f\n",(int)f,f);
   system("pause");
 }
```

运行结果：

```
(int)f=5,f=5.750000
Press any key to continue
```

本例表明，f虽强制转换为int型，但只在运算时起作用，是临时的，而f本身的类型并不改变。因此，(int)f的值为5（删去了小数部分），而f的值仍为5.75。

视频

任务二
任务实施

任务实施

给定物业费征收费率，用户输入房屋面积，程序计算该房屋业主应该交纳的物业费数额并在屏幕上输出。在实现时我们要注意相应数据的表示方法及运算选择。

```
#include <stdio.h>
#include <stdlib.h>
void main()
{
   float area;            /*定义实形变量，用于存储用户输入的房屋面积值*/
   float cost;            /*定义实形变量，用于存储最终计算结果*/
   printf("请输入房屋建筑面积（平方米）：");
   scanf("%f",&area);
   cost=area*1.4*12;
   printf("该户型应交纳物业费%f元。\n",cost);
   system("pause");
}
```

运行结果：

```
请输入房屋建筑面积（平方米）：99.78
该户型应缴纳物业费1676.303979元。
Press any key to continue_
```

小　结

本单元主要介绍了C语言的数据类型、运算符和表达式，学习完本单元，我们了解了如何正确地定义变量，利用运算表达式对数据进行运算处理，这些都将在后续单元中得到应用。

当然在本单元中，也还有一些大家学习时容易忽视的问题，现强调如下：

① 对于C语言中的变量，一定要先定义再使用，也要注意变量与符号常量的区别，虽然都用标识符来表示，但一个是常量一个是变量，习惯上用大写字母来标识符号常量，用小写字母来标识变量，以示区分。

② 本单元的重点在于C语言中的表达式及赋值语句。

C语言提供了丰富的运算符，读者应熟练掌握本单元中介绍的运算符的使用，尤其对自增、自减运算符、复合赋值运算符、赋值表达式、逗号表达式、条件表达式等要倍加注意，稍有疏忽就会产生错误。

当有其他运算一同进行时，自增、自减运算符在变量的左侧还是右侧运算结果是不一样的。另外要分清C语言中“=”和“==”的区别，前者是赋值符，运算方向是自右向左，表示将右边的值赋给左边的量；后者是关系运算符，用来比较左右两边操作数是否相等，如果相等值为1，否则值为0。

读者还需要注意的是，在C程序中，语句格式中的分隔符、引号等应该是西文标点。

我们在介绍赋值语句时，可以允许多个变量赋相同值，即a=b=c=5，但在初始化时是不允许连续赋值，如int a=b=c=5是不合法的。

实　训

验证性实训任务

实训1　基本数据类型

按照以下实验程序，观察按规定样式输出指定的几种数据类型。

实训程序：

```
#include <stdio.h>
#include <stdlib.h>
void main()
 { int a=200;
   long int b=200;
   unsigned int c=200;
   unsigned long int d=-200;
   float x=500.0;
   double y=500.0;
   printf("a=%3d,b=%3ld,x=%6.3f,y=%lf\n",a,b,x,y);
   printf("a=%3ld,b=%3d,x=%6.3lf,y=%f\n",a,b,x,y);
   printf("x=%6.3f,x=%6.3d,x=%g\n",x,x,x);
   printf("c=%u,d=%u\n",c,d);
   system("pause");
 }
```

调试运行结果。

实训 2　运算符与表达式的使用

实验 2.1：编写程序，已知两个数 a=6，b=4，计算它们的和并在屏幕上输出。

实训程序：

```
#include <stdio.h>
#include <stdlib.h>
void main()
 { int a,b,c;
   a=6;
   b=4;
   c=a+b;
   printf("%d\n",c);
   system("pause");
}
```

调试运行结果。

实验 2.2：编写程序，已知两个数 a=5，b=4。计算 a++ 和 ++b 的值并在屏幕上输出。

提示：此题要求定义好恰当的变量及数据类型，并在表达式中进行计算，最后输出结果。要注意 a++ 是先输出再计算，++b 是先计算再输出。

实训程序：

```
#include <stdio.h>
#include <stdlib.h>
void main()
 { int a,b,c;
   a=6;
   b=4;
   c=a++;
   printf("%d\n" ,c);
   c=++b;
   printf("%d\n" ,c);
   system("pause");
}
```

调试运行结果。

设计性实训任务

实训 1　编写程序，输入一个整数，输出对应的字符型数据。

实训 2　编写程序，已知两个数 a=10，b=3。计算它们的差并在屏幕上输出。

实训 3　编写程序，输入圆的半径值，计算圆面积并在屏幕上输出。

实训 4　仿照验证性实训任务中实训 2 中的实验 2.1，编写程序，测试下列表达式的运算结果。

```
a>b
a<2+3
a>b||c>d
!a==b&&c>d
(a=3*5,a*4),a+5
```

习　题

一、选择题

1. 下面标识符中，不合法的用户标识符为（　　）。

A. Pad　　B. a_10　　C. CHAR　　D. a#b

2. 下面标识符中，合法的用户标识符为（　　）。

A. long　　B. E2　　C. 3AB　　D. enum

3. 下列 4 组选项中，均不是 C 语言关键字的选项是（　　）。

A. define　IF　type　　B. getc　char　printf

C. include case　scanf　　D. while　go　pow

4. 下列 4 组选项中，均是合法转义字符的选项是（　　）。

A. '\"'　'\\'　'\n'　　B. g'\'　'\017'　'\"'

C. '\018'　'\f'　'xab'　　D. '\\0'　'\101'　'xlf'

5. 下面正确的字符常量是（　　）。

A. "c"　　B. '\\"　　C. ''　　D. 'K'

6. 以下叙述不正确的是（　　）。

A. 在 C 程序中，逗号运算符的优先级最低

B. 在 C 程序中，MAX 和 max 是两个不同的变量

C. 若 a 和 b 类型相同，在计算了赋值表达式 a=b 后，b 中的值将放入 a 中，而 b 中的值不变

D. 当从键盘输入数据时，对于整型变量只能输入整型数值，对于实型变量只能输入实型数值

7. 以下叙述正确的是（　　）。

A. 在 C 程序中，每行只能写一条语句

B. 若 a 是实型变量，C 程序中允许赋值 a=10，因此实型变量中允许存放整型数

C. 在 C 程序中，% 是只能用于整数运算的运算符

D. 在 C 程序中，无论是整数还是实数，都能被准确无误地表示

8. 已知字母 A 的 ASCII 码为十进制数 65，且 c2 为字符型，则执行语句 c2='A'+'6'−'3' 后，c2 中的值为（　　）。

A. D　　B. 68　　C. 不确定的值　　D. C

9. 设 C 语言中，一个 int 型数据在内存中占 4 个字节，则 unsigned int 型数据的取值范围为（　　）。

A. 0 ～ 255　　B. 0 ～ 32 767　　C. 0 ～ 65 535　　D. 0 ～ 4 294 967 295

10. 设有说明：char w; int x; float y; double z;，则表达式 w*x+z−y 值的数据类型为（　　）。

A. float　　B. char　　C. int　　D. double

二、填空题

1. 若有以下定义，则计算表达式 y+=y−=m*=y 后的 y 值是________。

```
int m=5,y=2;
```

2. 在 C 语言中，一个 short int 型数据在内存中占 2 个字节，则 int 型数据的取值范围为________。

3. 若 s 是 int 型变量，且 s=6，则下面表达式的值为________。

```
s%2+(s+1)%2
```

4. 若 a 是 int 型变量，则下面表达式的值为________。

```
(a=4*5,a*2),a+6
```

5. 若 a 是 int 型变量，则计算下面表达式后，a 的值为________。

```
a=25/3%3
```

6. 若有定义：char c='\010';，则变量 c 中包含的字符个数为________。

7. 若有定义：int x=3, y=2; float a=2.5,b=3.5;，则下面表达式的值为________。

```
(x+y)%2+(int)a/(int)b
```

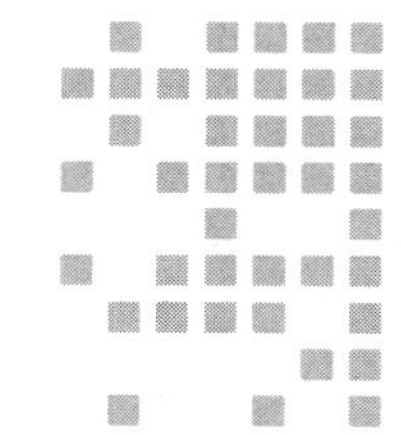

单元 4 结构化程序的基本结构

前面两个单元中，我们已经学习了有关 C 语言的一些基本知识和基本要素（如常量、变量、运算符和表达式等），它们是 C 程序的基本组成部分。本单元将介绍结构化程序设计的 3 种基本结构。

学习目标

- 培养基本的程序设计方法
- 培养良好的结构化的编程思维
- 掌握输入与输出函数
- 掌握顺序结构程序设计
- 掌握分支结构程序设计
- 掌握循环结构程序设计

任务一　顺序结构程序设计

学习计算机语言的目的是为了以此为工具来设计程序，以便解决一些具体的实际问题。在20世纪60年代，随着计算机应用的日益普及，软件的开发和维护出现了严重的问题，导致了“软件危机”的出现，为此促使人们对软件的开发和设计进行研究，最后提出了结构化程序设计的思想，该思想提出程序是由3种基本结构组成，即顺序结构、选择结构和循环结构；复杂程序是由这3种基本结构组合而成。

任务导入

随着新时代的信息化技术的应用普及，传统的人工管理方式已不适合新形势的需求，某物业公司希望建设一套小区物业管理系统，实现对小区物业的信息化管理，在设计物业管理系统时需要显示业主管理菜单界面。

知识准备

一、算法及其表示

在日常生活中做任何一件事情，都是按照一定规则，一步一步地进行，这些解决问题的方法步骤就是算法；简单地说，算法就是进行操作的方法和操作步骤。计算机解决问题的方法和步骤，就是计算机的算法。

按照著名计算机科学家沃思（Niklaus Wirth）提出的一个公式：程序=数据结构+算法，一个程序应包括：

① 对数据的描述，在程序中要指定数据的类型和数据的组织形式，即数据结构（Data Structure）。数据结构是计算机专业领域重要的基础课程之一，不属于本书内容，这里不再赘述。在C语言中，系统提供的数据结构，是以数据类型的形式出现的。

② 对数据处理的描述，即计算机算法。算法是为解决一个问题而采取的方法和步骤，是程序的灵魂。

实际上，一个程序除了数据结构和算法外，还必须使用一种计算机语言，并采用结构化方法来表示。故又有如下公式：

程序=数据结构+算法+程序设计方法+语言工具和环境

结构化程序设计概念最早由E.W.Dijikstra在1965年提出，它的主要观点是采用自顶向下、逐步求精及模块化的程序设计方法；它主张使用顺序、选择、循环三种基本结构来嵌套连结成具有复杂层次的“结构化程序”，严格控制GOTO语句的使用。任何程序都可由顺序、选择、循环这三种基本控制结构构造。

1．算法的概念

在计算机科学中，算法是指描述用计算机解决给定问题而采取的确定的有限步骤，是解题方案的准确而完整的描述。它是在有限步骤内求解某一问题所使用的一组定义明确的规则。算法不等于程序，算法的设计优于程序的编制。程序设计语言只是一个工具，只懂得语言的规则并不能保证编制出高质量的程序，程序设计的关键是设计算法。

算法并不给出问题精确的解，只是说明怎样才能得到解。每一个算法都是由一系列的操作指令组成的。这些操作包括加、减、乘、除、判断等，按顺序、选择、循环等结构组成，所以研究算法的目的就是研究怎样把各种类型的问题的求解过程分解成一些基本的操作。

算法写好之后，要检查其正确性和完整性，再根据它编写出用某种高级语言表示的程序。程序设计的关键就在于设计一个好的算法。所以，算法是程序设计的核心。

下面通过一个实例给大家介绍一个简单的算法。

【例4.1】求1×2×3×4×5的值。

那我们先用原始的方法进行：

步骤1：先求1×2，得到结果2。

步骤2：将步骤1得到的结果乘以3，得到结果6。

步骤3：将6乘以4，得到24。

步骤4：将24乘以5，得到120。

这样的结果虽然是正确的，但是太烦琐，如果要求算$1 \times 2 \times 3 \times \cdots \times 1000$，则要写999个步骤，显然是不可取的。而且每次都要使用上一步骤的数值结果，不大方便。

那我们再使用计算机逻辑的方法算这个题。

S1：使K=1。

S2：使W=2。

S3：使K×W，乘积仍放在变量K中，可表示为K×W→K。

S4：使W的值加1，即W+1→W。

S5：如果W不大于5，返回重新执行S3以及其后的步骤S4、S5；否则，算法结束，最后得到的值为5！的值。

从例4.1求解问题的过程（算法）可以看出，它们是一个从具体到抽象的过程，具体方法是：

① 弄清如果由人来做，应该采取哪些步骤。

② 对这些步骤进行归纳整理，抽象出数学模型。

③ 对其中的重复步骤，通过使用相同变量等方式求得形式的统一，然后简练地用循环解决。

算法的基本特征：是一组严格定义运算顺序的规则，每一个规则都是有效的，是明确的，一个算法将在有限的次数下终止，具体说，有以下五个重要特性。

① 有穷性。一个算法必须总是（对任何合法的输入值）在执行有穷步之后结束，且每一步都可在有穷时间内完成。实际上，有穷性是指在一定的合理范围内，如：一个需等1万年才能执行完的程序就没有意义，虽然它是有穷的，但超过了合理的范围，也就称不上有效算法，而合理范围也是不定的，是根据人们的常识和需要而定。

② 确定性。对于每种情况下所应执行的操作，在算法中都应有确切的规定，使算法的执行者或阅读者都能明确其含义及如何执行，即算法中每一条指令必须有确切的含义，读者理解时不会产生歧义（二义性）。在任何条件下，算法只有唯一的一条执行路径，即对于相同的输入只能得出相同的输出。

③ 可行性。算法的可行性是指算法原则上能够准确地运行，所有操作都必须是基本操作，都可通过已经实现的基本操作运算有限次实现。例如：若b=0，则执行a/b是不能有效执行的。

④ 输入。所谓输入是指在执行算法时需要从外界得到必要的信息。一个算法有零个或多个输入，这些输入的信息有的是在算法执行过程中输入，有的已被嵌入到算法之中。

⑤ 输出。输出是算法执行信息加工后得到的结果。一个算法有一个或多个的输出，这些输出是同输入有着某些特定关系的量。

2. 流程图表示算法

详细描述计算机处理数据的过程（算法描述）有多种不同的工具，常用工具分为三类：图形、表格和语言。图形：程序流程图、N–S图、PAD图。表格：判定表。语言：过程设计语言（PDL）。

下面主要介绍流程图的相关内容。

（1）流程图

流程图（框图）是用一些几何框图、流向线和文字说明来表示各种类型的操作。流程图是对给定问题的一种图形解法，其优点是直观、清晰、易懂，便于检查、修改和交流。

流程图是利用文字叙述和图示来表示程序算法的一种很有用的工具，可以通过流程图来构思程序的逻辑结构，详细的流程图可以直接作为编写程序的依据，还可以作为调试和测试程序的参考，也可以作为程序的资料，便于随时查阅程序、修改程序和相互交流。由于它简单直观，所以应用广泛，特别是在早期语言阶段，只有通过流程图才能简明地表述算法，流程图成为程序员们交流的重要手段。直到结构化的程序设计语言出现，对流程图的依赖才有所降低。

美国国家标准化协会ANSI（American National Standard Institute）规定的一些常用的流程图符号（见表4–1），它已被世界各国程序工作者普遍采用。

表 4–1　常用的流程图符号

符　　号	符 号 名 称	功 能 说 明
	终端框	表示算法的开始（START）与结束（END）
	处理框	表示算法的各种处理操作
	注解框	表示算法的说明信息
	判断框	表示算法的条件转移操作
	输入 / 输出框	表示算法的输入 / 输出操作
	指向线（流线）	指引流程图中的方向
	引入、引出连接符	表示流程的延续

① 起止框：表示算法的开始和结束。一般内部只写“开始”或“结束”。每个算法中只能有一个“开始”终端操作符，也只能有一个“结束”终端操作符，如图4–1所示。

② 处理框：表示算法的某个处理步骤，一般内部常常填写赋值操作。赋值操作是把新值赋给变量。这种操作由赋值语句来完成。赋值语句的形式：<变量>←<表达式>。其中，变量是任何数值变量、逻辑变量及字符串变量名，箭头号称为赋值操作符，如图4–2所示。

③ 注解框：不是流程图中必要的部分，不反映流程和操作，只是为了对流程图中使用的有关变量或某些地方做必要的补充说明，以帮助阅读流程图的人更好地理解流程图的作用。它是用一端开口矩形来表示，用来指示提供说明的信息，其说明用英文、中文、汉语拼音均可，如图4–3所示。

④ 判断框：作用主要是对一个给定条件进行判断，根据给定的条件是否成立来决定如何执行其后的操作P。它有一个入口，两个出口，如图4–4所示。

⑤ 输入/输出框：表示算法需求数据的输入或将某些结果输出。一般内部常常填写“输入”，“打印/显示”，如图4–5和图4–6所示。

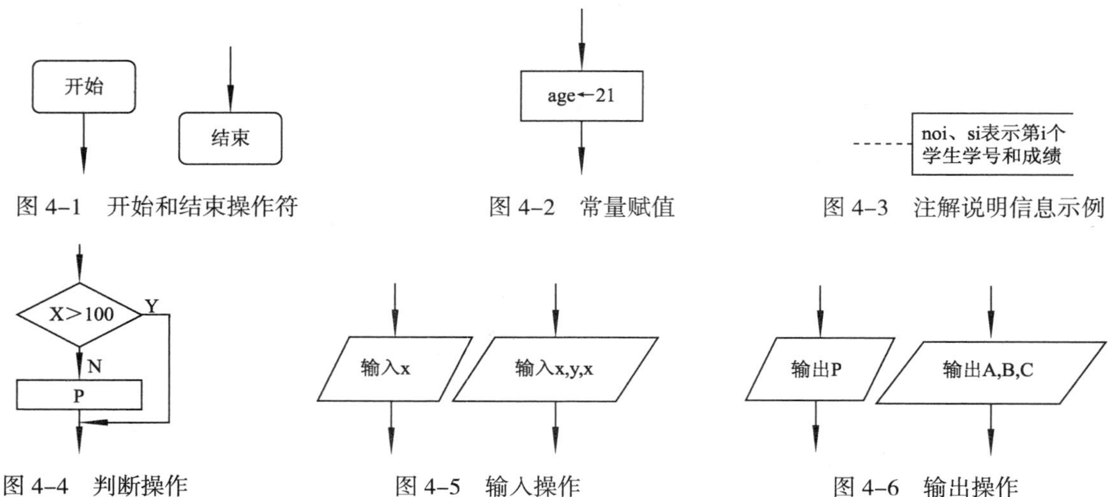

图 4-1　开始和结束操作符　　图 4-2　常量赋值　　图 4-3　注解说明信息示例

图 4-4　判断操作　　图 4-5　输入操作　　图 4-6　输出操作

⑥ 指向线：指引流程图的方向。

⑦ 连接点：用于将画在不同地方的流程线连接起来。圆圈中可以标上数字或字母进行编号，同一个编号的点是相互连接在一起的，实际上同一编号的点是同一个点，只是画不下才分开画。使用连接点，还可以避免流程线的交叉过长，使流程图更加清晰，如图4-7所示。

（2）三种基本控制结构和改进的流程图

1966年，Bohra和Jacopini提出了以下3种基本结构，用这三种基本结构作为表示一个良好算法的基本单元，这三种基本结构流程图如图4-7～图4-11所示，其中，A、B表示语句，P表示条件。

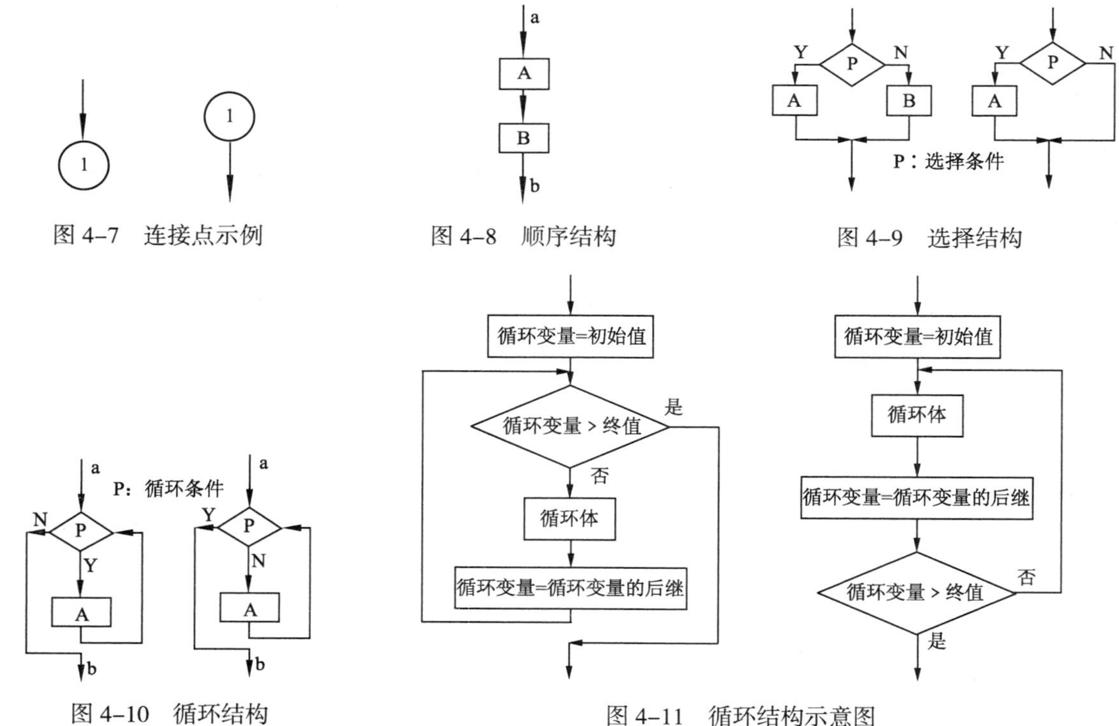

图 4-7　连接点示例　　图 4-8　顺序结构　　图 4-9　选择结构

图 4-10　循环结构　　图 4-11　循环结构示意图

有关3种基本结构的说明：

3种结构中的A、B框可以是一个简单的操作，也可以是3个基本结构之一，也就是说基本结构可以嵌套。3种基本结构，有以下共同点：

① 只有一个入口：不得从结构外随意转入结构中某点。

② 只有一个出口：不得从结构内某个位置随意转出（跳出）。

③ 结构中的每一部分都有机会被执行到。（没有“死语句”）

④ 结构内不存在“死循环”（无终止的循环）。

二、C语句概述

程序应该包括数据描述（由声明部分来实现）和数据操作（由语句来实现）。数据描述主要定义数据结构（用数据类型表示）和数据初值。数据操作的任务是对已提供的数据进行加工。一个C程序包含若干语句，C语句都是用来完成一个具体操作的。C程序是由一个或多个函数组成，一个函数包含声明部分和执行部分，执行部分是由语句组成，而声明部分的内容不能称为语句。如：int x;不是一个C语句，它不产生机器操作，而只是变量的定义。

C程序结构如图4-12表示，即一个C程序可以由若干个源程序文件（分别进行编译的文件模块）组成，一个源文件可以由若干个函数和预处理命令以及全局变量声明部分组成，一个函数由数据定义部分（局部变量声明部分）和执行语句组成。

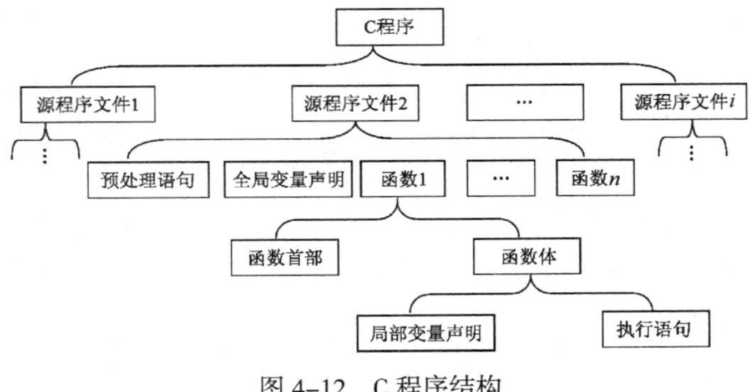

图 4-12　C 程序结构

C语句可以分为以下5类。

① 控制语句，完成一定的控制功能。C语言有9种控制语句，它们是：

- if( )else　（选择结构控制语句）
- switch( )　（多分支选择结构控制语句）
- for( )　（循环结构控制语句）
- while( )　（循环结构控制语句）
- do...while( )　（循环结构控制语句）
- break　（switch选择结构或循环结构语句中止执行语句）
- continue　（结束本次循环语句）

- goto （转向语句）
- return （函数返回语句）

② 函数调用语句。由一次函数调用加一个分号构成一个语句，如：printf("Hello!");等。

③ 表达式语句。由一个表达式构成一个语句。一个语句最后必须是分号，分号是语句中不可缺少的一部分，任何表达式都可以加上分号而成为语句。最典型的表达式语句是由赋值表达式构成一个赋值语句。如“x=8;”就是一个由赋值表达式x=8加上一个分号所构成的赋值语句。

由于C程序中大多数语句是表达式语句（包括函数调用语句，函数调用语句其实也是表达式语句），所以有人把C语言称作“表达式语言”。

④ 空语句。下面是一个空语句：

;

即只有一个分号的语句，它什么也不做。有时用来作流程的转向点，或循环语句中的循环体（循环体是空语句，表示循环体什么也不做）。

⑤ 可以用{}把多条语句括起来成为复合语句，又称分程序。

用C语言代码实现例4.1求1×2×3×4×5的值。

```
#include <stdio.h>
void main()
{
char i=1,s=1;
 do
{s=s*i;  //本行为斜体
i++;     //本行为斜体
}while(i<=5);
  Printf("s=1×2×3×4×5=%d\n",s);
}
```

上例中的斜体部分就是一个复合语句，它是作为do...while控制语句的一个复合语句。由于do...while循环中的执行部分（又称循环体）只能是do后的一条语句，在引例中do...while控制语句后要执行的语句有多条，通过{}把这些语句括起来成为复合语句，相当于一个的语句。

【注意】

复合语句中最后一个语句的分号不能缺少。

赋值语句是由赋值表达式加上一个分号构成。下面再专门讨论赋值语句。

① C语言中的赋值号“=”是一个运算符，有自己的运算优先级和“自右向左”的结合性。

② 关于赋值表达式与赋值语句的概念，作为赋值表达式可以包括在其他表达式之中，而作为赋值语句，必须在赋值表达式后加上分号“；”以构成一个独立的语句（分号“；”是一条语句结束的标志，是语句不可缺少的组成部分）。

三、字符的输入与输出函数

C语言程序中输入和输出操作是由函数来实现的，C语言本身不提供输入/输出语句。

在C标准函数库中提供了一些输入/输出函数，其中，用于进行字符输入/输出的是getchar()函数和putchar()函数。

1. 字符输出函数putchar()

（1）putchar()函数的格式

格式：putchar(c)

功能：将变量c的值所代表的字符向终端输出，c可以是字符型变量或整型变量。

【例4.2】输出单个字符。

```
#include <stdio.h>
void main()
{ char i,j,k,m,n;
  i='H';j='e';k='l';m='o';n='!';
  putchar(i);putchar(j);putchar(k);putchar(k);putchar(m);putchar(n);
  Printf("\n");
}
```

运行结果：

```
Hello!
Press any key to continue
```

（2）putchar()函数的几种形式举例

```
putchar('A');                    /* 在屏幕上显示字符A*/
putchar(i);                      /* 在屏幕上显示变量i的值所代表的字符*/
putchar('\n');                   /* 输出控制字符,本行为换行*/
putchar('\110');                 /* 输出转义字符,本行为输出字符'H' */
```

（3）关于putchar()函数说明

① putchar()函数需要将输出的数据（字符常量、字符型变量或整型变量）作为函数参数放在括号内，括号内的内容不能缺省。

② putchar()函数只能输出一个字符，对于多于一个字符的内容，putchar()函数只输出第一个字符。

③ putchar()函数既可输出可打印字符，也可输出不可打印字符（如回车等）。

④ putchar()函数的返回值是整型，返回的值是字符的ASCII码值。

2. 字符输入函数getchar()

（1）getchar()函数的格式

格式：getchar()

功能：从终端（或系统隐含指定的输入设备，常为键盘）输入一个字符，getchar()函数没有参数，函数的值就是从输入设备得到的字符。

【例4.3】输入单个字符。

```
#include <stdio.h>
void main()
{ char x;
  x=getchar();              /* 从键盘输入一个字符，如'a'并按回车键，则getchar()函
                            数得到此字符,然后赋给变量x*/
  putchar(x);               /* 在屏幕上显示变量x的值所代表的字符'a'*/
  Printf("\n");
}
```

运行结果：

```
a
a
Press any key to continue
```

在本例中，由于getchar()函数的值为'a'，因此putchar()函数输出'a'。当然x的值也可以用printf()函数输出。

（2）关于getchar()函数说明

① getchar()函数只能接收一个字符，对于多于一个字符的内容，getchar()函数只接收第一个字符。

② getchar()函数接收的字符既可赋给字符型变量，也可赋给整型变量，还可以作为函数表达式的一部分。

③ getchar()函数既可接收可打印字符，也可接收可从键盘输入的不可打印字符（如回车等）。

④ getchar()函数的返回值是整型，返回的值是字符的ASCII码值。

【注意】

如果在一个函数中要调用getchar()或putchar()函数，应该在该函数的前面加上包含命令：

```
#include <stdio.h>。
```

C标准函数库提供的输入输出函数有putchar()（输出字符函数）、getchar()（输入字符函数）、printf()（格式输出函数）、scanf()（格式输入函数）、puts()（输出字符串函数），gets（输入字符串函数）。

在使用C语言库函数时，要用预编译命令#include将有关的“头文件”包含到用户源文件中,头文件中包含了程序中用到的库函数有关信息。

四、格式化输入与输出函数

1. 格式化输出函数printf()

在前面第一单元中我们已经用到printf()函数，下面我们将进一步学习printf()函数的格式和功能。

（1）printf()函数的一般格式与功能

printf函数的一般格式：

```
printf(格式控制符, 输出列表)
```

printf()函数的功能：向终端（或系统隐含指定的输出设备，常为显示器）按指定格式输出若干个任意类型的数据（注意与putchar()函数的区别）。

【例4.4】利用printf()函数输出数据。

```
#include <stdio.h>
void main()
{ char c;
   int x;
   x=67;
   c='A';
 printf("c=%c,x=%d \n",c,x);           /*按指定格式显示变量c和x的值*/
}
```

运行结果：

```
c=A,x=67
Press any key to continue
```

读一读

有关printf()函数的几点说明：

① printf()函数一般格式的括号内包括两种信息：格式说明和输出列表。其中，第一项“格式控制符”是用双引号括起来的字符串，也称“转换控制字符串”。

- 格式说明：由“%”和格式字符组成，它的作用是将输出的数据转换为指定的格式输出。格式说明总是由“%”字符开始，如%d、%f、%c等。
- 普通字符：即需要原样输出的字符。例如上面printf函数中双引号内的逗号、c=和x=。

②“输出列表”是需要输出的一些数据，可以是常量、变量、表达式。

（2）格式字符

用以控制对不同类型的数据采用不同的格式输出字符。常用的有以下9种格式字符：

整型数据输出：
① d格式符，输出十进制整数。
② o格式符，以八进制数形式输出整数。
③ x格式符，以十六进制数形式输出整数。
④ u格式符，输出unsigned型数据，即无符号数，以十进制形式输出。

字符型数据输出：
⑤ c格式符，输出一个字符。
⑥ s格式符，输出一个字符串。

实型数据输出：
⑦ f格式符，输出实数（包括单、双精度），以小数形式输出。
⑧ e格式符，以指数形式输出实数。
⑨ g格式符，输出实数，它根据数值的大小，自动选f格式或e格式（选择输出时占宽度较小的一种），且不输出无意义的零。

以上格式符的详细介绍如表4–2所示。

表 4–2　printf() 函数格式符

格　式　符	附加格式符	输 出 格 式	说　　明
%d	%d	以带符号的十进制形式按实际长度输出整型数	
	%md	以带符号的十进制形式按指定长度 m 输出整型数	数据的位数小于 m，则左端补以空格；若大于 m，则按实际位数输出
	%mld	以带符号的十进制形式按指定长度 m 输出长整型数	int 型数据可用 %d 或 %ld 格式输出
%o	%o	以八进制数形式输出整数	输出的数值不带符号
	%lo	以八进制数形式输出长整数（long 型）	
%x（%X）	%x	以十六进制数形式输出整数	不会出现负的十六进制数，用 %x 则输出 a ~ f；用 %X，则输出 A ~ F
	%lx	以十六进制数形式输出长整数	
%u	%u	以十进制形式输出无符号数（unsigned）	一个有符号整数（int 型）可以用 %u 格式输出；unsigned 型数据可用 %d 格式输出。也可用 %o 或 %x 格式输出

续表

格　式　符	附加格式符	输 出 格 式	说　　明
%c	%c	输出一个字符	
	%mc	输出指定宽度为 m 的一个字符	
%s	%s	输出一个字符串	
	%ms	输出的字符串占 m 列	如字符串本身长度大于 m，则突破 m 的限制，将字符串全部输出。若串长小于 m，则左补空格
	%-ms	输出的字符串占 m 列	如果串长小于 m，则在 m 列范围内，字符串向左靠，右补空格
	%m.ns	取字符串左端 n 个字符输出，输出占 m 列 如果 n > m，m 自动取 n 值	这 n 个字符输出在 m 列的右侧，左补空格
	%-m.ns		这 n 个字符输出在 m 列范围的左侧，右补空格
f%	%f	以小数形式输出实数（包括单、双精度），输出 6 位小数	不指定字段宽度，由系统自动指定，使整数部分全部如数输出。 单精度实数的有效位数一般为 7 位；双精度数的有效位数一般为 16 位，给出小数 6 位
	%m.nf	输出 m 列实数（包括单、双精度），以小数形式输出	指定输出的数据共占 m 列，其中有 n 位小数。如果数值长度小于 m，则左端补空格
	%-m.nf	输出 m 列实数（包括单、双精度），以小数形式输出	指定输出数据共占 m 列，其中有 n 位小数。如果数值长度小于 m，输出的数值向左端靠，右端补空格
%e（%E）	%e	以指数形式输出实数	不指定输出数据所占的宽度和数字部分的小数位数，数值按规范化指数形式输出（小数点前须有且只有 1 位非零数字）。其中，6 位小数，指数部分占 5 位（如 e+002）
	%m.ne	以指数形式输出 m 列实数，小数有 n 位。n 默认值为 6	如果数值长度小于 m，则左端补空格
	%-m.ne	以指数形式输出 m 列实数，小数有 n 位。n 默认值为 6	如果数值长度小于 m，输出的数值向左端靠，右端补空格
%g（%G）	%g	用来输出实数	它根据数值的大小，自动选 f 格式或 e 格式（选择输出时占宽度较小的一种），且不输出无意义的零

读一读

有关格式符使用的几点要说明：

① 除了x，e，g外，其他格式字符必须用小写字母，如%f不能写成%F。

② 可以在printf()函数中的“格式控制”字符串内包含“转义字符”，如“\n”“\t”“\b”“\r”“\f”“\377”等。

③ 上面介绍的d、o、x、u、c、s、f、e、g等字符，若出现在“%”后面就是格式符号。一个格式说明以“%”开头，以上述9个格式字符之一为结束，中间可以插入附加格式字符（也称修饰符）。

例如：

```
printf("x=%ca=%df=%f",x,a,f);
```

格式说明“%c”而不包括其后的 a，格式说明为“%d”，不包括其后的 f，最后一个格式符号为 %f。其他的字符为原样输出的普通字符。

④ 如果输出的字符中包含“%”，则须在“格式控制”字符串的 % 位置用连续两个 % 表示，如：

```
printf("%f%%",2. 0/4); /*输出为“0.500000%”，请思考为何2.0/4中分子要用2.0？*/
```

以下表4-3举例说明printf()函数格式符的使用：

表 4-3　printf() 函数格式符举例

例子中引用的变量定义：

```
int a1=-1,x=267, y=75643,b=-2, i=97;
long V=358724;
char c='b';
float x1=333333.333,y1=222222.222,b1=333.333,b2=222.222;
```

格　式　符	附加格式符	举　　例	输出结果（_为一空格）
%d	%d	printf("%d,%d",x,y);	267 75643
	%md	printf("%4d,%4d",x,y);	_267 75643
	%ld	printf("%ld",V);	358724
		printf("%8ld",V);	_358724
%o	%o	printf("%d,%o",a1,a1);	-1，177777
	%lo	printf("%lo" ,v);	1274504
	%mlo	printf("%8lo",v);	_1274504
%x（%X）	%x	printf("%x",a1);	ffff
	%lx	printf("%lx",v);	57944
	%mlx	printf("%8lx",v);	_57944
	%u	printf("b=%u",b);	b=65534
	%c	printf("%c,%d,%c,%d",i,i,c,c);	a 97 b 98
	%mc	printf("%3c",c);	_ _b
	%s	printf("%s","anhui");	anhui
	%ms	printf("%7s","anhui");	_ _anhui
	%-ms	printf("%-7s","anhui");	anhui_ _
	%m.ns	printf("%5.2s","anhui");	_ _ _an
	%-m.ns	printf("%-5.2s","anhui");	an_ _ _
	%f	printf("%f",x1+y1);	555555.562500（7 位有效数字）
	% m.nf	printf("%8.2f",b1+b2);	_ _555.56
	%-m.nf	printf("%-8.2f",b1+b2);	555.56_ _
	%e	printf("%e",123.456);	1,234560e+002
	%m.ne	printf("%10.3e",123.456);	_1.23e+002
	%-m.ne	printf("%-10.3e",123.456);	1.23e+002_

2. 格式化输入函数scanf()

scanf()函数在第1单元中已初步介绍，在本单元中我们将再作进一步详细介绍。

（1）scanf()函数的一般格式与功能

scanf函数的一般格式：

```
scanf(格式控制符,地址列表);
```

scanf()函数的功能：它从标准输入设备（常为键盘）读取输入的信息，按地址列表次序依次赋给相应内存地址（也就是给相应地址的变量赋值）。

【例4.5】用scanf()函数输入数据。

```
#include <stdio.h>
void main()
{ int x,y,z;
  scanf("%d%d%d",&x, &y,&z);   /*从键盘输入三个数,依次赋予x、y、z所在的内存单元*/
  printf("%d,%d,%d\n",x,y,z);
}
```

运行结果：

```
7 8 9
7,8,9
Press any key to continue
```

&x、&y、&z中的“&”是地址运算符，&x指变量x在内存中的地址。变量x、y、z的地址是在编译阶段分配的。

使用scanf()函数注意事项：

1）scanf()函数中的“格式控制”后面应当是变量地址，而不应是变量名，因而常要在变量名前加上取地址运算符&。

例如，要从键盘对整型变量x、y赋值，则：scanf("%d%d",x,y);是错误的，正确的应该是：scanf("%d%d",&x,&y);。

2）如果在“格式控制”字符串中除了格式说明以外还有其他字符，则在输入数据时应输入与这些字符相同的字符。

3）在输入数据时，遇以下情况时认为该数据输入结束。

① 遇空格，或按“回车”或“跳格”（Tab）键。

② 按指定的宽度结束，如“%3d”，只取3列。

③ 遇非法输入。

（2）格式说明

与printf()函数中的格式说明类似，scanf()函数的格式控制符也以%开始，以一个格式字符结束，中间可以插入附加的字符。

scanf()函数的格式控制符及附加格式符详细介绍如表4-4和表4-5所示。

表 4-4　scanf() 函数格式符

格 式 符	输入格式说明
%d	用来输入有符号的十进制数
%c	用来输入一个字符

续表

格 式 符	输入格式说明
%f 或 %e	用来输入实数，可用小数形式或指数形式
%o	用来输入无符号的八进制数
%x（%X）	用来输入无符号的十六进制数
%s	用来输入字符串，以第一个非空白字符开始，以随后的第一个空白字符结束
%u	用来输入无符号的十进制数

表 4-5 scanf() 函数附加格式符

附加格式符	输入格式说明
l	用于输入长整数（如 %ld,%lo,%lx,%lu）及 double 型数（如 %lf 或 %le）
h	用于输入短整数（如 %hd,%ho,%hx）
正整数	指定输入数据的宽度
*	表示本输入的内容不赋给相应变量，该变量输入的数由下一个格式符指定

① 对unsigned型变量所需的数据，可以用%u，%d或%o，%x格式输入。

② 可以指定输入数据所占列数，系统自动按指定列数截取所需数据。

例如，scanf("%2d%3d",&x,&y);

输入：3478532。

系统自动将34赋给x，785赋给y。

③如果在%后有一个“*”附加说明符，表示跳过它指定的列数。

例如，scanf("%2d%*3d %2d",&a,&b);，如果输入如下信息：

```
        1234567
```

将12赋给a，%*3d表示读入3位整数但不赋给任何变量，然后再读入2位整数67赋给b。也就是说第2个数据“345”被跳过。在利用现成的一批数据时，有时不需要其中某些数据，可用此法“跳过”它们。

④ 输入数据时不能规定精度。

五、顺序结构程序设计

1. 顺序结构程序设计概念

结构化程序设计中，程序有3种基本控制结构，即顺序结构、选择结构和循环结构，其中顺序结构是最基本的结构。C语言中也有3种基本控制结构，所谓顺序结构指的是按照程序中语句出现的先后次序依次执行各条语句，其流程图如图4-13所示，“语句1”执行后才执行“语句2”，……最后再执行“语句*n*”。下面看一个顺序结构的例子。

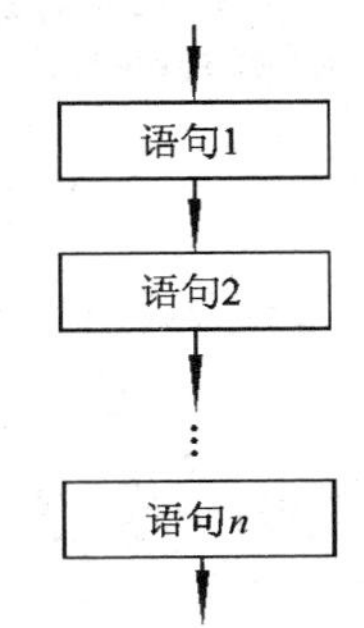

图 4-13 顺序结构流程图

【例4.6】编写程序，要求把一个三位正整数逆序输出（如234，输出为432）。

```
#include <stdio.h>
```

```
void main()
{ int  a, x,y,z;
   scanf("%3d",&a );                  /*从键盘输入一个三位的正整数,赋予a变量*/
   x=a/100;                           /*取出a的百位数,赋予x变量*/
   y=a%100/10;                        /*取出a的十分位数,赋予y变量*/
   z=a%10;                            /*取出a的个位数,赋予z变量*/
   printf("%d%d%d\n",z,y,x);
}
```

运行结果：

在例4.6中，程序执行时，首先要求输入一个三位数，再依次求出分别赋给x、y、z变量，最后逆序输出个位、十位、百位。程序执行是按语句出现的先后次序进行的。

2. 顺序结构程序设计举例

【例4.7】编写程序，输入x和y值，交换它们的值，并输出交换前后的数。

程序分析：先将x的值保存在一个变量temp中，再将y的值赋予x，再从temp中将原x的值赋予变量y，从而实现变量x与y值的互换。

```
#include <stdio.h>
void main()
{ int x,y,temp;
   printf("\n input  two int  number: ");
   scanf("%d%d",&x,&y);                          /* 从键盘输入两个整数,分别赋予变量x和y */
   printf("\n before  exchange  x=%d y=%d",x,y);  /* 输出交换前的x和y值*/
   temp=x;
   x=y;
   y=temp;
   printf("\n after  exchange  x=%d y=%d\n",x,y); /* 输出交换后的x和y值*/
}
```

运行结果：

```
 input  two int  number: 25 47

 before  exchange  x=25 y=47
 after  exchange  x=47 y=25
Press any key to continue
```

【例4.8】编写程序，由键盘输入一个小写英文字母，并显示该字母及对应的大写字母。

程序分析：由于大写英文字符是从ASCII码为65开始的连续26个字符，而小写英文字符是从ASCII码为97开始的连续26个字符，因而小写字母转换为相应大写字母只需将该小写字母的ASCII码值减去'a'–'A'（即32），所得的值即为相应大写字母的ASCII码值。

```
#include <stdio.h>
void main()
{ char  ch;
   printf("\n input a letter:");
   scanf("%c",&ch);
   printf("%c\t%c\n",ch,ch+'A'-'a');
}
```

运行结果：

```
input a letter:e
e     E
Press any key to continue
```

【思考】请读者编程：由键盘输入一个大写英文字母，并显示该字母及对应的小写字母。

【例4.9】编写程序，由键盘输入一个半径为r的值，分别计算该半径对应的圆的周长、面积、球的体积。

程序分析：从键盘输入半径值存放于变量r值，然后分别计算圆的周长、面积、球的体积分别存放于变量l、s、v。

```
#include <stdio.h>
void main()
{ float  r,l,s,v;
   printf("\n input value of  r:");
   scanf( "%f" ,&r);
   l=2*3.14159*r;
   s=3.14159*r*r;
   v=3.14159*r*r*r*4.0/3;                        /*为何要乘4.0/3,而不是乘4/3*/
   printf("\n r=%f,l=%f,s=%f,v=%f \n",r,l,s,v);
}
```

运行结果：

```
 input value of  r:3<回车>
 r=3.000000,l=18.849541,s=28.274309,v=113.097237
```

视频

任务一
任务实施

任务实施

先在VC++ 2010中新建一个win32控制台应用空项目，命名为owner_menu，然后在其源程序中添加“新建项”→“C++文件”选项，并命名为owner_menu.c，下面编程显示物业管理系统的业主管理菜单程序的代码：

```
/*功能：显示物业管理系统的业主菜单界面。*/
#include <stdio.h>
#include <stdlib.h>
void main()
{  int erk;
   system("CLS");/*清屏*/
   printf("-------------物业管理业主管理菜单-------------\n");
   printf(" \n");
   printf("              **************************\n");
   printf("              *    请输入您要操作的功能:   *\n");
   printf("              **************************\n");
   printf("              *      1:添加业主信息        *\n");
   printf("              *      2:删除业主信息        *\n");
   printf("              *      3:修改业主信息        *\n");
   printf("              *      4:查询业主信息        *\n");
   printf("              *      0:返        回         *\n");
```

```
    printf("            ***************************\n");
    printf(" \n");
    printf("您的选择: ");
    scanf("%d",&erk);
}
```

运行结果:

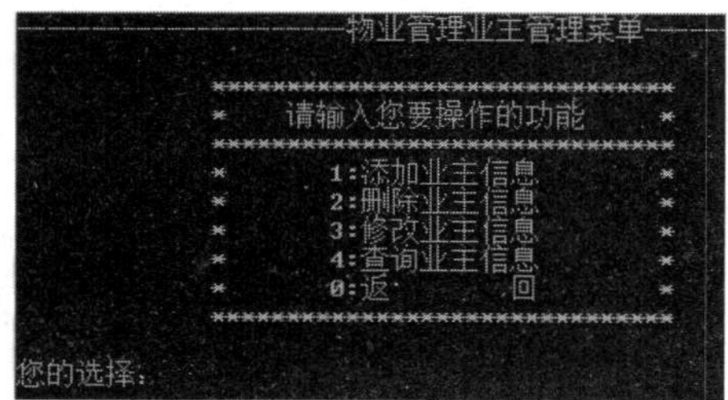

任务二　分支结构程序设计

任务导入

前面介绍了顺序结构，顺序结构的程序执行是按语句出现的先后次序进行，每条语句都先后被执行到。程序设计中经常会遇到依条件不同分别执行不同语句的情形，此时顺序结构就无能为力了，这就要用到选择结构（又称分支结构），请看下面引例。

【例4.10】学生选课管理中要求根据某学生的选择来安排学生学习不同的网络课程，若选择“1”则学习“ACCESS数据库”；若选择“2”则学习“SQL Server数据库”；若选择“0”则“不选择课程”。

```
#include <stdio.h>
void main()
{  int k;
   system("CLS");/*清屏/
   printf("  ***************************\n");
   printf("  *     请输入您要选择的课程      *\n");
   printf("  ***************************\n");
   printf("  *      1:ACCESS数据库         *\n");
   printf("  *      2:SQL Server数据库     *\n");
   printf("  *      0:不选择课程                *\n");
   printf("  ***************************\n");
   printf("  您的选择: ");
   scanf("%d",&k);
   switch(k)
      {   case 1:system("CLS");
            printf("您将进入ACCESS数据库学习)\n");
           ACCESS();
           break;
       case 2:system("CLS");
            printf("您将进入SQL Server数据库学习)\n");
```

```
        SQL();
        break;
    case 0:  system("CLS");
        printf("您没有选择学习课程)\n");
    }
}
```

在此例中，根据学生输入（即k的值）的不同，分别前往不同的课程学习或不选择课程。

任务：物业管理系统中要求实现管理模块的选择，如果用户选择“1”，则调用“添加业主信息”；若选择“2”，则调用“删除业主信息”；若选择“3”，则调用“修改业主信息”；若选择“4”，则调用“查询业主信息”；若选择“0”，则“返回”。

知识准备

一、分支结构程序概述

在上述引例中，当变量k的值处于不同的区间时，分别执行不同的赋值语句，因而程序中存在着根据条件是否成立来执行不同语句的结构，这种根据条件是否成立来选择执行不同分支（语句）的结构被称为选择结构（又称分支结构），分支结构的流程图如图4–14所示。

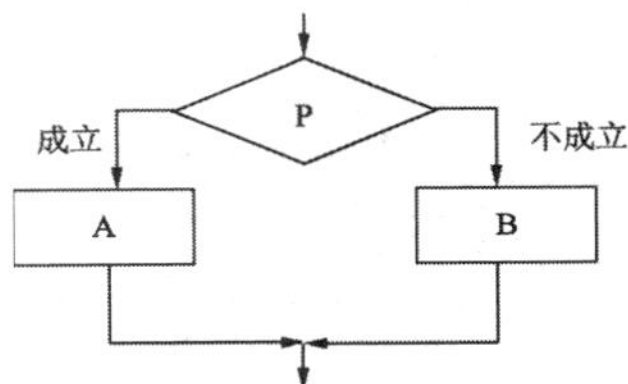

图 4–14　选择结构流程图

在图4–14分支结构中，根据条件P是否成立，来选择执行A或B，条件P常由逻辑表达式或关系表达式、条件表达式等构成。在C语言中，分支结构除上述的两分支外，还有多分支结构。

二、分支结构控制语句种类

在C语言中，分支结构主要由if语句和switch语句来实现。它们可以直接构成分支，即双分支结构，也可由if语句和switch语句经嵌套构成多分支结构。双分支流程图如图4–15所示，多分支的流程图如图4–16所示。在特定情况下条件运算符“?”也可以构成分支。

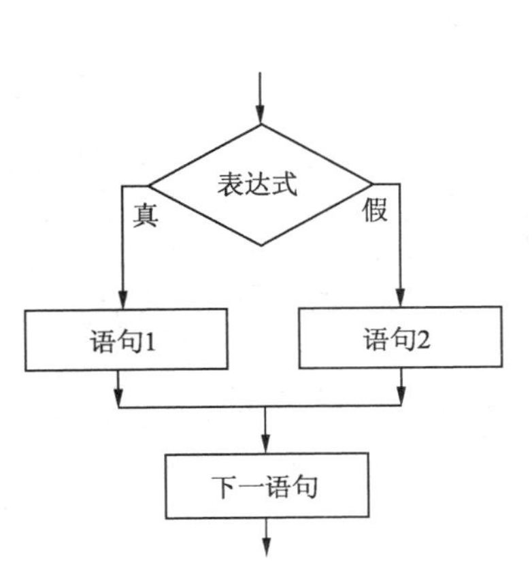

图 4–15　if 语句构成双分支结构流程图

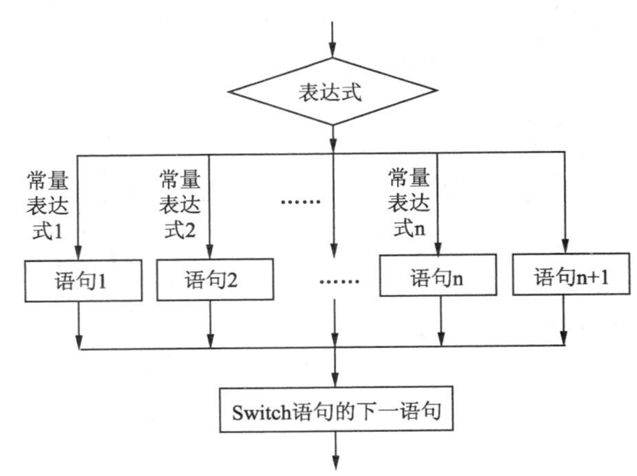

图 4–16　switch 语句构成多分支流程图

三、if语句

if语句是依据给定的条件进行判定，根据判定的结果（真或假）决定执行两个不同分支中的某一语句（或由多条语句构成的一条复合语句）。

C语言中if语句有3种形式，下面分别介绍。

（1）if形式

格式：if(表达式)　语句1;

功能：先判断“表达式”是否成立，若成立（为“真”或“非零”）则执行“语句1”；若不成立（为“假”或“零”）则跳过“语句1”执行下一语句，该结构的流程图如图4-17所示。

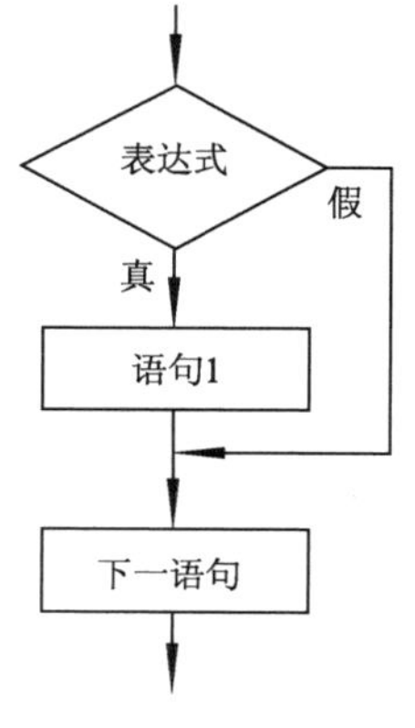

图 4-17　if语句流程图

【例4.11】编程，从键盘输入一个4位数的年份，判断是否为闰年，若是则输出该年份，否则不输出任何信息。

程序分析：闰年的年份满足以下条件之一：该年份能被4整除，但不能被100整除；或者该年份能被400整除。

```
#include <stdio.h>
void main()
{  int year;
   printf("请输入一个四位的年份:\n");
   scanf("%d",&year);
   if(year%4==0&&year%100!=0||year%400==0)        /*若括号内表达式成立,则为闰年*/
   printf("%d",year);                             /*若为闰年,则输出该年份*/
}
```

（2）if...else形式

格式：if(表达式) 语句1; else 语句2;

功能：先判断“表达式”是否成立，若成立（为“真”或“非零”）则执行“语句1”；若不成立（为假，为零）则执行“语句2”，该结构的流程图如图4-15所示。

【例4.12】编程，从键盘输入一个4位数的年份，判断是否为闰年，若是闰年，则输出该年份，否则输出“该年份不是闰年”。

```
#include <stdio.h>
void main()
{ int year;
   printf("请输入一个四位的年份:\n");
   scanf("%d",&year);
   if(year%4==0&&year%100!=0||year%400==0) /*若括号内表达式成立,则为闰年*/
      printf("%6d",year);                  /*若为闰年,则输出该年份*/
   else
      printf("该年份不是闰年");
}
```

【思考】请读者思考例4.11与例4.12分支结构的差异。

（3）if...else... if形式

格式：

```
if(表达式1) 语句1;
else if(表达式2)语句2;
```

```
else if(表达式3)语句3;
…
else if(表达式m)语句m;
else语句n;
```

功能：先判断“表达式1”是否成立，若成立（为“真”或“非零”）则执行“语句1”，然后再跳至下一语句处执行下一语句；若不成立（为“假”或“为零”），再判断“表达式2”是否成立，若成立（为“真”或“非零”）则执行“语句2”，接着跳至下一语句处执行下一语句；若“表达式2”仍不成立，再判断“表达式3”是否成立，若成立（为“真”或“非零”）则执行“语句3”，接着跳至下一语句处执行下一语句……如此依次判断“表达式”，遇到第一个成立的表达式，就执行其后的语句，然后再跳至下一语句处执行下一语句，该结构的流程图如图4–18所示。

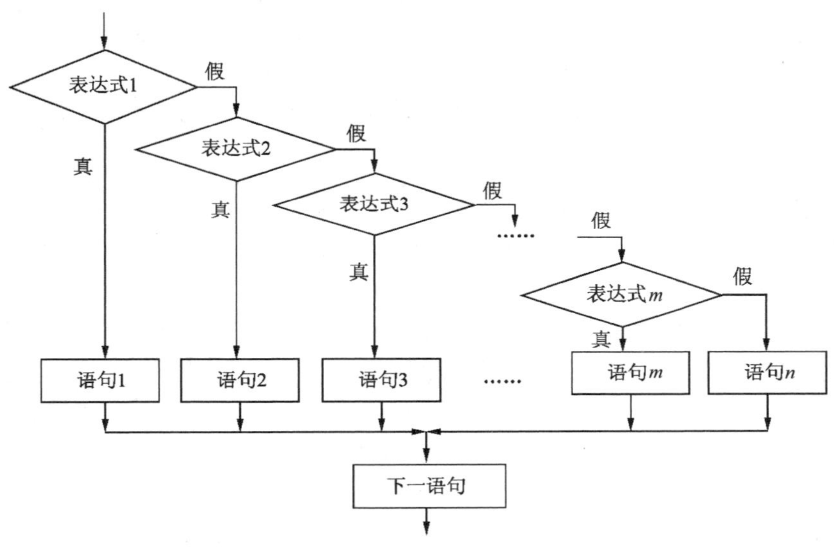

图 4–18　else if 语句流程图

【例4.13】请根据输入的学生成绩给出相应的等级，要求：60分以下为D等，60（含60）分～75分为C等，75（含75）分～85分为B等，85分以上为A等。

```
#include <stdio.h>
void main()
{  int  a;
   char x;
   scanf("%d",&a );              /*从键盘输入一个成绩,赋予a变量*/
   if(a<60)    x='D';    /*根据学生的成绩,赋给相应等级,并存放于变量x中,若a<60则x赋D*/
   else if(a<75) x='C';          /*若a<75（同时隐含a>=60）,则x赋C*/
   else if(a<85) x='B';          /*若a<85（同时隐含a>=75）,则x赋B*/
   else x='A';                   /*若a<85不成立（即a>=85）,则x赋A*/
   printf("this student score is %c",x);          /*输出学生的等级*/
}
```

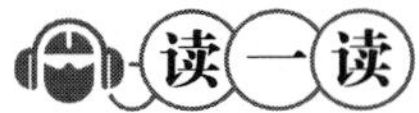

if语句使用的几点说明：

① if语句后面的表达式可为任何类型的表达式，只要表达式的结果为非零，则表示条件成立，否则表示条件不成立。

② if语句中的语句1和语句2等可以是一条语句，也可以是由{}构成的一个复合语句，若在该语句处需要编写多条语句才能完成所要求的功能时，就可使用复合语句的形式。

③ 在if...else形式中，else前面的语句必须有一个分号，整个语句结束处有一个分号。

④ else必须与if配对，不能单独使用。

四、if语句嵌套

所谓if语句嵌套是指在if语句中又完全包含一个或多个if语句。

格式：

```
if(表达式1)
  if(表达式2) 语句1;
  else 语句2;
else
  if(表达式3)语句3;
  else语句4;
```

功能：嵌套的if语句的实现过程的流程图如图4-19所示，从图中可以很清楚地知道该语句的执行流程，此处不再赘述。

if语句的嵌套可以嵌套在if后面，也可以嵌套在else后面，具体嵌套在什么地方，要根据实际需要和要求来决定。

C语言规定：在if语句嵌套时，else总是与它前面最近且又未配对的if 语句进行配对。

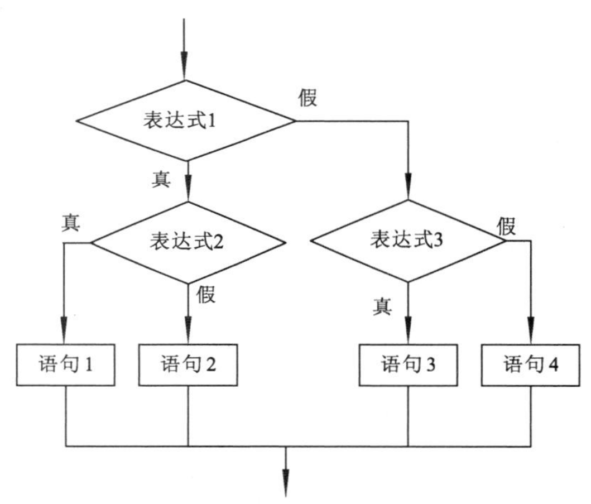

图 4-19　嵌套的 if 语句流程图

五、switch语句

用if 语句实现三分支程序就已经显得较复杂，而实际问题中常常需要实现更多分支的选择结构。例如，银行利息的计算要根据存期和存款类别来决定选择何种利率来计算等，要实现更多分支。若用if语句，分支较多则嵌套的if语句层数多，程序冗长且可读性降低，程序实现将更加复杂，此时采用switch语句实现多分支将使程序更清晰和简洁。switch语句分支中是否含有break语句，执行结果是不同的。

1．不带break语句的switch语句

C语言提供switch语句直接处理多分支选择。

switch语句格式：

```
switch(表达式)
{   case  常量表达式1: 语句1;
    case  常量表达式2: 语句2;
    …
    case  常量表达式n: 语句n;
    default  : 语句n+1;
}
```

功能：首先计算表达式的值，当该值与某个case后的常量表达式的值相等时，就执行其后的语句，接着执行该语句后面所有case后的所有语句和语句n+1；若所有的case中的常量表达式的值都没有与表达式的值匹配的，就执行default后面的语句，具体执行流程图如图4–20所示。

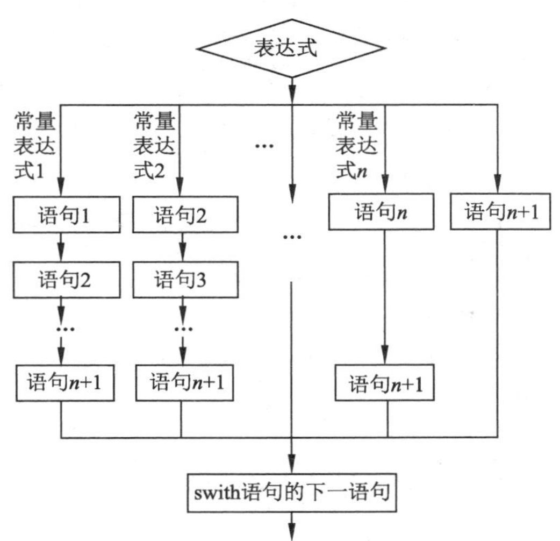

图 4–20　不带 break 的 switch 语句流程图

【例4.14】要求按照考试成绩的等级打印出百分制分数段，从A、B、C、D分别对应100～85、84～70、69～60、60分以下。

程序分析：本题可用if语句多层嵌套来编程实现，但程序较复杂，本题用switch语句实现，代码更加简洁明了。

```
#include <stdio.h>
void main()
{  char  grade;
   printf("\n grade=");                 /*在屏幕显示一个提示信息*/
   scanf("%c",&grade );                 /*从键盘输入一个等级,赋予grade变量*/
   switch(grade)                        /*由grade变量值来决定执行下面哪个分支*/
  {case  'A' :printf("85～100\n");     /*grade变量值为'A',显示85～100*/
   case  'B' :printf("70～84\n");
   case  'C' :printf("60～69\n");
   case  'D' :printf("<60\n");
   default :printf("error\n"); /*grade变量值为'A' ～'D'以外的其他值,显示error*/
   }
}
```

运行结果：

```
grade=B
70-84
60-69
<60
error
Press any key to continue
```

关于switch语句使用的说明：

① switch后面括号内的“表达式”，ANSI标准允许它为任何类型。

② 当表达式的值与某一个case后面的常量表达式的值相等时，就执行此case后面的语句，接着还执行case语句后的语句及default后的语句。

③ 每个case后的常量表达式的值必须互不相同，否则就会出现同一个表达式的值有两种或多种执行方案的错误。

④ 各case和default的出现次序不影响执行结果。即可先出现“default：语句n+1;”，再出现“case常量表达式2：语句2;”，然后是“case常量表达式1：语句1;”……

⑤ 多个case可以共用一组执行语句。

如在例3-15中要求根据输入的学生成绩的等级判定是否“合格”，那么A、B、C等都是“合格”，则switch语句可改为：

```
switch(grade)
{  case  'A' :                          /*grade变量值为'A'后只有": "*/
   case  'B' :
   case  'C' :printf(">60\n");          /*grade变量值为'A''B''C',都显示>60*/
   case  'D' :printf("<60\n");
   default :printf("error\n");          /*grade变量值为'A' ~'D'以外的其他值,显示error*/
}
```

grade的值为'A''B'或'C'时都执行同一组语句printf("＞60 \ n")； 。

2. 带break语句的switch语句

在例4.14中，若grade的值等于'A'，本来要求输出"85～100"，而实际运行出现的结果为：

```
85~100
70~84
60~69
<60
error
```

这是由于在switch语句中，当表达式的值与某一个case后面的常量表达式的值相等时，就执行此case后面的语句，接着还执行此后其他case后的语句及default后的语句，因而出现上述结果。

因此，要达到原设想的根据等级输出一个对应的分数段，则应该在执行一个case分支后，使流程跳出switch结构，而不执行后续case后的语句及default后的语句，即终止switch语句的执行。可在一个case后的语句后面加上一条break语句来达到此目的，这就是带break的switch语句。

带break的switch语句格式：

```
switch(表达式)
{  case  常量表达式1: 语句1;break;
   case  常量表达式2: 语句2;break;
   …
   case  常量表达式n: 语句n;break;
   default: 语句n+1;
}
```

功能：首先计算表达式的值，当该值与某个case后的常量表达式的值相等时，就执行其后的语句，接着执行该switch语句右花括号“}”后的语句（即结束switch语句的执行）；若所有的case中的常量表达式的值都没有与表达式的值匹配的，就执行default后面的语句，具体执行流程如图4–21所示。

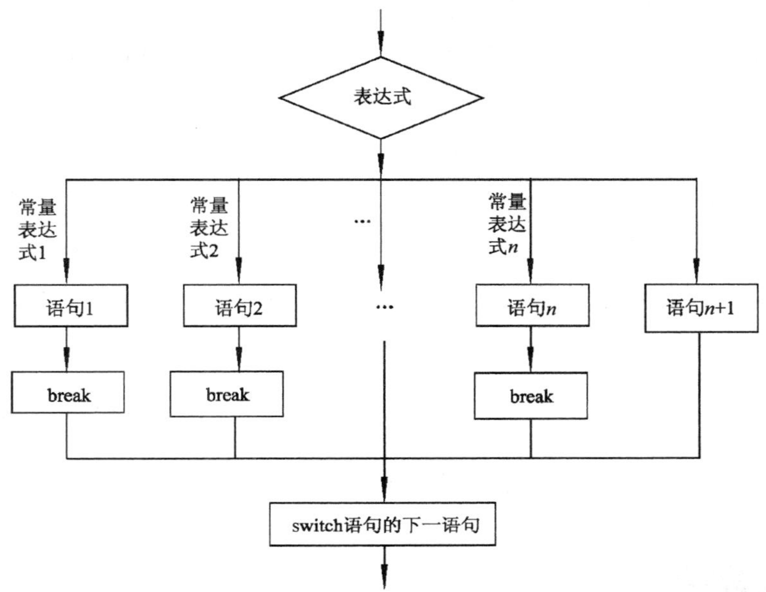

图 4–21　带 break 的 switch 语句流程图

【例4.15】同例4.14，按照考试成绩的等级打印出百分制分数段，从A、B、C、D分别对应100～85、84～70、69～60、60分以下，要求输入一个等级，只输出对应的一个分数段。

程序分析：本题在例4.15代码的基础上，使用带break的switch语句实现。

```
#include <stdio.h>
void main()
{ char  grade;
   printf("\n grade=");                  /*在屏幕显示一个提示信息*/
   scanf("%c",&grade );                  /*从键盘输入一个等级,赋予grade变量*/
   switch(grade)                         /*由grade变量值来决定执行下面哪个分支*/
  {  case  'A' :printf("85~100\n");break;/*grade变量值为'A',显示85~100*/
     case  'B' :printf("70~84\n");break;
     case  'C' :printf("60~69\n");break;
     case  'D' :printf("<60\n" );break;
     default :printf("error\n"); /*grade变量值为'A' ~'D'以外其他值,显示 error*/
  }
}
```

运行结果：

最后一个分支（default）可以不加break语句。例中grade的值为‘B’，则只输出“70～84”。在每个case后面虽然包含一个以上执行语句，花括号可以省略（当然加上花括号也可以），会自动顺序执行本case后面所有的执行语句。

六、分支结构程序举例

【例4.16】输入3个整数x、y、z，请把这3个数由小到大输出。

程序分析：我们想办法把最小的数放到x上，先将x与y进行比较，如果x>y则将x与y的值进行交换，然后再用x与z进行比较，如果x>z则将x与z的值进行交换，这样能使x最小。

```
#include <stdio.h>
void main()
{
    int x,y,z,t;
    scanf("%d%d%d",&x,&y,&z);
    if (x>y)
     {t=x;x=y;y=t;}                                  /*交换x,y的值*/
    if(x>z)
     {t=z;z=x;x=t;}                                  /*交换x,z的值*/
    if(y>z)
     {t=y;y=z;z=t;}                                  /*交换z,y的值*/
    printf("small to big: %d %d %d\n",x,y,z);
}
```

运行结果：

```
25 12 34
small to big: 12 25 34
Press any key to continue
```

视频

任务二
任务实施

任务实施

编程显示物业管理系统的业主管理菜单选择程序，先在VC++ 2010中新建一个win32控制台应用空项目ownermenu_sele，然后在其源程序中添加"新建项"→"C++文件"选项，并命名为ownermenu_sele.c，输入以下代码：

```
    /*功能：显示物业管理系统的业主菜单界面。*/
    #include <stdio.h>
    #include <stdlib.h>
void main()
{   int erk;
    system("CLS");//清屏
    printf("-------------物业管理业主管理菜单-------------\n");
    printf(" \n");
    printf("             **************************\n");
    printf("             *     请输入您要操作的功能:   *\n");
    printf("             **************************\n");
    printf("             *        1:添加业主信息        *\n");
    printf("             *        2:删除业主信息        *\n");
    printf("             *        3:修改业主信息        *\n");
    printf("             *        4:查询业主信息        *\n");
    printf("             *        0:返        回        *\n");
    printf("             **************************\n");
    printf(" \n");
```

```
    printf("          您的选择：");
    scanf("%d",&erk);
    switch(erk)
      {      case 1:system("CLS");    /*选择输入1时进入本分支*/
             printf("您将进入添加业主信息模块)\n");
             add_owner(); /*添加业主信息函数，本程序由于无此函数，建议将其注释，以便运行。*/
             system("pause");
             break;
        case 2:                    /*选择输入2时进入本分支*/
             system("CLS");
             printf("您将进入删除业主信息模块)\n");
             del_owner(); /*删除业主信息函数，本程序由于无此函数，建议将其注释，以便运行。*/
             break;
        case 3:  system("CLS"); /*选择输入3时进入本分支*/
             printf("您将进入修改业主信息模块)\n");
             alt_owner(); /*修改业主信息函数，本程序由于无此函数，建议将其注释，以便运行。*/
             break;
        case 4: system("CLS"); /*选择输入4时进入本分支*/
             printf("您将进入业主信息查询模块)\n");
             sele_owner(); /*查询业主信息函数，本程序由于无此函数，建议将其注释，以便运行。*/
             break;
        case 0:                    /*选择输入0时进入本分支*/
             system("pause");
             exit(0);              /*执行退出系统*/
        }
}
```

运行结果：

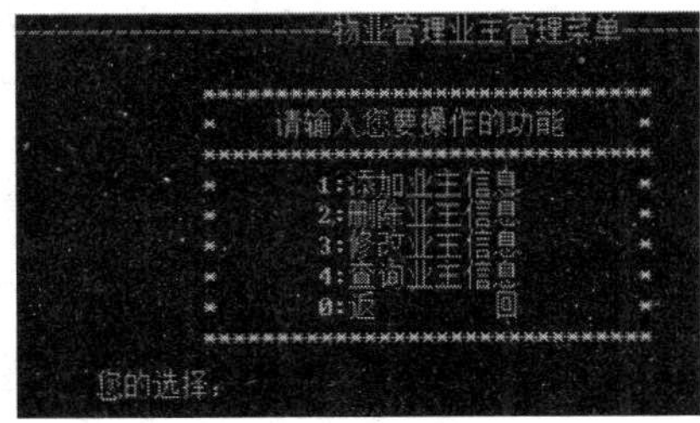

上述程序根据用户输入（即erk的值）的不同，分别执行不同的分支程序，执行不同的函数来完成用户选择的相应功能模块。

任务三　循环结构程序设计

任务导入

物业管理系统中有些功能实现是顺序结构、选择结构无法完成的，如下面的功能需求：在前一个任务物业管理系统的首页，管理员登录菜单程序选择菜单操作时，由于误操作，输入的选择不在程序功能选项0～4之间，这时应该显示提示信息，再次重复显示系统主菜单供管理员重新选择，这时就要求在不正确选择时重复显示管理员登录菜单，这就要使用结构化程序设计中的循环结构。

知识准备

一、循环结构程序概述

1. 循环结构程序引例

循环结构是结构化程序设计的3种基本结构之一，循环结构是根据条件表达式是否成立（为真或非零）来决定是否重复执行某一语句或多条语句构成的复合语句，引入循环结构使程序更加简洁。

【例4.17】求自然数1～100的和，并显示结果。

本题若直接用顺序结构求和，将使代码重复过多，代码冗长，具体如图4-22所示。

源代码：

```
#include <stdio.h>
void main()
{
  int i,sum=0;
  i=1;
  sum=sum+i;
  i++;
  sum=sum+i;
  i++;
  …                  重复99次“i++;sum=sum+i;”
  sum=sum+i;
  i++;
  sum=sum+i;
  printf("%d",sum);
}
```

引入循环后，程序代码将简化很多，具体流程如图4-23所示。

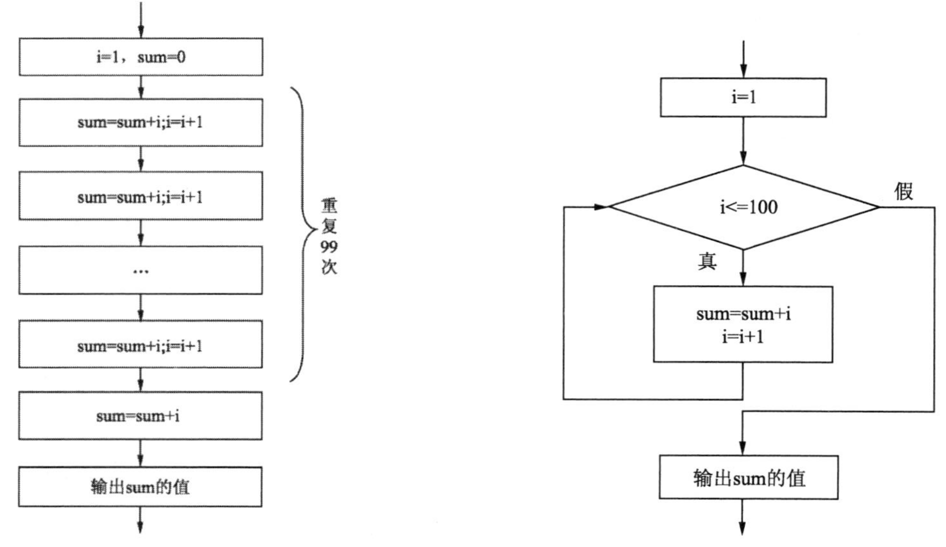

图4-22 顺序结构求1～100和流程图

图4-23 循环结构流程图

根据流程图写出程序代码为：

```
#include <stdio.h>
void main()
{
   int i,sum=0;
   i=1;
    while(i<=100)
   {
     sum=sum+i;
     i++;
   }
     printf("%d \n",sum);
 }
```

2．循环结构程序概述

循环结构是程序中3种基本结构之一，其基本特点是：在给定条件成立时，反复执行某程序段（这些被反复执行语句称为循环体），直到条件不成立为止。C语言提供了多种循环语句，具体有while语句、do...while语句、for语句。

当程序执行到循环结构时，程序将会判断条件，若成立，则执行条件后面的语句（或复合语句）；然后再判断条件，若仍成立，则继续执行条件后面的语句，如此循环直到条件表达式不成立（为零）时，接着执行循环结构后的下一条语句。

C语言中循环结构有当型循环和直到型循环。当型循环结构流程图如图4–24所示，直到型循环结构流程图如图4–25所示。C语言中当型循环具体可由for语句和while语句来实现，直到型循环则由do...while语句来实现。下面我们将具体学习这些循环控制语句。

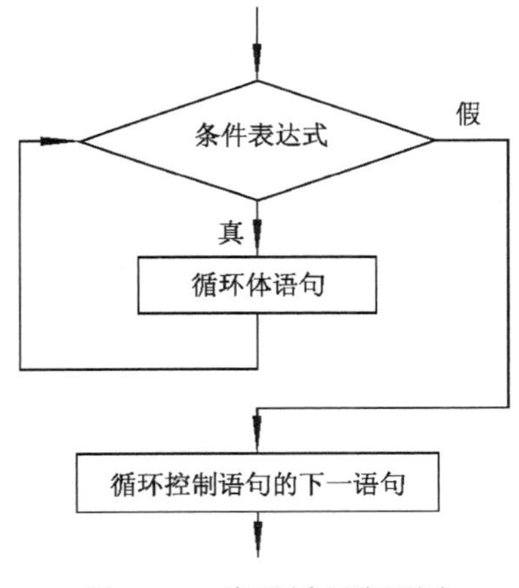

图4–24　当型循环流程图

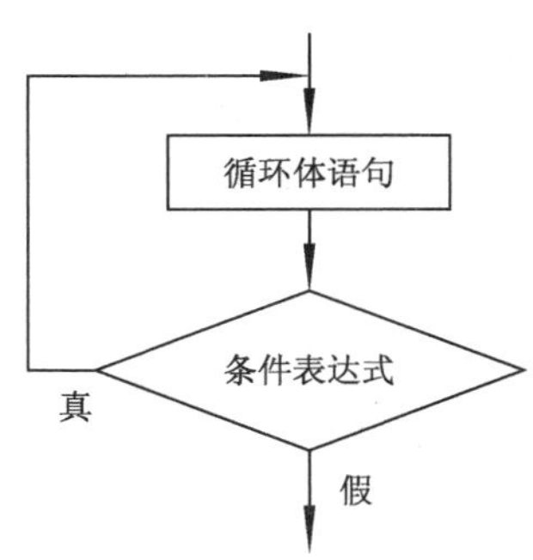

图4–25　直到型循环流程图

二、C语言循环结构控制语句

1．while语句

while语句用来实现当型循环结构。

while语句格式：

```
while（表达式）语句；
```

功能：当表达式为非0值（表达式结果为真）时，执行while语句中的内嵌语句（即表达式后的语句），其流程图如图4-26所示；先计算并判断表达式，若为非零则执行语句。

在循环引例中（例4.17）用循环结构求1+2+3+…+100的值即是利用while语句来实现的。

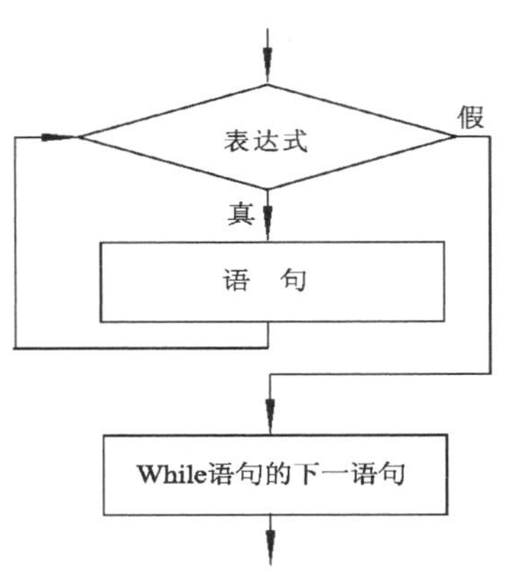

图 4-26 while 语句的流程图

关于while语句使用的几点说明：

① while循环体内允许使用空语句。

② 循环体如果包含一个以上的语句，应该用花括号括起来，以复合语句形式出现。如果不加花括号，则while语句的范围只到while后面第一个分号处。如例4.17中while语句中如无花括号，则while语句范围只到“sum=sum+i;”。

③ 在循环体中应有使循环趋向于结束的语句。如，在例4.17中循环结束的条件是“i>100”，因此在循环体中应该有使i增值以最终导致i>100的语句，今用“i++;”语句来达到此目的。如无此语句，则i值始终不改变，“i>100”条件永远为假，循环永不能结束。

【例4.18】猴子吃桃问题：猴子第一天摘下若干个桃子，当即吃了一半，还不过瘾，又多吃了一个；第二天早上又将剩下的桃子吃掉一半，又多吃了一个；以后每天早上都吃了前一天剩下的一半零一个；到第10天早上想再吃时，只剩下一个桃子了。求第一天共摘了多少？

程序分析：采取逆向思维的方法，从后往前推断。

```
#include <stdio.h>
void main()
{
   int day,x1,x2;
   day=9;
   x2=1;
   while(day>0)
   { x1=(x2+1)*2;              /*第一天的桃子数是第2天桃子数加1后的2倍*/
     x2=x1;
     day--;
   }
   printf("the total is %d\n",x1);
}
```

运行结果：

```
the total is 1534
Press any key to continue
```

2. do...while语句

do...while语句的特点是先执行循环体，然后判断循环条件是否成立。do...while语句一般形式为：

```
do
  语句;
while(表达式);
```

功能：先执行指定的语句，然后判别表达式，当表达式的值为非零（“真”）时，返回重新执行循环体语句，如此反复，直到表达式的值等于0为止，此时循环结束，其流程图如图4-27所示。

【例4.19】利用do...while语句求自然数1～100的和，并显示结果。

在例4.17中是用while语句来实现的，现在用do...while语句实现，其流程图如图4-28所示。

```
#include <stdio.h>
void main()
{
   int i,sum=0;
   i=1;
   do
   { sum=sum+i;
     i++;
   }
   while(i<=100);
   printf("%d",sum);
}
```

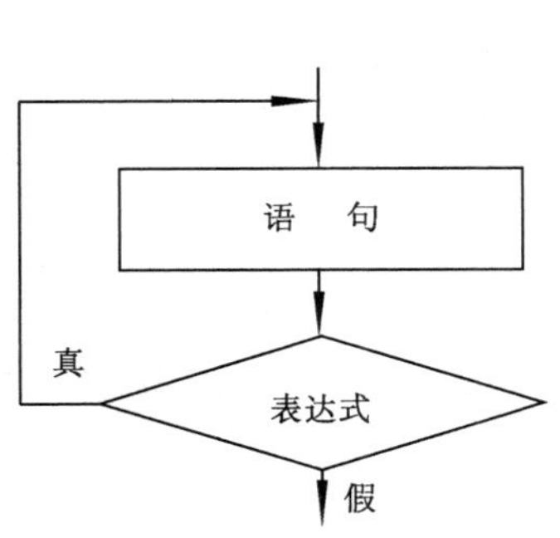

图4-27　do...while 循环流程图

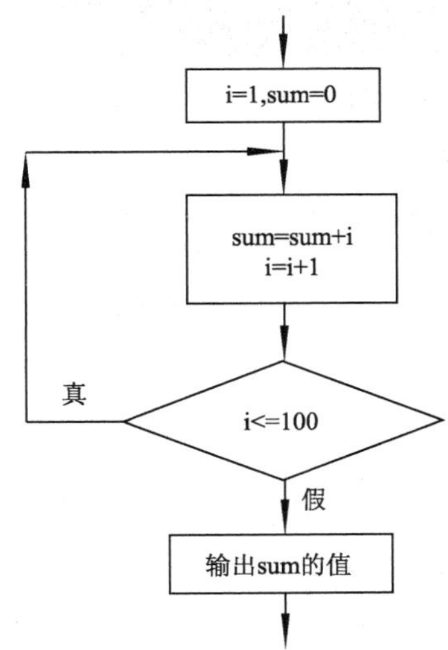

图4-28　do...while 循环求和流程图

可以看出：对同一个问题可以用while语句处理，也可以用do...while语句处理。do...while语句结构可以转换成while结构。

【例4.20】输入两个正整数num1和num2，求其最大公约数和最小公倍数。

程序分析：本题采用辗除法。

```
#include <stdio.h>
void main()
{
```

```
    int a,b,num1,num2,temp;
    printf("please input two numbers:\n");
    scanf("%d%d",&num1,&num2);
    if(num1<num2)
      { temp=num1;
        num1=num2;
        num2=temp;
      }
   a=num1;b=num2;
   do
   {
      temp=a%b;
      a=b;
      b=temp;
    } while(b!=0);          /*利用辗除法,直到b为0为止*/
   printf("gongyueshu:%d\n",a);
   printf("gongbeishu:%d\n",num1*num2/a);
   }
```

运行结果:

```
please input two numbers:
42 34
gongyueshu:2
gongbeishu:714
Press any key to continue
```

【例4.21】分别利用while语句和do...while语句求由指定的数到100以内的自然数之和（指定的数由键盘输入）。

```
(Ⅰ) #include <stdio.h>
     void main()
     {  int sum=0,k;
        scanf("%d",&k);
        while(k<=100)
        {sum=sum+k;
        k++;
        }
        printf("sum=%d\n",sum);
     }
```

```
(Ⅱ) #include <stdio.h>
     void main()
     {  int sum=0,k;
        scanf("%d",&k);
        do
        {sum=sum+k;
          k++;
         } while(k<=100);
         printf("sum=%d\n",sum);
     }
```

当输入的数在100以内时，上述用while语句和do...while语句实现的求和结果是相同的，而输入的数超过100时，上述用while语句和do...while语句实现的求和结果就不相同了。

运行结果:

```
10
sum=5005
Press any key to continue
```

再运行一次:

```
110
sum=0
Press any key to continue
```

运行结果:

```
10
sum=5005
Press any key to continue
```

再运行一次:

```
110
sum=110
Press any key to continue
```

可以看到：当输入k的值小于或等于100时，二者得到结果相同，而当k>100时，二者结果不同。这是由于当k>100时，对while循环来说，循环体一次也不执行（因为此时一开始表达式“k<=100”就为假）；而对do...while循环语句来说先不判断条件表达式是否成立而直接执行一次循环体，因而对sum=sum+k执行了一次，所以结果不相同。

读一读

while语句和do...while语句比较：

① 在一般情况下，用while语句和用do...while语句处理同一问题时，若二者的循环体是一样的，它们的结果也一样。

如果while后面的表达式一开始就不成立（为假）时，两种循环的结果是不同的：while语句不执行循环体部分，而do...while语句要执行一次循环体部分。

② while循环是先计算并判断表达式，非零后执行语句，利用它可以方便地实现当型循环结构。do...while循环是先执行循环体，后判断表达式的当型循环（因为当条件满足时才执行循环体），利用它可以方便地实现直到型循环结构。

③ while循环和do...while循环中的表达式如用变量来控制，常常需要在进入循环前就对其赋初值，并且在循环体中要有改变其值的语句，保证表达式能够经有限次循环后变成假，以使循环不致变成死循环；当然也可以在循环体中有条件地执行break语句来强制结束循环。

3．for语句

C语言实现循环除了上述的while语句和do...while语句外，还有for语句。使用for语句实现的循环，代码简单、使用方便。它可用于循环次数确定的情况，也可以用于根据循环结束条件来决定循环是否继续的循环次数不确定的情况。while语句和do...while语句实现的循环可以用for语句来代替。

（1）for语句的一般形式及执行过程

for语句的一般形式为：

```
for(表达式1;表达式2;表达式3) 语句
```

功能：计算表达式1的值，再判断表达式2的值是否为非零，若为非零，则执行语句（循环体），然后执行表达式3，再判断表达式2的值……若表达式2的值为零，则跳出循环执行循环结构的下一语句。

for语句的具体执行过程：

① 先计算表达式1的值。

② 计算表达式2的值，若其值为非零（真），则执行for语句中的语句，然后执行下面第③步。若值为零（假），则结束循环，转到第⑤步执行。

③ 计算表达式3。

④ 转回上面第2）步骤继续执行。

⑤ 循环结束，执行for语句下面的一个语句。

通过图4–29流程图可以很清楚地理解for语句的执行过程。

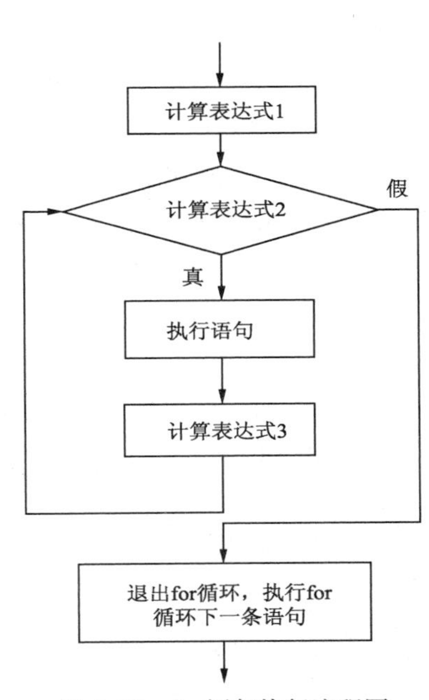

图 4–29　for 语句执行流程图

for语句常用形式：

```
for(循环变量赋初值; 循环条件; 循环变量增值) 语句
```

【例4.22】用for语句求100以内的自然数之和。

```
#include <stdio.h>
 void main()
{ int i,sum=0;
  for(i=1;i<=100;i++) sum=sum+i;
  printf("%d",sum);
}
```

读一读

上例的执行过程与例4.19完全一样。显然，用for语句更加简洁、方便。for语句比while语句功能强，除了可以给出循环条件外，还可以赋初值，使循环变量自动增值等。for语句的一般形式可以用while循环来实现，对应的while循环的具体形式：

```
表达式1;
while(表达式2)
{ 语句
  表达式3;
}
```

【说明】

① 表达式1可以是设置循环变量初值的赋值表达式，也可以是与循环变量无关的其他表达式。表达式3也可以是与循环控制无关的任意表达式。

② 表达式1和表达式3可以是一个简单的表达式，也可以是逗号表达式，即包含一个以上的简单表达式，中间用逗号间隔。

③ 表达式2一般是关系表达式或逻辑表达式，但也可以是数值表达式或字符表达式，只要其值为非零，就执行循环体。

（2）for语句的几种形式

for语句的一般形式“for(表达式1;表达式2;表达式3) 语句”中的“表达式1;表达式2;表达式3”在具体应用时，可以省略其中一个或多个表达式。

① 省略“表达式1”。

具体格式：for(;表达式2;表达式3) 语句

执行过程与一般形式类似，只是跳过“求解表达式1”这一步，其他不变。

【例4.23】用for语句求100以内的自然数之和，要求省略“表达式1”。

```
#include <stdio.h>
void main()
{ int i,sum=0;
  i=1;
  for(;i<=100;i++)sum=sum+i;
  printf("%d",sum);
}
```

【注意】

① 省略表达式1时，应在for语句之前给循环变量赋初值。

② 省略表达式1时，其后的分号不能省略。

② 省略“表达式2”。

具体格式：for(表达式1;;表达式3) 语句

执行过程：不判断循环条件，循环无终止地进行下去。即认为表达式2始终为真。

【例4.24】用for语句求100以内的自然数之和，要求省略“表达式2”。

```
#include <stdio.h>
void main()
{ int i,sum=0;
  for(i=1;;i++) sum=sum+i;
  printf("%d",sum);
}
```

【注意】

① 省略表达式2时，很容易使循环成为死循环。如要构成一个有限次循环，则常要有条件执行一个退出循环语句break。

② 省略表达式2时，其后的分号不能省略。

③ 省略“表达式3”。

具体格式：for(表达式1;表达式2;) 语句

执行过程：执行过程与一般形式类似，只是跳过“求解表达式3”这一步，其他不变。

【例4.25】用for语句求100以内的自然数之和，要求省略“表达式3”。

```
#include <stdio.h>
void main()
{ int i,sum=0;
  for(i = 1;i<=100;)
  { sum=sum+i;
     i++;}
  printf("%d",sum);
}
```

【注意】

由于省略表达式3，循环变量没有增值，循环易形成死循环；要解决此问题就要在循环体中加上循环变量增值语句。

④ 省略“表达式1”和“表达式3”。

具体格式：for(;表达式2;)语句

执行过程：执行过程与一般形式类似，只是跳过“求解表达式1和3”这两步，其他不变。

【例4.26】用for语句求100以内的自然数之和，要求省略“表达式1”和“表达式3”。

```
#include <stdio.h>
void main()
 { int i,sum=0;
   i=1;
```

```
    for(;i<=100;)          /*由于省略表达式1,要在for语句前对循环变量赋初值：i=1;*/
    { sum=sum+i;
     i++;}                 /*由于省略表达式3,循环变量没有增值,因而在循环语句中要加上*/
     i++;
    printf("%d",sum);
 }
```

只有表达式2，即只给循环条件时，for语句完全等同于while语句。如：

```
for(;i<=100;)                          while(i<=100)
{ sum=sum+i;          相当于           { sum=sum+i;
  i++;}                                  i++;}
```

【注意】

① 省略表达式1时，其后的分号不能省略。

② 由于省略表达式1，要在for语句前对循环变量赋初值。

③ 由于省略表达式3，循环变量没有增值，要在循环语句中加上循环变量增值语句。

⑤ 三个表达式都省略。

具体格式：for(;;) 语句

执行过程：不设初值，不判断条件（将表达式2的值看成“真”），循环变量不增值，无终止地执行循环体。“for(;;) 语句”相当于“while(1)语句”。

【例4.27】用for语句求100以内的自然数之和，要求省略“表达式1”至“表达式3”。

```
#include <stdio.h>
void main()
{ int i,sum=0;
  i=1;
  for( ; ; )
  { sum=sum+i;
    i++;
    if(i>100)
    break;
  }
  printf("%d",sum);
}
```

【注意】

① 省略表达式1和表达式2时，其后的分号不能省略。

② 由于省略表达式1，要在for语句前对循环变量赋初值。

③ 省略表达式2时，很容易使循环成为死循环。如要构成一个有限次循环，则常要有条件执行一个退出循环语句break。

④ 由于省略表达式3，循环变量没有增值，要在循环语句中加上循环变量增值语句。

（3）for语句举例

【例4.28】有一分数序列：2/1，3/2，5/3，8/5，13/8，21/13……求出这个数列的前20项之和。

程序分析：本数列分子与分母的变化有规律可寻，后项分母为前项的分子，后项分子为前项的分子分母之和。

```
#include <stdio.h>
void main()
{
  int n,t,number=20;
  float a=2,b=1,s=0;
  for(n=1;n<=number;n++)
  {
     s=s+a/b;
     t=a;a=a+b;b=t;      /*这部分是程序的关键,请注意t的作用*/
  }
 printf("sum is %9.6f\n",s);
}
```

运行结果：

```
sum is 32.660259
```

【例4.29】求1+2!+3!+…+20!的值。

程序分析：我们用变量n计数，并与变量t（注意赋初值为1）累乘后结果再放在此变量中，这样变量t中为n!，再将变量t中的值累加至变量s中。

```
#include <stdio.h>
void main()
{
   int n;
   double s=0.0,t=1;
   for(n=1;n<=20;n++)
      {
          t*=n;
          s+=t;
      }
printf("1+2!+3!...+20!=%e\n",s);
}
```

运行结果：

```
1+2!+3!…+20!=2.56133e+18
```

【例4.30】一个整数，它加上100后是一个完全平方数，再加上168又是一个完全平方数，请问该数是多少？

程序分析：在10万以内判断，先将该数加上100后再开方，再将该数加上268后再开方，如果开方后的结果满足如下条件：该数的平方根的平方等于该数，这说明此数是完全平方数，即是结果。

```
#include <math.h>
#include <stdio.h>
void main()
{
   long int i,x,y;
   for(i=1;i<100000;i++)
   { x=sqrt(i+100);                              /*x为加上100后开方后的结果*/
     y=sqrt(i+268);                              /*y为再加上268后开方后的结果*/
     /*如果一个数的平方根的平方等于该数,这说明此数是完全平方数*/
```

```
      if(x*x==i+100&&y*y==i+268)
      printf("\n%ld\n",i);
   }
}
```

运行结果：

```
21
261
1581
```

【例4.31】打印出所有的“水仙花数”，所谓“水仙花数”是指一个三位数，其各位数字立方和等于该数本身。例如：153是一个“水仙花数”，因为153=$1^3+5^3+3^3$。

程序分析：利用for循环控制100～999个数，每个数分解出个位、十位、百位，然后将分解出个位、十位、百位数求立方和，若等于该数，则为水仙花数，然后输出；再向后寻找下一个水仙花数，直至999为止。

```
#include <stdio.h>
void main()
{
   int n;
   double s=0.0,t=1;
   printf("'water flower'number is:");
   for(n=100;n<1000;n++)
   {
     i=n/100;                                        /*分解出百位*/
     j=n/10%10;                                      /*分解出十位*/
     k=n%10;                                         /*分解出个位*/
     if(i*100+j*10+k==i*i*i+j*j*j+k*k*k)
     {
       printf("%-5d",n);
     }
   }
}
```

运行结果：

```
'water flower'number is:153  370  371  407
```

4．goto语句以及用goto语句构成循环

goto语句为无条件转向语句，当程序执行到该语句时，转向指定位置执行。它的一般形式为：

```
  goto 语句标号;
```

语句标号用标识符表示，它的命名规则与变量名命名规则相同，即由字母、数字和下画线组成，其第一个字符必须为字母或下画线，不能用整数来做标号。例如：

```
  goto text_1;goto _a2;
```

是合法的，而

```
  goto 2ab;goto text-1;
```

是错误的。

语句标号是用来标识某条语句的，其标识形式为：

```
语句标号：语句
```

因为goto语句将破坏程序的结构化，使程序可读性变差，但也不是绝对禁止使用goto语句。goto语句一般有两种用途：

①与if语句一起构成循环结构。

②从循环体中跳转到循环体外。

【例4.32】用if语句和goto语句构成循环，求100以内的自然数之和。

```
#include <stdio.h>
void main()
 {
   int i,sum=0;
   i=1;
   loop: if(i<=100)
   { sum=sum+i;
     i++;
     goto loop;
   }
   printf("%d",sum);
  }
```

运行结果：

```
5050
```

【例4.33】用for语句求100以内的自然数之和，要求省略“表达式2”。

```
main()
{ int i,sum=0;
  for(i=1; ;i++)
  { sum=sum+i;
    if(i>=100)
    goto  pr;           /*因省略表达式2,循环本身不判断条件,故要根据条件执行转向语句*/
  }
  pr: printf("%d",sum);
}
```

运行结果：

```
5050
```

三、break语句和continue语句

1．break语句

前文已经介绍过利用break语句跳出switch结构，继续执行switch语句的下一个语句。break语句除了能够跳出switch结构外，还可以用它来实现从循环体内跳出循环体，即程序执行break语句后立即结束循环，接着执行循环结构的下一条语句。break语句的这一功能对于不能自身结束的循环结构十分有用。如在省略“表达式2”的for语句构成的循环中，由于缺少循环判断条件，就需要有条件

地执行break语句，以结束循环。

```
for(a=2;  ;a+=2)
{ sum=sum+a;
  if(sum>1000)break;
  printf("%d",sum);
}
```

上述程序段是计算偶数之和，直至累加结果超出1000时为止。从上面的for循环可以看到：当（sum>1000）时，执行break语句，提前结束循环，即不再继续执行其余的几次循环。

break语句的一般形式为：

```
break;
```

【注意】

break语句不能用于循环语句和switch语句之外的任何其他语句中。

【例4.34】求偶数之和，并输出累加和不超出10000的偶数及其前面的偶数之和。

程序分析：利用for循环进行控制，由于不知循环次数，因而省略表达式2，在循环体中判断累加和的值，若超出10000时，用break语句退出循环。

```
#include <stdio.h>
void main()
{ int i,sum=0;
  for(i=2; ; i+=2)
  { sum=sum+i;
    if(sum>10000)        /*由于循环本身不判断条件,因而要根据条件执行break语句*/
    { sum=sum-i;         /*恢复到上一次的sum值和i值,以保证sum在10000以内*/
      i=i-2;
      break;             /*执行break语句,跳出for循环*/
    }
  }
   printf("%d,%d",i,sum);
}
```

运行结果：

```
198,9900
```

2．continue 语句

在某些循环程序中，要求跳过满足某种条件的数据而进入下一数据的处理，此时要求结束某次循环而进入下一次循环（注意此时循环并未结束），C语言的continue语句就具有此种功能：即结束本次循环而进入下一次循环。

continue语句一般形式为：

```
continue;
```

其作用为结束本次循环，即跳过循环体中下面尚未执行的语句，进入下一次循环的判定和执行。

continue语句和break语句的功能是不同的，要注意它们的区别：continue语句只结束本次循环，而不是终止整个循环的执行。而break语句则是结束整个循环过程（本层循环），不再判断执行循环

的条件是否成立。

四、几种循环的比较

C语言中常用的循环比较如表4-6所示。

表 4-6　几种循环的比较

<table>
<tr><th>循环语句</th><th>相同点</th><th colspan="2">循环变量初始化</th><th colspan="2">循环变量增值</th><th>初始条件为假</th></tr>
<tr><td>for 循环</td><td rowspan="3">都能实现循环功能；
都可用 break 语句跳出本层循环，用 continue 语句结束本次循环；
一般可相互替换</td><td>能</td><td>表达式 1 赋值</td><td colspan="2">能</td><td>不执行循环体</td></tr>
<tr><td>while 循环</td><td>不能</td><td>提前赋值</td><td>不能</td><td rowspan="2">循环体中要修改循环变量值</td><td>不执行循环体</td></tr>
<tr><td>do...while 循环</td><td>不能</td><td>提前赋值</td><td>不能</td><td>执行一次循环体</td></tr>
<tr><td>if 语句与 goto 构成循环</td><td>能实现循环，不可用 break 语句跳出本层循环，也不可用 continue 语句结束本次循环</td><td colspan="5">不符合结构化程序设计规则，使用此种结构实现循环，常容易破坏程序结构化，造成程序的混乱。尽量不用或少用</td></tr>
</table>

五、循环的嵌套

一个循环完整包含在另一个循环结构中，这种程序称为循环的嵌套。被包含的内嵌循环中还可以嵌套循环，这就构成多层循环。包含其他循环的循环称为外循环，被包含的循环称为内循环。

前面介绍的C语言的3种循环（while循环、do...while循环和for循环）可以互相嵌套，具体可以构成下面几种循环嵌套形式。

1. 几种循环嵌套形式

（1）循环嵌套格式一

```
while( )
{…
   while( )
   {…}
}
```

【例4.35】输出图形：

```
    #
   ###
  #####
 #######
```

程序分析：本题用while的双重循环实现，外循环实现层的控制，两个并列内循环实现列的控制。

```
#include <stdio.h>
void main()
{  int i,j;
   i=1;
   while(i<=4)                          /*外循环开始,以实现层的控制*/
   {  j=1;
      while(j<=4-i)                     /*内循环1开始,以实现每层的空格控制*/
      { printf("%c",' '); j++;}
      j=1;
      while(j<=(2*i -1))                /*内循环2开始,以实现每层的"#"控制*/
      { printf("%c",'#'); j++;}
      printf("\n");
      i++;
```

```
    }
}
```

（2）循环嵌套格式二

```
do
  {…
     do
     {… } while( );
  } while( );
```

（3）循环嵌套格式三

```
    for(; ;)
    {…
     for(; ;)
     {…}
    }
```

（4）循环嵌套格式四

```
    for(; ;)
    {…
     while()
     {  }
      …
    }
```

【例4.36】用for{while}循环嵌套输出九九乘法表。

程序分析：分行与列考虑，共9行9列，i控制行，j控制列。

```
#include <stdio.h>
void main()
{
  int i,j,result;
  printf("\n");
  for(i=1;i<10;i++)
  { j=1;
    while(j<10)
    {
      result=i*j;
      printf("%d*%d=%-3d",i,j,result);
       j++;
    }
    printf("\n");/*每一行后换行*/
  }
}
```

运行结果：

```
1*1=1  1*2=2  1*3=3  1*4=4  1*5=5  1*6=6  1*7=7  1*8=8  1*9=9
2*1=2  2*2=4  2*3=6  2*4=8  2*5=10 2*6=12 2*7=14 2*8=16 2*9=18
3*1=3  3*2=6  3*3=9  3*4=12 3*5=15 3*6=18 3*7=21 3*8=24 3*9=27
4*1=4  4*2=8  4*3=12 4*4=16 4*5=20 4*6=24 4*7=28 4*8=32 4*9=36
5*1=5  5*2=10 5*3=15 5*4=20 5*5=25 5*6=30 5*7=35 5*8=40 5*9=45
6*1=6  6*2=12 6*3=18 6*4=24 6*5=30 6*6=36 6*7=42 6*8=48 6*9=54
7*1=7  7*2=14 7*3=21 7*4=28 7*5=35 7*6=42 7*7=49 7*8=56 7*9=63
8*1=8  8*2=16 8*3=24 8*4=32 8*5=40 8*6=48 8*7=56 8*8=64 8*9=72
9*1=9  9*2=18 9*3=27 9*4=36 9*5=45 9*6=54 9*7=63 9*8=72 9*9=81
```

（5）循环嵌套格式五

```
while()
{…
  do
  {…}
  while();
  …
}
```

请读者用while{while}循环嵌套输出九九乘法表。

（6）循环嵌套格式六

```
do
   {
   …
   for(; ;)
   {   }
}while(  );
```

【例4.37】有1、2、3、4四个数字，能组成多少个互不相同且无重复数字的两位数？都是多少？

程序分析：可填在十位、个位的数字都是1、2、3、4，组成所有的排列后再去掉不满足条件的排列。

```
#include <stdio.h>
void main()
{
   int i,j;
   printf("\n");
   i=1;
   do                                    /*i为十位、j为个位,分别从1到4*/
   {for(j=1;j<5;j++)
      {
        if(i!=j)                         /*确保i、j两位互不相同*/
        printf("%d,%d\n",i,j);           /*i、j两位互不相同才输出*/
      }
      i++;
   }while(i<5);
}
```

运行结果：

2．关于循环嵌套的几点说明

① 循环嵌套时外循环必须完整包含内循环，不能出现一个循环部分在另一循环内部，还有一部

分在另一循环外部，即循环的嵌套不能交叉。

② 循环嵌套时，外循环与内循环的变量名不能同名，否则容易造成混乱。

③ 对于多重循环嵌套，可以通过break语句跳出循环，但break语句只能跳出该语句所在的一层循环。

④ 对于多重循环嵌套，可以通过continue语句结束本层的一次循环，进入本层的下一次循环。

六、循环结构程序举例

【例4.38】分别用for、do...while、while这3种形式写出求100以内的3的倍数之和，即3+6+9+12+…+99。

程序分析：分别利用3种循环进行控制，其中do...while、while循环先要对循环变量赋初值（i=0），每循环一次，i增加3，3种循环累加的结果分别放于变量x、y、z中。

```
/*for循环*/
#include <stdio.h>
void main()
{ int i,x=0;
  for(i=0;i<=100;i+=3)
  x+=i;
  printf("%d",x);
}
/*do...while循环*/
#include <stdio.h>
void main()
{ int i,y=0;
  i=0;
  do{
      y+=i;
      i+=3;
  }while(i<=100);
  printf("%d ", y);
}

/*while循环*/
#include <stdio.h>
void main()
{ int i,z=0;
  i=0;
  while(i<=100)
  {
    z+=i;
    i+=3;
  }
  printf("%d",z);
}
```

【例4.39】统计一个正整数的各位数字中'0' '1' '2'的个数。

程序分析：本题利用do...while循环进行控制，先将输入的数（存于变量n中）的个位分解出来

（用n%10求得），再根据分解出来的值是否为0、1、2分别对计数变量count1、count2 、count3计数。然后将该数整除10再放在变量 n中；再重复上述过程，则实际是依次将十位、百位……分解出来同样处理，直至该数各位全部分解出来并计数止。

```
#include <stdio.h>
void main()
{long int n,count1=0,count2=0,count3=0,t;
  scanf("%ld",&n);
  do
  { t=n%10;
    switch(t)
    { case 0:count1++;break;
      case 1:count2++;break;
      case 2:count3++;break;
    }
    n/=10;
  }while(n);
  printf("'0':%ld\t,'1':%ld\t,'2':%ld\n",count1,count2,count3);
}
```

运行结果：

```
120211012
'0':2   ,'1':4  ,'2':3
Press any key to continue
```

【例4.40】判断101～200之间有多少个素数，并输出所有素数。

程序分析：判断素数的方法，用一个数分别去除2到sqrt（这个数），如果能被整除，则表明此数不是素数，反之是素数。程序中设置一个标志变量leap，若leap为1则为素数，为0则为非素数。

```
#include <math.h>
#include <stdio.h>
void main()
{
   int m,i,k,h=0,leap=1;
   printf("\n");
   for(m=101;m<=200;m++)
   { k=(int)sqrt(m);    //sqrt(m)为double型，要转换为int型
    for(i=2;i<=k;i++)
      if(m%i==0)
      {leap=0;break;}
    if(leap)
      { printf("%-4d",m);h++;
        if(h%10==0)
           printf("\n");
      }
      leap=1;
    }
    printf("\nThe total is %d",h);
  }
```

运行结果：

```
101 103 107 109 113 127 131 137 139 149
151 157 163 167 173 179 181 191 193 197
199
The total is 21Press any key to continue
```

【例4.41】将一个正整数分解质因数。例如：输入90，打印出90=2*3*3*5。

程序分析：对n进行分解质因数，应先找到一个最小的质数k，然后按下述步骤完成。

① 如果这个质数恰等于n，则说明分解质因数的过程已经结束，打印出即可。

② 如果n不等于k，但n能被k整除，则应打印出k的值，并用n除以k的商，作为新的正整数n，重复执行第一步。

③ 如果n不能被k整除，则用k+1作为k的值，重复执行第一步。

```
#include <stdio.h>
void main()
{
  int n,i;
  printf("\nplease input a number:\n");
  scanf("%d",&n);
  printf("%d=",n);
  for(i=2;i<=n;i++)
  {
   while(n!=i)
     {
     if(n%i==0)
       { printf("%d*",i);
           n=n/i;
       }
      else
        break;
     }
  }
  printf("%d",n);
}
```

【例4.42】鸡兔同笼问题：已知鸡和兔的总头数为40，总脚数为120，求鸡兔各有多少只？

程序分析：由于一只鸡有2只脚，一只兔子有4条脚，所以既要满足总头数为40，又要满足总脚数为120。

① 如果120只脚全是鸡的话，应该有60只鸡，但是总头是40，所以鸡总数不会超过40。

② 同理如果全是兔的话最多120/4=30，所以兔子总数不会超过30。

③ 如果鸡有a只，兔子有b只，则正确的a、b值应该满足总头数a+b=40，总脚数2×a+4×b =120。

```
#include <stdio.h>
void main()
{
int a,b;
for(a=1;a<=40;a++)                  /*鸡的数数从1到最多40只，所以循环到40 */
{for (b=1;b<=30;b++)                /*兔子的数从1到最多30，所以循环到30 */
```

```
    {if((a+b==40)&&((2*a+4*b)==120))   /*同时满足总头数40总脚数120 */
      printf("There are %d chichens \nThere are %d rabbits\n",a,b);}
    }
}
```

运行结果：

```
There are 20 chichens
There are 20 rabbits
Press any key to continue
```

视 频

任务三
任务实施

任务实施

先在VC++ 2010中新建一个win32控制台应用空项目login_menu，然后在其源程序中添加“新建项”→“C++文件”选项，并命名为login_menu.c，下面编程显示物业管理系统的管理员登录菜单程序的代码：

```
#include <stdio.h>
#include <stdlib.h>
void main()
{int k;
 system("mode con cols=140 lines=30");
 printf("\n");
 while(1)               //重复执行以下斜体部分的循环体
 {   system("CLS");
     printf("*****************************************\n");
     printf("*  ---------欢迎使用物业管理系统----------- *\n");
     printf("*                                            *\n");
     printf("* 业主管理[1]   ");
     printf("    房屋管理[2]   ");
     printf("    排序统计[3]   ");
     printf("    添加管理员[4]");
     printf("    退     出[0]     *\n");
     printf("*****************************************\n");
     printf(" \n");
     printf("    请输入您选择的操作：");
     scanf("%d",&k);
     if(k<0||k>4)/输入的选择不在0-4之间时，显示出错信息，结束本次循环，进入下次循环，重新显示菜单
     { printf("您的输入有误！请重新输入！\n");
        system("pause");
      }
     else if(k==1)
      {printf("您选择的是业主管理！\n");
       printf("您将进入业主管理菜单(ownermenu)\n");
       ownermenu();
      }
     else if(k==2)
       {printf("您选择的是房屋管理！\n");
        printf("您将进入房屋管理菜单(houmenu)\n");
        houmenu();
       }
```

```
        else if(k==3)
          {printf("您将进入排序统计菜单(sortmenu)\n");
           sortmenu();
          }
        else if(k==4)
          {printf("您选择的是添加管理员!\n");
           addmanager();
          }
        else if(k==0)
          {printf("您选择的是退出! \n");
           break; //选择0时，执行break退出系统
       }
     }
}
```

运行结果：

```
****************************************************************************************
*                     ----------------欢迎使用物业管理系统----------------              *
*                                                                                      *
*  业主管理[1]      房屋管理[2]      排序统计[3]      添加管理员[4]     退    出[0]      *
****************************************************************************************

  请输入您选择的操作：6
您的输入有误，请重新输入！
请按任意键继续. . .
```

小　　结

本单元主要介绍了C语言程序的输入/输出函数及3种基本结构，灵活应用3种基本控制结构及中断语句有效控制程序流程是本单元的基本要求，具体要求重点掌握的内容如下。

一、输入输出函数

1. 字符输入输出函数 getchar() 和 putchar()。

2. 格式化输入输出函数 scanf() 和 printf()。

掌握格式，能够适当使用格式符，使程序输入整齐、规范，使结果输出清楚而美观。

二、基本控制结构

1. 顺序结构程序设计。

2. 选择结构程序可用 if 语句和 switch 语句来实现。其中 if 语句可以实现双分支结构；switch 语句可以实现多分支；特殊情况下也可用条件表达式（？：）来实现双分支结构。

通过 if 语句和 switch 语句嵌套可以实现多分支，但是要注意通过嵌套实现多分支时不要出现控制内容的交叉；尤其是 if 语句嵌套时 else 要与 if 配对（配对原则：else 总是与其前面离其最近且未配对的 if 语句配对）。

3. 循环结构程序有当型循环和直到型循环，C语言中实现当型循环可用 while（）、for（）语句来设计实现；直到型循环可用 do…while（）语句实现。有时也可用 if…goto 结构来实现循环功能，但它不是循环控制语句。

通过多个循环控制语句的嵌套可以实现多重循环，但要注意：循环嵌套时内外循环只能是包含和被包含形式，不能出现循环的内外交叉。

4. 中断语句 break 和 continue。

continue语句可以在 while( )、for( )、do…while( )三种循环语句中使用，执行 continue 语句后，循环进入本层循环的下一次循环开始执行而不是跳出本层的该循环。

break 语句可在上一种循环语句和 switch() 分支语句中执行，在循环语句中执行 break 语句，程序跳出本层循环进入该循环的后续语句执行；而在 switch() 分支语句中执行 break 语句，则程序不再执行该语句的后续内容，直接跳至 switch() 分支语句的后续语句。

有关 3 种基本结构的说明：

3 种结构可以是一个简单的操作，也可以是由 3 种基本结构间嵌套来形成复杂的程序。3 种基本结构，有以下共同点：

① 只有一个入口：不得从结构外随意转入结构中某点。

② 只有一个出口：不得从结构内某个位置随意转出（跳出）。

③ 结构中的每一部分都有机会被执行到（没有“死语句”）。

④ 结构内不存在“死循环”（无终止的循环）。

三、算法

计算机解决问题的方法和步骤，就是计算机的算法。

算法的基本特征：是一组严格定义运算顺序的规则，每一个规则都是有效的，是明确的，任一个算法在有限步骤后终止，算法有以下 5 个重要特性：有穷性、确定性、可行性、输入、输出。

实　训

实训要求

1. 对照教材中的例题，模仿编程完成各验证性实训任务，并调试完成，记录下实训源程序和运行结果。

2. 在学完相关内容后，请大家课后试着设计编写源代码解决各设计性实训任务，并调试完成，记录下实训源程序和运行结果。

3. 对照实训完成情况，将调试完成的源代码与运行结果填入实训报告中。

实训任务

验证性实训任务

实训 1　用 getchar() 从键盘输入单个大写英文字符，然后用 putchar() 输出这个字符对就的小写字符。（源程序参考例 4.2）

实训 2　从键盘输入一个 4 位数的年份，判断是否为闰年，若是闰年，则输出该年份，否则输出“该年份不是闰年”。（源程序参考例 4.11）

实训 3　请根据输入的学生成绩给出相应的等级，要求：60 分以下为 D 等，60（含 60）分～75 分为 C 等，75（含 75）分～85 分为 B 等，85 分以上为 A 等。（源程序参考例 4.13）

实训 4　输入 3 个整数 x、y、z，请把这 3 个数由大到小输出。（源程序参考例 4.16）

实训 5 分别利用 while 语句和 do...while 语句求指定的数到 100 以内的自然数之和（指定的数由键盘输入）。（源程序参考例 4.19）

实训 6 输入两个正整数 num1 和 num2，求其最大公约数和最小公倍数。（源程序参考例 4.20）

实训 7 有一分数序列：2/1，3/2，5/3，8/5，13/8，21/13……求出这个数列的前 20 项之和。（源程序参考例 4.28）

实训 8 现有一个 10 000 以内的整数，它加上 27 后是一个完全平方数，再加上 120 后又是一个完全平方数，请问该数是多少？（源程序参考例 4.30）

实训 9 用 for{while} 循环嵌套输出阶梯形九九乘法表。（源程序参考例 4.36）

实训 10 统计一个正整数的各位数字中 '2' '5' '7' 的个数。（源程序参考例 4.39）

设计性实训任务

实训 1 要求从键盘输入 3 个英文字母的 ASCII 码值，然后输出对应的字母及其 ASCII 码（如输入：65 66 67，则输出：A 65 B 66 C 67）。

实训 2 输入一个整数，若该数是 7 的倍数则输出该数，否则提示该数不符合条件。

实训 3 编写程序，输入 3 个整数，判断它们是否能够构成三角形，若能构成三角形，则输出三角形的类型（等边、等腰或一般三角形），同时求出其面积。

提示：先要判断 3 条边能否构成三角形，若能，再判断其类型，然后用 SS= $\sqrt{s(s-a)(s-b)(s-c)}$ 计算三角形的面积 SS，其中，$s=(a+b+c)/2$。

实训 4 分别用（1）简单 if 语句；（2）嵌套的 if 语句；（3）if...else 语句编写程序，求下列函数的 y 值。要求用 scanf 函数输入 x 的值并上机编程调试，记录其运行结果。

$$f(x)=\begin{cases} x & (x<1) \\ 2x-1 & (1\leqslant x<10) \\ 3x-1 & (x\geqslant 10) \end{cases}$$

实训 5 输入一行字符，分别统计出其中英文字母、空格、数字和其他字符的个数。

实训 6 百鸡问题：一只公鸡 5 元，一只母鸡 3 元，三只小鸡 1 元，现要求用 100 元买 100 只鸡，问公鸡、母鸡和小鸡各买多少？

习 题

一、选择题

1. 若 int a,b,c; 则为它们输入数据的正确输入语句是（　　）。

   A. read(a,b,c);　　B. scanf("%d%d%d",a,b,c);

   C. scanf("%d%d%d",&a,%b,%c);　　D. scanf("%d%d%d",&a,&b,&c);

2. 若 float a,b,c; 要通过语句：scanf(" %f %f %f",&a,&b,&c); 分别为 a,b,c 输入 10,22,33。以下不正确的输入形式是（　　）。

   A. 10
22
33

   B. 10.0,22.0,33.0

   C. 10.0
22.0 33.0

   D. 10 22
33

3. 执行语句：printf(" |%10.5f|\n",12345.678)；的输出是（　　）。

A. |2345.67800|　　B. |12345.6780|　　C. |12345.67800|　　D. |12345.678|

4. 若有以下程序段，其输出结果是（　　）。

```
int a=0,b=0,c=0;
c=(a-=a-5),(a=b,b+3);
printf("%d,%d,%d\n",a,b,c );
```

A. 3,0,−10　　B. 0,0,5　　C. −10,3,−10　　D. 3,0,3

5. 若a为int类型，且a=125，执行下列语句后的输出是（　　）。

```
printf("%d,%o,%x\n",a,a+1,a+2);
```

A. 25,175,7D　　B. 125,176,7F　　C. 125,176,7D　　D. 125,175,2F

6. 若在键盘上输入：283.1900，想使单精度实型变量c的值为283.19，则正确的输入语句是(　　)。

A. scanf("%f",&c);　　B. scanf("%8.4f",&c);

C. scanf("%6.2f",&c);　　D. scanf("%8",&c);

7. if语句的控制条件（　　）。

A. 只能用关系表达式　　B. 只能用关系表达式或逻辑表达式

C. 只能用逻辑表达式　　D. 可以用任何表达式

8. 执行以下程序段后，a、b、c的值分别是（　　）。

```
int a,b=100,c,x=10,y=9;
a=(--x==y++)?--x:++y;
if(x<9) b=x++;  c=y;
```

A. 9,9,9　　B. 8,8,10　　C. 9,10,9　　D. 1,11,10

9. 执行下列程序段后，x、y和z的值分别是（　　）。

```
int x=10,y=20,z=30;
if(x>y)  z=x;x=y;y=z;
```

A. 10,20,30　　B. 20,30,30　　C. 20,30,10　　D. 20,30,20

10. 指出程序结束之时，j、i、k的值分别是（　　）。

```
#include <stdio.h>
void main()
{ int a=10,b=5,c=5,d=5,i=0,j=0,k=0;
  for(;a>b;++b) i++;
  while(a>++c) j++;
  do k++; while(a>d++);
}
```

A. j=4,i=5,k=6;　　B. j=5,i=4,k=6;　　C. j=6,i=5,k=7;　　D. j=6,i=6,k=6;

11. 若执行以下程序时从键盘上输入3□4，则输出结果是（　　）（□表示空格）。

```
#include <stdio.h>
void main()
{ int a,b,s;
  scanf("%d%d",&a,&b);
```

```
  s=a;
  if(a<b) s=b;
  s*=s;
  printf("%d\n",s);
}
```

A. 14　　B. 16　　C. 18　　D. 20

12. 下列程序执行的结果是（　　）。

```
a=1;b=2;c=3;
while(a<b<c) {t=a;a=b;b=t;c--;}
printf("%d,%d,%d",a,b,c );
```

A. 1,2,0　　B. 2,1,0　　C. 1,2,1　　D. 2,1,1

13. 下面程序的输出结果是（　　）。

```
#include <stdio.h>
void main()
{ int i,j; float s;
  for(i=6;i>4;i--)
  { s=0.0;
    for(j=i;j>3;j--) s=s+i*j;
  }
  printf("%f\n",s);
}
```

A. 135.000000　　B. 90.000000　　C. 45.000000　　D. 60.000000

14. 若 int x; 则执行下列程序段后，输出是（　　）。

```
for (x=10;x>3;x--)
{ if(x%3) x--;--x;--x;
  printf("%d ",x);
}
```

A. 6 3　　B. 7 4　　C. 6 2　　D. 7 3

15. 下列说法中正确的是（　　）。

A. break 用在 switch 语句中，而 continue 用在循环语句中

B. break 用在循环语句中，而 continue 用在 switch 语句中

C. break 能结束循环，而 continue 只能结束本次循环

D. continue 能结束循环，而 break 只能结束本次循环

二、填空题

1. {a=3;c+=a−b;} 在语法上被认为是________条语句。空语句的形式是________。

2. 若 float x; 则以下程序段的输出结果是________。

```
x=5.16894;
printf(" %f\n",(int)(x*1000+0.5)/(float)1000);
```

3. 以下程序段中输出语句执行后的输出结果依次是________、________和________。

```
int i=-200, j=2500;
printf("(1)%d %d",i,j);
```

```
printf("(2)i=%d,j=%d\n",i,j);
printf("(3)i=%d\n j=%d\n",i,j);
```

4. 当运行以下程序时，在键盘上从第一列开始输入9876543210↙（此处↙代表回车），则程序的输出结果是________。

```
#include <stdio.h>
void main()
{ int a; float b,c;
  scanf(" %2d%3f%4f",&a,&b,&c );
  printf(" \na=%d,b=%f,c=%f\n",a,b,c );
}
```

5. 以下while循环执行的次数是________。

```
k=0;
while(k==10) k=k+1;
```

6. 下列程序段的执行结果是________。

```
int j;
for(j=10;j>3;j--)
{ if(j%3)j--;--j;j--;
   printf("%d",j);}
```

7. 执行以下程序后，输出是________。

```
#include <stdio.h>
void main()
{ float x,y,z;
  x=3.6;y=2.4;z=x/y;
  while(1)
  if(fabs(z)>1) {x=y; y=x; z=x/y;}
  else break;
  printf("%f\n",y);}
```

8. if (!k) a=3; 语句中的 !k 可以改写为________，使其功能不变。

9. 表达“若 |x|>4，则输出 x，否则输出：error！”的 if 语句是________。

10. 下列程序段的输出是________。

```
int i=0,k=100,j=4;
if(i+j) k=(i=j)?(i=1):(i=i+j);
printf ("k=%d\n",k);
```

三、阅读程序题

1. 以下程序的输出结果是（　　）。

```
#include <stdio.h>
void main()
{ unsigned int n;
  int i=-521;
  n=i;
  printf("n=%u\n",n);
}
```

A. n=-521　　B. n=521　　C. n=65015　　D. n=102170103

2. 以下程序的输出结果是（　　）。

```
#include <stdio.h>
void main()
{ int x=10, y=10;
  printf("%d %d\n",x--,--y);
}
```

A. 10 10　　B. 9 9　　C. 9 10　　D. 10 9

3. 以下程序的输出结果是（　　）。

```
#include <stdio.h>
void main()
{ int a=1,i=a+1;
  do
  { a++ ;
  }while(!i++>3);
  printf("%d\n",a);
}
```

A. 1　　B. 2　　C. 3　　D. 4

4. 以下程序的输出结果是（　　）。

```
#include <stdio.h>
void main()
{ int a=1,b=0;
  switch(a)
  { case 1: switch (b)
    { case 0: printf("**0**"); break;
      case 1: printf("**1**"); break;
    }
    case 2: printf("**2**"); break;
  }
}
```

A. **0**　　B. **0****2**　　C. **0****1****2**　　D. 有语法错误

5. 以下程序的输出结果是（　　）。

```
#include <stdio.h>
void main()
{ int num=0;
  while(num<=2)
  { num++;
    printf("%d\n",num);
  }
}
```

A. 1

B. 1
2

C. 1
2
3

D. 1
2
3
4

6. 从键盘上输入"446755"时，以下程序的输出结果是（　　）。

```
#include <stdio.h>
void main()
{ int c;
  while((c=getchar())!='\n')
  switch(c -'2')
  {    case 0:
       case 1: putchar(c+4);
       case 2: putchar(c+4);break;
       case 3: putchar(c+3);
       default: putchar(c+2);break;
  }
  printf("\n");
}
```

A. 888988　　B. 668966　　C. 88898787　　D. 66898787

四、编程题

1. 编写程序，读入3个整数给a、b、c，然后交换它们中的数，使a存放b的值，b存放c的值，c存放a的值。

2. 求1−3+5−7+…−99+101的值。

3. 任意输入10个数，计算所有正数的和、负数的和以及这10个数的总和。

4. 用40元买苹果、西瓜和梨共100个，3种水果都要。已知苹果0.4元一个，西瓜4元一个，梨0.2元一个。问可以各买多少个？输出全部购买方案。

5. 编写程序，输出*构成的等腰三角形。

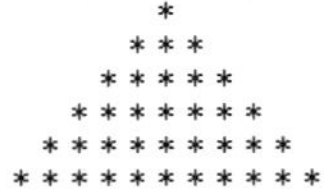

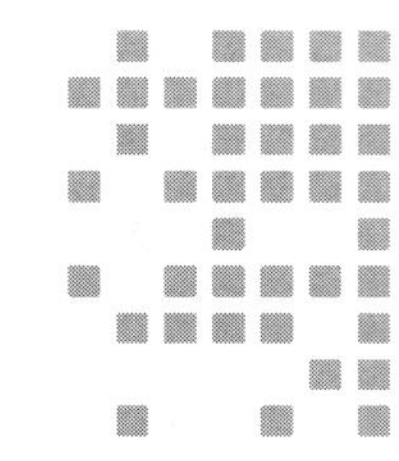

单元5

同类型批数据处理——数组

我们已经学过了存放单个数据的简单变量的使用，它们都属于基本类型（整型、字符型、实型）数据。但在程序设计中，经常需要对若干个同类型的数据和变量进行分析和处理，如果用简单变量来处理这样众多的数据，使用起来很不方便。在这一单元里，你将会看到包含同一类型的多个数据的一种变量。在C语言中，这种变量类型被称作数组。数组很方便地把一系列相同类型的数据保存在一起。下面让我们通过一个引例来了解数组的使用。

学习目标

- 掌握基本的程序设计方法
- 培养良好的结构化编程思维
- 培养利用数组结构解决实际问题的能力
- 掌握数组概念及其定义方法
- 掌握数组元素的引用形式
- 掌握一维数组、二维数组在程序中的应用
- 掌握字符数组处理方式，熟悉字符串处理函数的功能及使用

任务一　一维数组的使用

任务导入

某公司要建立物业管理系统，其中要存储将近多个小区近千套房屋的相关资料，请定义相关变量存储这些房屋的面积信息。

此处我们简化一下，假设任务为存储30套房屋的面积信息。

首先，如果我们使用简单变量来解决该问题，那么程序的变量定义将如下所示：

```
float area1,area2,area3,…,area10,…,area20,…,area30;
```

我们要定义几十个变量来存放输入的数据，变量的个数还会随着存储房屋数量的增加而成倍递增，这样庞大数量的变量在命名定义、赋值及使用时都会很不方便，还会增加程序出错的几率。

如果使用数组结构来完成定义的话，将会简便很多。如下所示：

```
float area[30];
```

采用数组来处理大量同类同性质的数据时，程序代码得到了大大的简化，从而使程序简明而高效。

知识准备

一、数组的概念

C语言中的数据，一类与其值有关，而与其位置无关；另一类不仅与其值有关，还与其位置也有密切的关系。简单变量是相互独立的，与其所在位置无关；数组是有序数据的集合，数组的每个元素（分量）属于同一个数据类型，它们有共同的名称，元素之间以下标来区分。

读一读

实际上，数组就是一组具有相互关系的同类变量的简洁表示形式。数组可以从下面几个方面来理解。

（1）数组：具有相同数据类型的数据的有序集合。

（2）数组元素：数组中的元素。数组中的每一个数组元素具有相同的名称，以下标区分，可以作为单个变量使用，也称为下标变量。在定义一个数组后，在内存中使用一片连续的空间依次存放数组的各个元素。

（3）数组的下标：是数组元素位置的一个索引或指示。

（4）数组的维数：数组元素下标的个数。

例如，int a[10];定义了一个一维数组a，该数组由10个数组元素构成，其中，每一个数组元素的数据类型都属于整型。数组a的各个数据元素依次是a[0]，a[1]，a[2]，…，a[9]（注意：下标从0～9）。每个数据元素都可以作为单个变量使用（如赋值、参与运算、作为函数调用的参数等）。数组a在内存中分配连续的20个字节的存储空间，各元素在内存中是线性排列的，事实上，通过数组名可以得到该数组存储空间的起始地址（指针），这在后面的单元中将有详细分析。

再如：float b[2][3];定义了一个二维数组b，该数组由6个元素构成，其中，每一个数组元素的数据类型都属于浮点型。数组b的各个数据元素依次是：b[0][0]，b[0][1]，b[0][2]，b[1][0]，b[1][1]，b[1][2]（注意：第一个下标从0～1，第二个下标从0～2），并且在内存中也是这样线性存储在一个连续的内存空间内。每个数据元素也都可以作为单个变量使用。

二、一维数组

数组下标的个数称为数组的维数。只有一个下标的数组称为一维数组，有两个下标的数组称为二维数组，依此类推。通常把多于两个下标的数组称为多（高）维数组。数组也要遵循先定义后使用的原则。

1. 一维数组的定义

一维数组定义的一般格式为：

```
类型说明符 数组名[常量表达式],…;
```

例如：

```
int a[10];                    /*说明整型数组a,有10个元素*/
float b[10],c[20];            /*说明实型数组b,有10个元素,实型数组c,有20个元素*/
char ch[20];                  /*说明字符数组ch,有20个元素*/
```

读一读

对数组定义的理解要注意以下几点：

① 数组的类型实际上是指该数组的数组元素的取值类型。对于同一个数组，其所有元素的数据类型都是相同的。

② 数组名应符合标识符的规定。

③ 数组名不能与其他变量名相同。

④ 括号中常量表达式表示数组元素的个数，若为小数，C编译系统将自动取整。

⑤ 不能在方括号中用变量来表示元素的个数，但可以是符号常量或常量表达式。

⑥ 允许在一条定义语句中，定义多个同类型数组和变量。

例如：int a,b,c,d,k1[10],k2[20];

⑦ 数组名是地址常量，它记录着数组存储空间的首地址。如对上面的数组k1而言，有k1等价&k1[0]

2．一维数组元素的引用

在C语言中只能逐个地引用数组元素，而不能一次性引用整个数组。数组元素是通过下标来引用的。数组元素引用格式如下：

```
数组名[下标]
```

例如，输出整型数组 10 个元素的值必须使用循环语句逐个输出各数组元素。

```
for(i=0;i<10;i++)    printf("%d",a[i]);
```

而不能用一个语句输出整个数组，下面的写法是错误的：

```
printf("%d",a);
```

在引用数组元素时，要注意以下几个问题：

① 用数组元素时，下标可以是整型常数、已经赋值的整型变量或整型表达式，如果是小数，系统自动取整。

② 数组元素本身等价于同一个类型的简单变量，因此对该类型简单变量可以进行的任何操作同样也适用于该数组元素。

③ 引用数组元素时，下标不能越界。若越界，C编译时不会给出错误提示信息，程序仍能运行，但结果难以预料（覆盖程序区：程序飞出。覆盖数据区：数据覆盖破坏。操作系统被破坏：系统崩溃等），因此在编写程序时保证下标不越界是非常必要的。

④ 引用数组元素还可以通过指针或指针变量实现，其实现方法见指针单元。

【例5.1】从键盘输入4个学生某一门课程的成绩，并输出。

```
#include <stdio.h>
void main()
{
  int i;
  float score[4];                                        /*定义一维数组score*/
  for(i=0;i<4;i++)
  {
    printf("score of NO.%d: ",i+1);                      /*提示信息*/
    scanf("%f",&score[i]);                               /*输入第i个学生的成绩*/
  }
  for(i=0;i<4;i++)
  {
    printf("score[%d]=%7.2f\n",i,score[i]);                    /*输出第i个学生的成绩*/
  }
}
```

运行结果：

```
score of NO.1: 75
score of NO.2: 80
score of NO.3: 74
score of NO.4: 90
score[0]=  75.00
score[1]=  80.00
score[2]=  74.00
score[3]=  90.00
Press any key to continue
```

3. 一维数组的初始化

可以用赋值语句或输入语句对数组元素一一赋值，但占用程序运行时间。C语言还允许在定义数组时对数组元素指定初始值，数组元素这样获得初值的方法称为数组的初始化。数组的初始化是在编译阶段进行的，这样将减少运行时间、提高效率。

数组初始化常见的几种形式。

① 对数组所有元素赋初值，此时数组定义中数组长度可以省略。例如，

```
int a[5]={1,2,3,4,5};
```

或

```
int a[]={1,2,3,4,5};
```

数组元素的初值放在一对花括号内，数值之间以逗号分开。

② 对数组部分元素赋初值，此时数组长度不能省略。例如，

```
int a[5]={1,2};
```

此时，a[0]=1,a[1]=2。

③ 对数组的所有元素赋初值0。例如，

```
int a[5]={0};
```

④ 若给数组中所有元素赋同一个值（该值为非0值），只能逐个给元素赋值，而不能采用③中的赋值形式。如给10个元素全部赋1，只能写为：

```
int a[10]={1,1,1,1,1,1,1,1,1,1};
```

而不能写为：

```
int a[10]={1};
```

【注意】如果不进行初始化，如定义int a[5]；那么数组元素的值是随机的，编译系统不会设置为默认值0（静态数组除外）。

4. 一维数组程序举例

【例5.2】从键盘输入10个整型数据，求平均值和最大值并显示出来。

```
#include <stdio.h>
void main()
{
  int i,max,a[10];
  float avg=0.0;
  printf("input 10 numbers:\n");
  for(i=0;i<10;i++)                          /*"i<10"不能写为：i<=10*/
    scanf("%d",&a[i]);                       /*输入10个整数*/
  max=a[0];                                  /*初始假设最大值为元素a[0]*/
  for(i=0;i<10;i++)
  {
    avg+=a[i]/10.0;                          /*求平均数*/
    if(a[i]>max) max=a[i];                   /*求最大值*/
  }
  printf("avg=%f,max=%d\n",avg,max);
}
```

运行结果：

```
input 10 numbers:
5 10 13 22 8 30 82 6 36 40
avg=25.200001,max=82
Press any key to continue
```

【例5.3】输入10个学生的某门课程的成绩，用冒泡法按由小到大的顺序排序。

排序是一项重要的数据处理，它的算法很多，每种算法各有其特点，数据结构课程中对其有深入的分析。我们在这里不讨论排序算法的优劣和效率，只关心问题的解决。

冒泡法的基本思路是：从左至右，相邻的两数比较，始终保持小的在前，大的在后。每一轮比较结束，最大的数被交换到该轮所有数据的最后。现以5个数为例，排序过程如表5-1所示。

表 5-1　5 个数的排序过程

初值	第一轮比较				第二轮比较			第三轮比较		第四轮比较	结果
	5 个数比较 4 次				4 个数比较 3 次			3 个数比较 2 次		2 个数比较 1 次	
	8 7 6 4 5	7 8 6 4 5	7 6 8 4 5	7 6 4 8 5	7 6 4 5 8	6 7 4 5	6 4 7 5	6 4 5 7	4 6 5	4 5	4 5 6 7 8
	1 次	2 次	3 次	4 次	1 次	2 次	3 次	1 次	2 次	1 次	

可采用双重循环实现冒泡法排序，外层循环控制比较的轮数，内层循环控制每轮比较的次数。N个数的排序，外层循环有N-1轮，第一轮，内层循环比较N-1次，以后每轮内层循环次数依次减少1。

```
#include <stdio.h>
#define N 10
void main()
{ int a[10],i,j,t;
  for(i=0;i<N;i++)                          /*输入10个数，分别赋予a[0]~a[9]*/
    scanf("%d",&a[i]);
  for(i=0;i<N-1;i++)                        /*外层循环控制比较轮数*/
    for(j=0;j<N-(i+1);j++)                  /*内层循环控制每轮比较次数*/
      if(a[j]>a[j+1])
      { t=a[j];a[j]=a[j+1];a[j+1]=t;}
  printf("After sorted:\n");
  for(i=0;i<N;i++)                          /*输出排序结果*/
    printf("%d ",a[i]);
  printf("\n");
}
```

运行结果：

```
3 8 10 9 4 2 7 5 6 1
After sorted:
1 2 3 4 5 6 7 8 9 10
Press any key to continue
```

【例5.4】求斐波那契（Fibonacci）数列中前20个元素的值。

斐波那契数列是指除最前面的两个元素外，其余元素的值都是它前面两个元素值之和，可以表示为：Fn= Fn-2+ Fn-1，其中，F0、F1分别为0和1。

```
#include <stdio.h>
void main()
{
  int f[20]={0,1},i;
  for(i=2;i<20;i++)                         /*依次产生斐波那契数列中每个值*/
    f[i]=f[i-2]+f[i-1];
  for(i=0;i<20;i++)                         /*此循环输出20个数*/
  {
    if(i%5==0) printf("\n");                /*每行5个数据*/
    printf("%-8d",f[i]);
  }
}
```

运行结果：

```
0       1       1       2       3
5       8       13      21      34
55      89      144     233     377
610     987     1597    2584    4181    Press any key to continue
```

视 频

任务一 任务实施

任务实施

现在我们来编程存储并处理物业管理系统的房屋面积数据程序，在此以12套房屋面积输入和显示为例。先在VC++ 2010中新建一个win32控制台应用空项目area_arr，然后在其源程序中添加“新建项”→“C++文件”选项，并命名为area_arr.c，定义int变量i控制程序循环，同时定义float数组area[]存储这些房屋的面积信息。具体代码如下：

```
    #include <stdio.h>
    #include <stdlib.h>
void main()
{
  int i;
  float area[12];               /*说明实型数组area,有12个元素用于存储12套房屋的面积*/
  printf("请依次输入各房屋的面积，共12套\n");
  for(i=0;i<12;i++)
    scanf("%f",&area[i]);       /*逐条输入房屋的面积数据给实型数组area的各元素*/
  printf("\n\n");
  for(i=0;i<12;i++)
    {printf("s[%d]=%5.1f  ",i,area[i]);       /*逐条输出房屋的面积数据*/
      if((i+1)%5==0)                          /*当一行输出5条时，换行*/
        printf("\n");
    }
}
```

运行结果：

```
请依次输入各房屋的面积，共12套
68 67.8 95 112 87 72 88 96 105 89 128 116

s[0]= 68.0    s[1]= 67.8    s[2]= 95.0    s[3]=112.0    s[4]= 87.0
s[5]= 72.0    s[6]= 88.0    s[7]= 96.0    s[8]=105.0    s[9]= 89.0
s[10]=128.0    s[11]=116.0  Press any key to continue
```

任务二　二维数组的使用

任务导入

在设计开发物业管理系统时，其中要存储多个小区将近千套房屋的相关资料，请设计定义变量类型分小区来存储这些房屋的面积信息。

在此处假设有A、B、C、D 4个小区，每个小区存储10套房屋的面积信息。如果使用一维数组来完成定义的话，会出现多个小区数据在一起，不利于对数据的分类管理，此时若使用二维数组就方便多了。

知识准备

一、二维数组的概念

二维数组是数组的一种类型，它也有数组的相关特点：相同数据类型的数据的有序集合，它有两个下标，分别表示行和列，C语言中二维数据是按行存储的，即一行存储完成后再存储下一行的

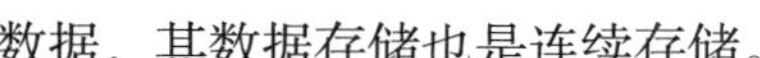

数据，其数据存储也是连续存储。

二维数组的数组元素可以看作是排列为行列形式的矩阵。二维数组也用统一的数组名来标识，后带两个下标，第一个下标表示行，第二个下标表示列。

二、二维数组

1．二维数组的定义

二维数组定义的一般形式为：

```
类型说明符　数组名[整型常量表达式1] [整型常量表达式2]，…;
```

例如，int a[3][4];，此处定义了一个3行4列的数组，数组名为a，其元素的类型为整型。该数组的元素共有3×4个，即

```
a[0][0],a[0][1],a[0][2],a[0][3]
a[1][0],a[1][1],a[1][2],a[1][3]
a[2][0],a[2][1],a[2][2],a[2][3]
```

二维数组在概念上是二维的，也就是说其下标在两个方向上变化，数组中的元素处于一个平面之中，而不是像一维数组只是一个向量。但是，实际的硬件存储器却是连续编址的，存储器单元是按一维线性排列的。

如何在一维存储器中存放二维数组，可有两种方式：一种是按行排列，即存放完一行之后顺次存放第二行及其后的各行；另一种是按列排列，即存放完一列之后再顺次存放第二列及其后的各列。

读一读

对二维数组定义的理解要注意以下几点。

① 二维数组中的每个数组元素都有两个下标，且必须分别放在单独的“[ ]”内。

② 二维数组定义中的第1个下标表示该数组具有的行数，第2个下标表示该数组具有的列数，两个下标之积是该数组的数组元素个数。

③ 二维数组中的每个数组元素的数据类型均相同。二维数组的存放规律是“按行排列”。

④ 二维数组可以看作是数组元素为一维数组的一维数组。这个概念对于以后学习利用指针处理二维数组至关重要。在上面定义的二维数组a中，可以将a看成是由3个元素a[0]、a[1]、a[2]构成的一个一维数组，而a[0]、a[1]、a[2]又是分别有4个元素的一维数组。

a[0] → a[0][0]，a[0][3]，a[0][2]，a[0][1]
a[1] → a[1][0]，a[1][3]，a[1][2]，a[1][1]
a[2] → a[2][0]，a[2][3]，a[2][2]，a[2][1]

a在C语言中，二维数组是按行排列的。以上面的数组a为例，先存放a[0]行，再存放a[1]行，最后存放a[2]行，每行中有4个元素也是依次存放。由于数组a说明为int类型，该类型占4个字节的内存空间，所以每个元素均占有4个字节。

本单元只介绍二维数组，多维数组可由二维数组类推而得到。

2．二维数组元素的引用

定义了二维数组后，就可以引用该数组的所有元素。其引用形式：

```
数组名[下标1][下标2]
```

例如：a[3][4] 表示a数组中第4行第5列的元素。

引用数组元素和数组说明在形式上有些相似，但这两者具有完全不同的含义。

数组说明的方括号中给出的是某一维的大小，即该维可取的下标个数，如a[3][4]中[3]表示第一维可取3个下标，它们是[0]、[1] 、[2]3个下标（即三行）；而数组元素中的下标是该元素在数组中的行列位置序号(行、列序号均从0开始)。前者只能是常量，后者可以是常量、变量或表达式

3．二维数组的初始化

二维数组初始化的几种常见形式。

① 按行分段给二维数组所有元素赋初值，例如，

```
int a[2][4]={{1,2,3,4},{5,6,7,8}};
```

② 不分行给二维数组所有元素赋初值，例如，

```
int a[2][4]={1,2,3,4,5,6,7,8};
```

使用①②形式给二维数组所有元素赋初值时，二维数组第一维的大小可以省略（编译程序可计算出其大小），例如，

```
int a[][4]={1,2,3,4,5,6,7,8};
```

或：

```
int a[][4]={{1,2,3,4},{5,6,7,8}};
```

③ 对部分元素赋初值，例如，

```
int a[2][4]={{1,2},{5}};
```

该语句执行后有：a[0][0]=1，a[0][1]=2，a[1][0]=5，其余元素未赋值。

4．二维数组程序举例

【例5.5】一个学习小组有5个人，每个人有3门课的考试成绩。求全组分科的平均成绩和各科总平均成绩。成绩如下：

姓名	操作系统	C语言	数据库
张	80	75	92
王	61	65	71
李	59	63	70
赵	85	87	90
周	76	77	85

可设一个二维数组a[5][3]存放5个人3门课的成绩，再设一个一维数组v[3]存放所求得各分科平均成绩，设变量l为全组各科总平均成绩。

```
#include <stdio.h>
void main()
{
  int i, j;
  float s = 0, avg, v[3] = {0}, a[5][3];
```

```
  printf("input score:\n");
  for (i = 0; i < 5; i++)
  for (j = 0; j < 3; j++)
    scanf("%f", &a[i][j]);                    //输入成绩
  for (j= 0; j< 3; j++)
  {
    for (i = 0; i < 5; i++)
      s=s+a[i][j];
    v[j]= s/5.0;                              //计算单科平均成绩
    s=0;
  }
  avg = (v[0] + v[1] + v[2]) / 3.0;          //计算总平均成绩
  printf("操作系统:%6.1f\nc语言:%6.1f\n数据库:%6.1f\n",v[0],v[1],v[2]);
                                              //输出单科平均成绩
  printf("总平均成绩:%6.1f\n", avg);          //输出总平均成绩
}
```

程序中首先用了一个双重循环。在内循环中依次读入某一门课程的各个学生的成绩，并把这些成绩累加起来，退出内循环后再把该累加成绩除以5送入v[i]之中，这就是该门课程的平均成绩。外循环共循环3次，分别求出3门课各自的平均成绩并存放在v数组之中。退出外循环之后，把v[0]、v[1]、v[2]相加除以3即得到各科总平均成绩。最后按题意输出各成绩。

运行结果：

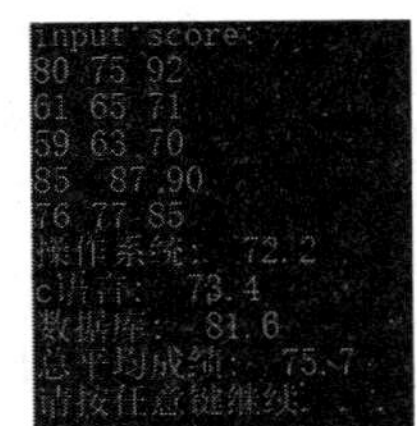

参考上面的例题，如何编写程序求每个学生的平均成绩并输出？

【例5.6】输入一个3行4列的矩阵，将该矩阵转置后输出。例如：

$$\begin{bmatrix} 12 & 18 & 16 & 19 \\ 21 & 28 & 25 & 22 \\ 36 & 32 & 33 & 37 \end{bmatrix} \xrightarrow{\text{转置}} \begin{bmatrix} 12 & 21 & 36 \\ 18 & 28 & 32 \\ 16 & 25 & 33 \\ 19 & 22 & 37 \end{bmatrix}$$

在这个问题中，可以定义两个二维数组a、b分别存储转置前后的矩阵。矩阵转置就是行列互换，即将第i行的元素转置后变为第i列的元素。例如，元素a[i][j]的值转置后应存储在b的b[j][i]元素中。

```
#include <stdio.h>
void main()
{
  int i,j,a[3][4],b[4][3];
  printf("\ninput matrix a,the elements are delimited with space.\n");
  for(i=0;i<3;i++)                            /*按行输入矩阵a*/
  {
```

```
    printf("a%d0 a%d1 a%d2 a%d3=",i,i,i,i);
    scanf("%d%d%d%d",&a[i][0],&a[i][1],&a[i][2],&a[i][3]);
  }
  for(i=0;i<3;i++)                                /*转置*/
    for(j=0;j<4;j++)
      b[j][i]=a[i][j];                            /*▲*/
  printf("matrix b,the transpose of matrix a:\n");
  for(i=0;i<4;i++)                                /*输出矩阵b*/
  {
    for(j=0;j<3;j++)
      printf("%4d",b[i][j]);
    printf("\n");
  }
}
```

运行结果：

```
input matrix a,the elements are delimited with space.
a00 a01 a02 a03=12 18 16 19
a10 a11 a12 a13=21 28 25 22
a20 a21 a22 a23=36 32 33 37
matrix b,the transpose of matrix a:
  12  21  36
  18  28  32
  16  25  33
  19  22  37
Press any key to continue
```

想一想

在上面的程序中▲处，能否改为：b[i][j]=a[j][i];?

【例5.7】打印输出6行的杨辉三角。

杨辉三角是0～n阶二项式展开后各项系数所构成的三角图形，如下所示。它最早出现在我国南宋时期杰出的数学家和教育家杨辉所著的《详解九章算术》书中，故称为杨辉三角。

```
1
1    1
1    2    1
1    3    3    1
1    4    6    4    1
1    5    10   10   5  1
……
```

杨辉三角第一列与对角线上的元素都为1，其余元素的值是其左上方项与正上方项元素之和。可按照这个规律将各数据存放到一个二维数组中，然后再把它打印输出。

```
#include <stdio.h>
#define N 6
void main()
{ int a[N][N],i,j;
  for(i=0;i<N;i++)                     /*置第一列与对角线上元素值1*/
    a[i][0]=a[i][i]=1;
```

```
  for(i=2;i<N;i++)                    /*其余元素值是其左上方项与正上方项元素之和*/
    for(j=1;j<i;j++)
      a[i][j]=a[i-1][j-1]+a[i-1][j];
  for(i=0;i<N;i++)                    /*输出杨辉三角*/
  { for(j=0;j<=i;j++)
      printf("%4d",a[i][j]);
    printf("\n");
  }
}
```

运行结果:

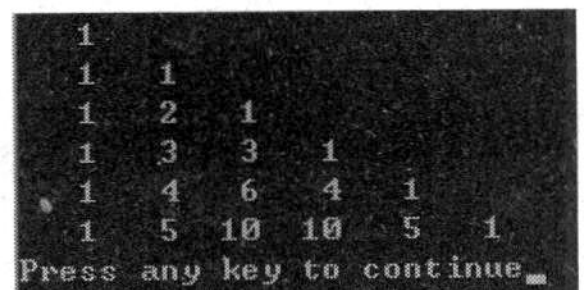

```
   1
   1   1
   1   2   1
   1   3   3   1
   1   4   6   4   1
   1   5  10  10   5   1
Press any key to continue
```

想一想

请读者们考虑应该对程序做哪些调整使得运行时输出以下形状的杨辉三角。

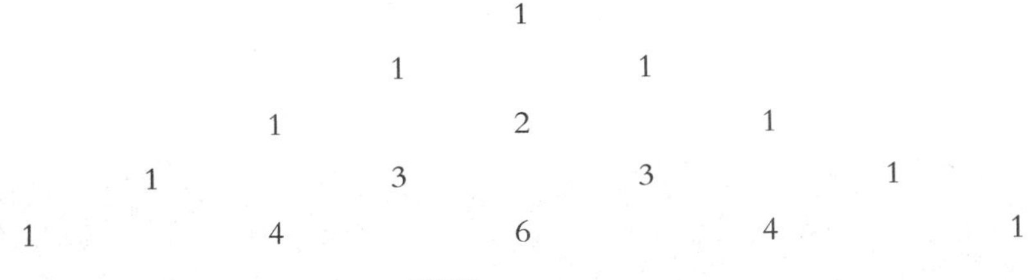

```
                1
            1       1
        1       2       1
    1       3       3       1
1       4       6       4       1
            ……
```

视　频

任务二
任务实施

任务实施

现在来编程存储并处理物业管理系统的多个小区房屋面积数据并分区存储的程序，在此处我们假设有A、B、C、D 4个小区，每个小区存储10套房屋的面积信息。先在VC++ 2010中新建一个win32控制台应用空项目milt_area，然后在其源程序中添加“新建项”→“C++文件”选项，并命名为milt_area.c，定义float数组marea[4][10]来完成这40（4×10）个数据的存储处理；同时定义int变量i控制行，int变量j控制列，并以二层循环程序来完成。具体代码如下：

```
#include <stdio.h>
#include <stdlib.h>
#include <windows.h>              /*包含设置窗口大小函数所在的头文件*/
void main()
{
   int i,j;
   float marea[4][10];            /*说明实型数组area,有40个元素用于存储40套房屋的面积*/
   system("mode con cols=140 lines=30");
   printf("请按小区依次输入各房屋的面积，共40套\n");
   for(i=0;i<4;i++)
```

```
        for(j=0;j<10;j++)
            scanf("%f",&marea[i][j]); /*逐条输入房屋的面积数据给实型数组area的各元素*/
        printf("\n\n小区名\t房屋1\t房屋2\t房屋3\t房屋4\t房屋5\t房屋6\t房屋7\t房屋8\t房屋
9\t房屋10\n");
    for(i=0;i<4;i++)
    {
      switch(i)
        {
            case 0:printf("A\t"); break;
            case 1:printf("B\t"); break;
            case 2:printf("C\t"); break;
            case 3:printf("D\t"); break;
        }
        for(j=0;j<10;j++)
        {
            printf("%5.1f\t",marea[i][j]);   /*逐条输出房屋的面积数据*/
            if((j+1)%10==0) /*当一行输出10条时，换行*/
              printf("\n");
        }
    }
system("pause");
}
```

运行结果：

```
请按小区依次输入各房屋的面积，共40套
64 58 62 73 74 75 78 71 86 75 84 80 82.5 87.6 89 58.5 68 88 66 69 84 85 61 84 92 97 102 113 102 114 88 64.5 133 122 58.5 62 64.3 87 113 97

小区名  房屋1   房屋2   房屋3   房屋4   房屋5   房屋6   房屋7   房屋8   房屋9   房屋10
A        64.0    58.0    62.0    73.0    74.0    75.0    78.0    71.0    86.0    75.0
B        84.0    80.0    82.5    87.6    89.0    58.5    68.0    88.0    66.0    69.0
C        84.0    85.0    61.0    84.0    92.0    97.0   102.0   113.0   102.0   114.0
D        88.0    64.5   133.0   122.0    58.5    62.0    64.3    87.0   113.0    97.0
Press any key to continue
```

任务三　字符数组的使用

任务导入

在设计开发物业管理系统时，其中要存储多个小区将近千套房屋的业主相关资料，包括业主的姓名，请设计定义变量存储这些房屋的业主姓名。

在此处我们假设任务为存储5套房屋业主的姓名信息。在此如果使用一维数组，由于一个业主的姓名是一个字符串，而一个数组元素只能存储一个字符，则业主姓名需要多个数组元素来分别存储，这就需要使用字符数组。一个字符数组只能存储一个业主姓名，多个业主姓名的存储就需要使用二维数组来完成。

知识准备

一、字符数组的概念

用来存放字符型数据的数组称为字符数组，每个数组元素存放的值都是单个字符。字符数组分为一维字符数组和多维字符数组。一维字符数组常常存放一个字符串，二维字符数组常用于存放多个字符串，可以看作是一维字符串数组。

二、字符数组

1. 字符数组的定义

字符型数组的定义与之前介绍的数组定义完全一样。

例如：char c[10];

字符型数组的每个元素占1个字节的内存单元。由于字符型和整型通用，也可以定义为int c[10]，但这时每个数组元素占4个字节。字符数组也可以是二维或多维数组。

例如：char ch[5][10];定义了一个5行10列的二维字符数组。

2. 字符数组的初始化

① 字符数组也允许在类型说明时进行初始化。

例如：`char c[12]={'c',' ','p','r','o','g','r','a','m'};`

赋值后数组元素c[0] ～c[8]的值分别为：'c'、' '、'p'、'r'、'o'、'g'、'r'、'a'、'm'，其中c[9] ～c[11]未赋值，由系统自动赋予空字符（'\0'）。

c		p	r	o	g	r	a	m	\0	\0	\0

② 当对全体元素赋初值时也可以省去长度说明。

例如：`char c[]={'c',' ','p','r','o','g','r','a','m'};`

这时数组c的长度自动定为9。

③ 字符型数组元素被赋的值也可以是整型常量或整型常量表达式。

例如：`char c[6]={'c'+1,'e','f','g',104,786+97};`

该语句执行后有：c[0]='d'，c[1]='e'，c[2]='f'，c[3]='g'，c[4]='h'，c[5]='s'。其中，c[0]= 'd'，是因为'c'的ASCII码为99，99+1为100正好是'd'的ASCII码；c[4]='h'是因为'h'的ASCII码为104；c[5]= 's'是因为(786+97)%256=115，为's'的ASCII码。

④ 下面是定义一个二维字符数组时作初始化：

```
char ch[5][5]={{'','','*'},{'','*','','*'},{'*','','','','*'},{'','*','','*'},{'','','*'}};
```

或：

```
char ch[][5]={{'','','*'},{'','*','','*'},{'*','','','','*'},{'','*','','*'},{'','','*'}};
```

3. 字符数组的引用

通过引用字符数组中的一个元素得到一个字符，引用方法与之前介绍的数组元素引用类似。

【例5.8】输出一个字符串。

```
#include <stdio.h>
void main()
{ char c[10]={'I',' ','a','m',' ','h','a','p','p','y'};
  int i;
  for(i=0;i<10;i++)
    printf("%c",c[i]);                          /*依次输出数组中的字符*/
  printf("\n");
}
```

运行结果：

```
I am happy
Press any key to continue
```

【例5.9】输出钻石图形。

```
#include <stdio.h>
void main()
{ int i,j;
   char ch[5][5]={{'','','*'},{'','*','','*'},{'*','','','','*'},{'','*','
','*'},{' ',' ','*'}};
  for(i=0;i<5;i++)
  {
    for(j=0;j<5;j++)
      printf("%c",ch[i][j]);
    printf("\n");
  }
}
```

运行结果：

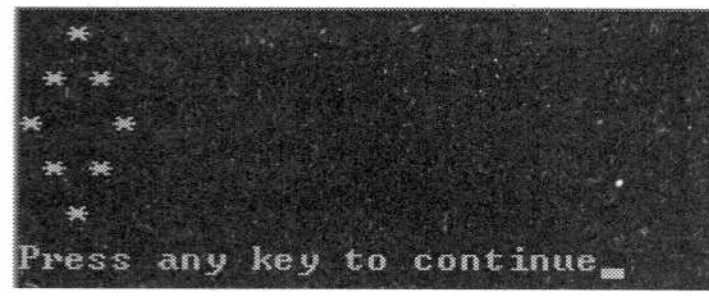

4．字符数组与字符串

（1）字符串与字符数组

字符串（字符串常量）：字符串是用双引号括起来的若干有效的字符序列。C语言中，字符串可以包含字母、数字、符号、转义符，例如："CHINA"。

字符数组：存放字符型数据的数组。它不仅用于存放字符串，也可以存放一般的字符序列。

C语言没有提供字符串变量（存放字符串数据的变量），因此对字符串的处理常常采用字符数组实现。C语言中许多字符串处理库函数既可以处理字符串，也可以处理字符数组。

为了处理字符串方便，C语言规定以'\0'（ASCII码为0的字符）作为“字符串结束标志”，“字符串结束标志”占用一个字节。有了'\0'标志后，就可以不用字符数组的长度而通过检测是否是'\0'来判断字符串的长度了。

字符串常量在存储时，C编译系统自动在其最后一个字符后增加一个结束标志；对于字符数组，如果用于处理字符串，在有些情况下，C系统会自动在其数据后增加一个结束标志，在更多情况下，结束标志要由程序员自己指定（因为字符数组不仅仅用于处理字符串）。如果不是处理字符串，字符数组中可以没有字符串结束标志。

例如：

```
char str1[]={'C','H','I','N','A'};            /*一般的字符序列*/
```

str1为字符数组，占用空间5个字节：

C	H	I	N	A

```
char str2[]="CHINA";                        /*字符串,占用6个字节*/
```

C	H	I	N	A	\0

要特别注意字符串与字符型数据的区别。例如："A"是一个字符串，在内存中占2个字节，因为它在内存中包含一个结束标志'\0'；而'A'是一个字符型数据，在内存中占1个字节。另外"ABC"是一个字符串，'ABC'是一种错误的表示。

（2）用字符串初始化字符数组

除了一般数组的初始化方法外，还可以用字符串初始化字符数组，系统会自动在最后一个字符后加'\0'。例如：

```
char str1[]={"CHINA"};
```

或

```
char str1[6]= "CHINA";
```

上面的初始化与下面的初始化等价：

```
char str1[]={'C','H','I','N','A','\0'};
```

str1为字符数组，占用空间为6个字节，最后一个字符'A'后会自动加上结束标志'\0'。

C	H	I	N	A	\0

而用一般数组的初始化方法时，系统不会自动在最后一个字符后加'\0'。例如：

```
char str1[]={'C','H','I','N','A'};
```

或

```
char str1[5]={'C','H','I','N','A'};
```

数组内没有结束标志，如果要加结束标志，必须明确指定：

```
char str1[]={'C','H','I','N','A','\0'};
```

5. 字符数组的输入/输出

字符数组的输入/输出可以有两种形式：逐个字符输入/输出和整串输入/输出。

（1）逐个字符输入/输出

逐个字符的输入/输出采用"%c"格式说明，配合循环语句，像处理数组元素一样输入/输出。

【例5.10】从键盘读入一串字符，将其中的大写字母转换成小写字母后输出该字符串。

```
#include <stdio.h>
void main()
{
  char s[80];
  int i=0;
  for(i=0;i<80;i++)                          /*读入一串字符*/
  {
    scanf ("%c",&s[i]);
    if(s[i]=='\n')  break;                   /*按回车键结束输入*/
    else if(s[i]>='A'&&s[i]<='Z')
          s[i]+=32;                          /*字母大写转换成小写*/
```

```
    }
    s[i]='\0';                                    /*在结尾处加入一个结束标志*/
    for(i=0;s[i]!='\0';i++)                       /*输出上面输入的字符串*/
      printf("%c",s[i]);
    printf("\n");
}
```

运行结果:

```
ProGram
program
Press any key to continue
```

读一读

① 格式化输入是缓冲读，必须在接收到“回车”时，scanf才开始读取数据。

② 读字符数据时，空格、回车都保存进字符数组。

③ 如果按回车键时，输入的字符少于scanf循环读取的字符，则scanf将继续等待用户将剩下的字符输入；如果按回车键时，输入的字符多于scanf循环读取的字符，则scanf循环只将前面的字符读入。

④ 逐个读入字符结束后，不会自动在末尾加'\0'。所以输出时，最好也使用逐个字符输出。

（2）整串输入/输出

整串输入/输出采用%s格式符来实现。

【例5.11】将上例改写成以字符串整体输入/输出。

```
#include <stdio.h>
void main()
{
  char s[80];
  int i;
  scanf("%s",s);                                  /*以字符串形式输入*/
  for(i=0;s[i]!='\0';i++)
    if(s[i]>='A'&&s[i]<='Z')  s[i]+=32;
  printf("%s\n",s);                               /*以字符串形式整体输出*/
}
```

运行结果与例5.10相同。

① 格式化输入/输出字符串，参数要求字符数组的首地址，即字符数组名。

② 按照%s格式格式化输入字符串时，输入的字符串中不能有空格（或Tab），否则空格后面的字符不能读入，scanf()函数认为输入的是两个字符串。如果要输入含有空格的字符串可以使用gets()函数。

③ 按照%s格式格式化输入字符串时，并不检查字符数组的空间是否够用。如果输入长字符串，可能导致数组越界，应当保证字符数组分配了足够的空间。

④ 按照%s格式格式化输入字符串时，自动在最后加字符串结束标志'\0'。

⑤ 按照%s格式格式化输入字符串时，可以用%c或%s格式输出。

⑥ 不是按照%s格式格式化输入的字符串在输出时，应该确保末尾有字符串结束标志'\0'。

6. 字符串处理函数

字符串（字符数组）的处理可以采用数组的一般处理方法进行处理，即对数组元素进行处理，这在对字符串中的字符做特殊的处理时相当有效。但对整个字符串的处理，利用C语言为我们提供的字符串处理函数，则可以大大减轻编程的负担。

C语言提供了丰富的字符串处理函数，大致可分为字符串的输入、输出、合并、修改、比较、转换、复制、搜索几类。

用于输入/输出的字符串函数，在使用前应包含头文件stdio.h；使用其他字符串函数则应包含头文件string.h。下面介绍几个最常用的字符串处理函数。

（1）字符串输出函数puts(str)

格式：`puts(str)`

其中，参数str可以是地址表达式（一般为数组名或指针变量），也可以是字符串常量。

功能：将一个以'\0'为结束符的字符串输出到终端（一般指显示器），并将'\0'转换为回车换行。

返回值：输出成功，返回换行符（ASCII码为10），否则，返回EOF(−1)。

若有定义：`char str[]="China";`

则：puts(str); 的输出结果为：China

puts(str+2); 的输出结果为：ina

（2）字符串输入gets(str)

格式：`gets(str)`

其中，参数str是地址表达式，一般是数组名或指针变量。

功能：从终端（一般指键盘）输入一个字符串，以回车结束，存放到以str为起始地址的内存单元。

返回值：函数调用成功，返回字符串在内存中存放的起始地址，即str的值；否则，返回值为NULL。

例如：

```
char  str[20];
gets(str);
```

把从键盘上输入的字符串存放到字符数组str中。

【说明】

① gets()函数一次只能输入一个字符串。

② 系统自动在字符串后面加一个字符串结束标志'\0'。

（3）求字符串的长度strlen(str)

格式：`strlen(str)`

其中，str可以是地址表达式（一般为数组名或指针变量），也可以是字符串常量。

功能：统计字符串str中字符的个数（不包括字符串结束符'\0'）。

返回值：字符串中实际字符的个数。

例如：

```
char str[10]= "china";
printf("%d",strlen(str));
```

输出结果是5，不是10，也不是6。

（4）字符串连接函数strcat(str1,str2)

格式：`strcat(str1,str2)`

其中，str1是地址表达式（一般为数组名或指针变量），str2可以是地址表达式（一般为数组名或为指针变量），也可以是字符串常量。

功能：把str2指向的字符串连接到str1指向的字符串的后面。

返回值：str1的值。

例如：

```
char str1[40]= "china",str2[]="beijing";
strcat(str1,str2);
puts(str1);
```

运行结果：

```
chinabeijing
```

【说明】

① 以str1开始的内存单元必须定义得足够大，以便容纳连接后的字符串。

② 连接后，str2指向的字符串的第一个字符覆盖了连接前str1指向的字符串末尾的结束符'\0'。只在新串的最后保留一个'\0'。

③ 连接后，str2指向的字符串不变。

（5）字符串复制函数strcpy(str1,str2)

格式：`strcpy(str1,str2)`

其中，str1是地址表达式（一般为数组名或指针变量），str2可以是地址表达式（一般为数组名或为指针变量），也可以是字符串常量。

功能：将str2指向的字符串复制到以str1为起始地址的内存单元。

返回值：str1的值。

例如：

```
char str1[40],str2[]="china";
strcpy(str1,str2);
puts(str1);
```

运行结果：

```
china
```

【说明】

① 以str1开始的内存单元必须定义的足够大（至少与str2一样大），以便容纳被复制的字符串。

② 复制时连同字符串后面的'\0'一起复制。

③ 要特别强调的是字符串（字符数组）之间不能直接赋值，但是通过此函数，可以间接达到赋

值的效果。例如，

```
char str1[10]="china",str2[10];
```

下面的赋值是不合法的：

```
str2=str1;
str2="USA";
```

下面的赋值是合法的：

```
strcpy(str2,str1);
strcpy(str2,"USA");
```

（6）字符串比较函数strcmp(str1,str2)

格式：strcmp(str1,str2)

其中，str1和str2可以是地址表达式，一般为数组名或指针变量，也可以是字符串常量。

功能：将str1和str2为首地址的两个字符串进行比较，比较的结果由返回值表示。

返回值：如果两个字符串相等，返回值为0；如果不相等，返回从左侧起第一次不相同的两个字符的ASCII码的差值。大致可总结为以下3种情况：

```
    返回值<0      str1<str2
    返回值==0     str1==str2
    返回值>0      str1>str2
```

例如：

```
printf("%d\n",strcmp("acb","aCb");
```

运行结果：

```
32（'c'和'C'的ASCII码差值）
```

【说明】

① 字符串比较是从左向右逐个比较对应字符的ASCII码值。

② 两个字符串进行比较时不能直接用关系运算符，只能用strcmp()函数间接实现。

③ 不能用strcmp()函数比较其他类型数据。

【例5.12】有两个字符串，按由小到大的顺序连接在一起。

```
#include <stdio.h>
#include <string.h>
void main()
{
  char str1[20],str2[20],str3[60];
  gets(str1);
  gets(str2);
  if(strcmp(str1,str2)<0)
  {
    strcpy(str3,str1);
    strcat(str3,str2);
  }
  else
  {
```

```
    strcpy(str3,str2);
    strcat(str3,str1);
  }
  puts(str3);
}
```

上面的程序把两个字符串str1和str2按由小到大的顺序连接，得到字符串str3。

运行结果：

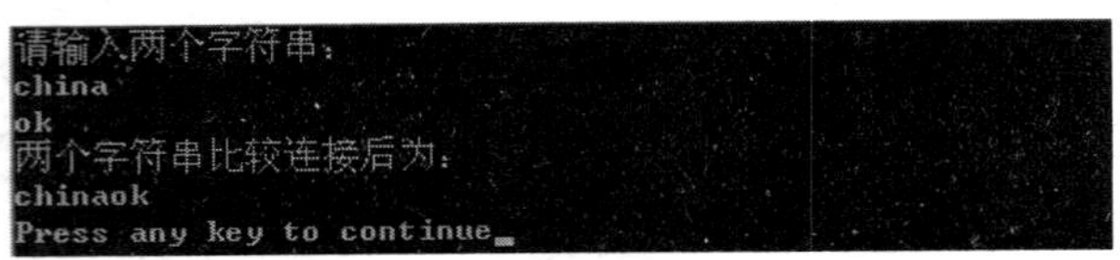

（7）字符串取子串函数strncpy(str1,str2,n)

格式：`strncpy(str1,str2,n)`

功能：将字符串str2中最多n个字符复制到字符数组str1中(它并不像strcpy一样只有遇到NULL才停止复制，而是多了一个条件停止，就是说如果复制到第n个字符还未遇到NULL，也一样停止)，返回指向str1的指针。

【说明】

① 如果n>str2长度，则将str2全部复制到str1，自动加上'\0'。

② 如果n<str2长度，则将str2中按指定长度复制到str1，不包括'\0'。

③ 如果n>str2长度，则出错。

三、字符数组程序举例

【例5.13】下列程序执行后的输出结果是（　　）。

A．you&me　　B．you　　C．me　　D．err

```
#include <stdio.h>
#include <string.h>
void main()
{
  char arr[2][4];
  strcpy(arr,"you");
  strcpy(arr[1],"me");
  arr[0][3]='&';
  printf("%s\n",arr);
}
```

分析：数组arr是一个2行4列的阵列，其存储结果如下所示。arr由两个一维字符数组arr[0]和arr[1]构成。

arr[0]				arr[1]			
arr[0][0]	arr[0][1]	arr[0][2]	arr[0][3]	arr[1][0]	arr[1][1]	arr[1][2]	arr[1][3]
y	o	u	\0（&）	m	e	\0	\0

函数调用语句strcpy(arr,"you");等效于给一维字符数组arr[0]赋值，此时arr[0][3]中的值为'\0'；函数调用语句strcpy(arr[1],"me");等效于为一维数组arr[1]赋值；最后赋值语句arr[0][3]= '&';将arr[0][3]中的值改写为'&'，此时二维字符数组只有在arr[1][2]处有字符串结束标志，%s格式符输出以arr为起始地址，一直到遇上'\0'或空格（或Tab）前的所有字符，因此该题的输出结果是you&me，应选A。此题考核对格式符%s的掌握，以及字符串中字符数组的存储结构。

【例5.14】以下程序输出结果是（　　）。

A．18　　B．19　　C．20　　D．21

```
#include <stdio.h>
void main()
{
  int a[3][3]={{1,2},{3,4},{5,6}},i,j,s=0;
  for(i=1;i<3;i++)
    for(j=0;j<=i;j++) s+=a[i][j];
  printf("%d\n",s);
}
```

程序分析：程序首先对二维数组a进行初始化，初始化后各元素的值如下所示。

a[0][0]	a[0][1]	a[0][2]	a[1][0]	a[1][1]	a[1][2]	a[2][0]	a[2][1]	a[2][2]
1	2	0	3	4	0	5	6	0

注意到程序采用二重循环只对数组中的部分元素求和。外层循环变量i从1到2，内层循环变量j从0到i，因此求和的元素是上图中有阴影的数组元素，故输出结果是18，应选A。此题考查了数组的逻辑存储结构与对双重循环过程的理解。

【例5.15】编程实现两个字符串的连接（不用strcat()函数）。

程序分析：要将两个字符串连接，可以先找到连接字符串的字符串结束标志，然后将被连接字符串从前往后依次接入其后，一直到被连接字符串为'\0'时，最后将连接字符串末尾加上'\0'，连接完成。

```
#include <stdio.h>
#include <string.h>
void main()
{
  char s1[80],s2[80];
  int  i,j;
  gets(s1);gets(s2);                /*读入两个字符串*/
  for(i=0;s1[i]!='\0';i++);         /*空循环，用于找到第一个字符串'\0'的位置*/
    for(j=0;s2[j]!='\0';i++,j++)
      s1[i]=s2[j];                  /*连接s2到s1的后面*/
  s1[i]='\0';                       /*在连接后的s1中添加字符串结束标志'\0'*/
  puts(s1);
}
```

运行结果：

```
I am a
student
I am astudent
Press any key to continue
```

【例5.16】从键盘任意输入一个字符串和一个字符，要求从该字符串中删除所指定的字符。

程序分析：自然考虑到使用两个字符数组s、temp。其中，s存放任意输入的字符串；temp存放删除指定字符后的字符串。设置两个整型变量i、j分别作为s、temp两个数组的下标（位置指针、索引），以指示正在处理的位置。

开始处理前i=j=0，即都是指向第一个数组元素。检查s中的当前的字符，如果不是要删除的字符，那么将此字符复制（赋值）到temp数组，j增1（temp下次字符复制的位置）；如果是要删除的字符，则不复制字符，j也不必增1（因为这次没有字符复制）。

i增1（准备检查s的下面一个元素）。

重复上面的过程，直到s中的所有字符扫描了一遍。最后temp中的内容就是删除了指定字符的字符串，流程图如图5-1所示。

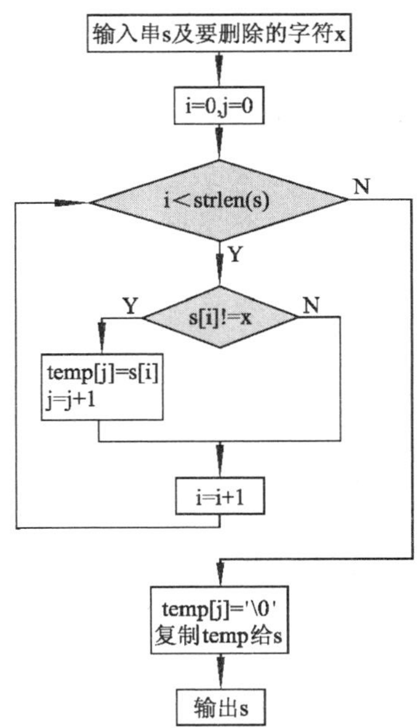

图 5-1 例 5.16 流程图

```
#include <stdio.h>
#include <string.h>
void main()
{
  char s[20],temp[20],x;
  int i,j;
  gets(s);
  printf("delete? ");
  scanf("%c",&x);
  for(i=0,j=0;i<strlen(s);i++)
  {
    if(s[i]!=x)
    {
      temp[j]=s[i];
       j++;
    }
  }
  temp[j]='\0';
  strcpy(s,temp);
  puts(s);
}
```

运行结果：

```
how do you do?
delete? o
hw d yu d?
Press any key to continue
```

任务实施

视 频

任务三
任务实施

现在我们设计使用二维字符数组来存储5套房屋业主的姓名信息的程序。先在VC++ 2010中新建一个win32控制台应用空项目owner_name，然后在其源程序中添加“新建项”→“C++文件”选项，并命名为owner_name.c，定义char型二维数组oname[5][6]来完成这5位业主姓名的存储处理；同时定义int变量i控制，由于姓名为一个字符串，我们使用scanf语句的%s来获取输入的姓名。具体代码如下：

```
#include <stdio.h>
#include <stdlib.h>
void main()
{
  int i;
  char oname[5][6];
  printf("请分别输入的业主的姓名：\n");
  for(i=0;i<5;i++)              /*输入5位业主的姓名分别存储在oname[]元素中*/
    scanf("%s",oname[i]);       /*注意：oname[i]为i行的地址*/
  printf("\n你输入的业主的姓名分别是：\n");
  for(i=0;i<5;i++)
    printf("%s\n",oname[i]);
  system("pause");
}
```

运行结果：

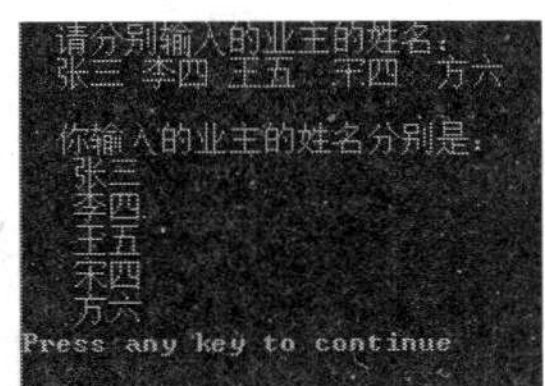

小　　结

本单元主要介绍了C语言中数组的使用。学习完本单元，我们了解了数组的概念，掌握了如何正确地定义数组并引用数组元素，通过练习掌握数组在大规模同类型数据运算问题中的应用。

在本单元的学习中，需特别注意以下几个问题：

一、数组下标使用

数组中的每一个数组元素都具有相同的名称，以下标相互区分，数组的下标就是数组元素位置的一个索引或指示。C语言中数组的下标从0开始标记，各位读者在使用中一定要注意数组下标是否越界的问题。

二、二维数组的存储

二维数组的数组元素可以看作是排列为行列形式的矩阵。二维数组在概念上是二维的，但存储所在的存储器单元是按一维线性排列的。常用的两种解决方案为：行优先存储或列优先存储；C语言中采用的是行优先存储模式。

三、字符数组与字符串

C语言没有提供字符串变量（存放字符串的变量），对字符串的处理常常采用字符数组实现。字符数组这里被用来作为存储字符串的容器，因此字符数组的长度与字符串的长度是两个概念，在使用中切不可混为一谈。

四、字符串处理函数使用前要包含相应头文件

字符串处理函数是专门用于字符串处理的库函数，6个字符串处理函数分属两个函数库。puts()、gets()在使用前应包含头文件stdio.h；strlen()、strcat()、strcpy()、strcmp()、strncpy()在使用前则应包含头文件string.h。

实　训

实训要求

1. 熟悉并掌握C语言中数组的定义和使用，对照教材中的例题，模仿编程完成各验证性实训任务，并调试完成，记录实训源程序和运行结果。

2. 熟悉并掌握一维数组、二维数组、字符数组的使用方法及在程序中的运用；在学完相关内容后，请大家课后试着设计编写源代码解决各设计性实训任务，并调试完成。

3. 对照实训时完成情况，将调试完成的源代码与运行结果填入实训报告中。

实训任务

验证性实训任务

实训1　已知10个整数，找出最大值与最小值，并输出这10个数、最大值与最小值。（源程序参考例5.2）

实训2　从键盘输入10个整数，将其由小到大排序后输出。（源程序参考例5.3）

实训3　编写程序，输入一个3×4的矩阵，求出它的转置矩阵并输出。（源程序参考例5.6）

实训4　打印输出10行的杨辉三角。（源程序参考例5.7）

实训5　输入5个国家的英文名称，按字母顺序排列输出。（源程序参考例5.12）

设计性实训任务

实训1　输入10个学生的成绩，输出总分与平均成绩。

实训2　已知10个数由小到大排列，现插入一个数，并保证数列仍有序排列。

实训3　编写程序，输入一个4×4的矩阵，求两对角线元素之和。

实训4　按如下图形状打印输出6行的杨辉三角。

```
        1
      1   1
    1   2   1
  1   3   3   1
1   4   6   4   1
```

实训5 比较两个字符串的大小，不采用 strcmp() 函数。

实训6 有5个学生，描述学生的信息有：学号、姓名、语文、数学，试对这5个学生的信息按姓名降序排列后输出。

习　　题

一、选择题

1. 以下一维整型数组 a 的正确说明是（　　）。

A. int a(10);　　B. int n=10,a[n];　　C. int n;
scanf("%d",&n);
int a[n];　　D. #define SIZE 10;
int a[SIZE]

2. 以下对二维数组 a 的正确说明是（　　）。

A. int a[3][];　　B. float a(3,4);　　C. double a[1][4]　　D. float a(3)(4);

3. 若二维数组 a 有 m 列，则计算任一元素 a[i][j] 在数组中位置的公式为（　　）。（假设 a[0][0] 位于数组的第一个位置上）

A. i*m+j　　B. j*m+i　　C. i*m+j-1　　D. i*m+j+1

4. 若二维数组 a 有 m 列，则在 a[i][j] 前的元素个数为（　　）。

A. j*m+i　　B. i*m+j　　C. i*m+j-1　　D. i*m+j+1

5. 若有以下程序段：

```
int a[]={4,0,2,3,1},i,j,t;
for(i=1;i<5;i++)
{
   t=a[i];j=i-1;
   while(j>=0&&t>a[j])
   {a[j+1]=a[j];j--;}
   a[j+1]=t;
}
```

则该程序段的功能是（　　）。

A. 对数组 a 进行插入排序（升序）　　B. 对数组 a 进行插入排序（降序）

C. 对数组 a 进行选择排序（升序）　　D. 对数组 a 进行选择排序（降序）

6. 判断字符串 s1 是否大于字符串 s2，应当使用（　　）。

A. if(s1>s2)　　B. if(strcmp(s1,s2))

C. if(strcmp(s2,s1)>0)　　D. if(strcmp(s1,s2)>0)

7. 下面程序的功能是从键盘输入一行字符，统计其中有多少个单词，单词之间用空格分隔，横线处应添（　　）。

```
#include <stdio.h>
main()
{
  char s[80],c1,c2=' ';
  int i=0,num=0;
```

```
    gets(s);
    while(s[i]!='\0')
    {
       c1=s[i];
       if(i==0)c2=' ';
       else c2=s[i-1];
       if(______)num++;i++;
    }
    printf("There are %d words.\n",num);
}
```

A. c1==' '&&c2==' ' B. c1!=' ' && c2==' '

C. c1==' ' && c2!=' ' D. c1!=' '&&c2!=' '

8. 下面程序的运行结果是（　　）。

```
#include <stdio.h>
main()
{
   char str[]="SSSWLIA",c;
   int k;
   for(k=2;(c=str[k])!='\0';k++)
   {
     switch(c)
     {
        case 'I':++k;break;
        case 'L':continue;
        default:putchar(c);continue;
     }
     putchar('*');
   }
}
```

A. SSW* B. SW* C. SW*A D. SW

9. 下面程序段执行后，s的值是（　　）。

```
static char ch[]="600";
int a,s=0;
for(a=0;ch[a]>='0'&&ch[a]<='9';a++)
   s=10*s+ch[a]-'0'
```

A. 600 B. 6 C. 0 D. ERROR

10. 下面程序的运行结果是（　　）。

```
main()
{
  int n[3],i,j,k;
  for(i=0;i<3;i++)
    n[i]=0;
  k=2;
  for(i=0;i<k;i++)
    for(j=0;j<k;j++)
```

```
      n[j]=n[i]+1;
  printf("%d\n",n[k]);
}
```

A. 2　　　　B. 1　　　　C. 0　　　　D. 3

二、填空题

1. 若有定义：double x[3][5];，则 x 数组中行下标的下限为________，列下标的上限为________。
2. 数组在内存中占据一片连续的存储区，由________代表它的首地址。
3. 若有以下程序段：charstr[]="xy\n\012\\\n";printf("%d",strlen(str));，执行后的输出结果是________。
4. 下面程序以每行 4 个数据的形式输出 a 数组，请填空。

```
#indude<stdio.h>
#define N20
main()
{
  int a[N],i;
  for(i=0;i<N;i++) scanf("%d",&a[i]);
    for(i=0;i<N;i++)
    {
      if (____________)  printf("\n");
      printf("%3d",a[i]);
    }
  printf("\n");
}
```

5. 下面程序可求出矩阵 a 的主对角线上的元素之和，请填空。

```
#indude<stdio.h>
main()
{
  int a[3][3]={1,3,5,7,9,11,13,15,17},sum=0,i,j;
  for(i=0;i<3;i++)
    for(j=0;j<3;j++)
      if(______)sum=sum+______;
  printf("sum=%d\n",sum);
}
```

6. 下面程序的功能是在 3 个字符串中找出最小的，请填空。

```
#include<stdio.h>
#include<string.h>
main()
{
  char s[20],str[3][20];
  int i;
  for(i=0;i<3;i++)gets(str[i]);
    strcpy(s,______);
  if(strcmp(str[1],s)<0)strcpy(s,str[1]);
  if(strcmp(str[2],s)<0)strcpy(s,str[2]);
  printf("%s\n",______);
}
```

7. 下面程序的运行结果是________。（注意 continue 与 break 的作用）

```
#include<stdio.h>
main()
{
  char s[]="ABCCDA";
  int k;char c;
  for(k=1;(c=s[k])!='\0';k++)
  { switch(c)
    {
      case 'A':putchar('%');continue;
      case 'B':++k;break;
      default:putchar('*');
      case 'C':putchar('&');continue;
    }
    putchar('#');
  }
}
```

8. 下面函数的功能是将一个字符串 str 的内容颠倒过来，请填空。

```
#include<stdio.h>
main()
{
  char str[80],i,j,______
  gets(str);
  for(i=0,j=________;i<j;i++,j--)
  { k=str[j];str[j]=str[i];str[i]=k;}
  puts(str);
}
```

三、编程题

1. 将字符数组 str2 中的全部字符复制到字符数组 strl 中，不采用 strcpy() 函数。复制时，'\0' 也要复制进去，'\0' 后面的字符不复制。

2. 设有 10 个学生的成绩分别为 89、90、84、78、84、67、88、92、79、73，将它们存放在数组 stu 中，并输出它们的平均成绩 aver（保留两位小数）和低于平均成绩的人数。输出样式（各占一行，无多余字符）：

```
aver=80.34
n=7
```

3. 任意输入 20 个整数，统计其正值、零值及负值的个数，并计算正值与负值之和，然后把统计个数和求和结果输出。

单元6

数据处理功能模块——函数及预处理命令

函数是C语言源程序的基本模块，通过对函数模块的调用实现特定的功能。C语言中的函数相当于其他高级语言的子程序（程序模块），C程序的全部工作都是通过各个函数来完成的，所以C语言也被称为函数式语言。

学习目标

- 培养基本的C函数设计方法
- 掌握函数的定义和调用
- 掌握参数的传递方式
- 掌握变量的作用域及其存储类型
- 掌握预处理命令，提高程序的各种特性

任务一　函数的定义与调用

在程序设计中，经常会有一些功能模块被反复使用，因此将这些常用的功能模块编写成函数，放在函数库中供公共选用。若能够善于利用函数，可以减少重复编写程序段的工作量。

先看一个简单的函数调用的例子：

```
#include <stdio.h>
void printstar();
void printmessage();
void main()
{
  printstar();                /*调用printstar函数*/
  printsmessage();            /*调用printsmessage函数*/
  printstar();                /*调用printstar函数*/
```

```
}

void printstar()                /*printstar函数*/
{
  printf("* * * * * * * * * * * * * * * * * * *\n");
}
void printmessage()             /*printsmessage函数*/
{
printf("How do you do!\n");
}
```

运行结果：

printstar()和printmessage()都是用户自定义的函数名，函数作用分别是用来输出一排“*”号和一行信息。在main()函数中我们分别两次调用printstar()函数，一次调用printmessage()函数，因此完成以上内容的输出。

任务导入

软件公司为某物业公司编写“物业管理系统”软件，系统首先显示欢迎界面，在欢迎界面后显示菜单项供用户选择，根据用户选择的不同，来完成相应的处理数据功能。

以上功能如果在一个程序中完成，程序会非常拖沓冗长，不利于编辑和调试，另外由于某些功能的近似，大家会发现程序中会出现重复内容，为避免上述情况我们利用函数调用的方式来解决问题。

首先系统通过运行main()函数显示欢迎界面，接着在main()函数中调用mainmenu()函数来显示功能菜单，然后根据用户的不同选择再分别调用其他函数。

知识准备

一、函数概述

C程序是由一组变量或函数组成的。函数是完成一定相关功能的程序代码段。我们可以把函数看成一个“黑盒子”，只要将数据送进去就能得到结果，而函数内部究竟是如何工作的，外部程序是不需要知道的。外部程序只需知道输入给函数什么以及函数输出什么。函数提供了编制程序的手段，使程序容易读、容易写、容易理解、容易排除错误、容易修改和维护。

C语言程序的执行结构如图6–1所示。在每个程序中，主函数main是必需的，它是所有程序的执行起点，main函数只调用其他函数，不能被其他函数调用。如果不考虑函数的功能和逻辑，其他函数没有主从关系，可以相互调用。所有函数都可以调用库函数。程序的总体功能通过函数的调用来实现。

C程序中函数的数目实际上是不限的，如果说有什么限制的话，那就是一个C程序中必须至少有且仅有一个主函数（main函数），整个程序从这个主函数开始执行。

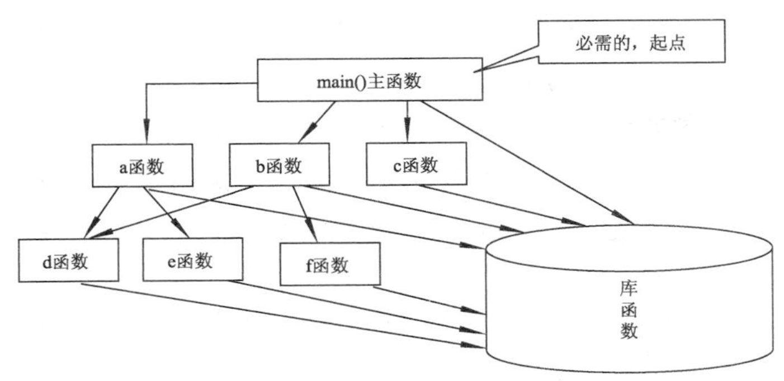

图 6-1　C 语言程序的执行结构图

C语言鼓励和提倡人们把一个大问题划分成一个个子问题，对应于解决一个子问题编写一个函数，因此，C语言程序一般是由大量的小函数而不是由少量大函数构成的，即所谓“小函数构成大程序”。这样的好处是让各部分相互充分独立，并且任务单一。

1. 库函数与自定义函数

从函数定义的角度看，函数可分为库函数和用户定义函数两种。

（1）库函数

由C系统提供，用户无须定义，也不必在程序中作类型说明，只需在程序前包含有该函数原型的头文件即可在程序中直接调用。在前面各单元的例题中反复用到printf()、scanf()、getchar()、putchar()、gets()、puts()、strcat()等函数均属此类。

（2）用户定义函数

由用户按需要写的函数。对于用户自定义函数，不仅要在程序中定义函数本身，而且在主调函数模块中还必须对该被调函数进行类型说明，然后才能使用。

C语言的函数兼有其他语言中的函数和过程（子程序）两种功能，从这个角度看，又可把函数分为有返回值函数和无返回值函数两种。

① 有返回值函数。此类函数被调用执行完后将向调用者返回一个执行结果，称为函数返回值。如数学函数即属于此类函数。由用户定义的这种要返回函数值的函数，必须在函数定义和函数说明中明确返回值的类型。

② 无返回值函数。此类函数用于完成某项特定的处理任务，执行完成后不向调用者返回函数值。这类函数类似于其他语言的过程。由于函数无须返回值，用户在定义此类函数时可指定它的返回值为“空类型”，空类型的说明符为void。

从主调函数和被调函数之间数据传送的角度看又可分为无参函数和有参函数两种。

① 无参函数。函数定义、函数说明及函数调用中均不带参数。主调函数和被调函数之间不进行参数传送。此类函数通常用来完成一组指定的功能，可以返回或不返回函数值。

② 有参函数。也称为带参函数。在函数定义及函数说明时都有参数，称为形式参数（简称为形参）。在函数调用时也必须给出参数，称为实际参数（简称为实参）。进行函数调用时，主调函数将

把实参的值传送给形参，供被调函数使用。

C语言的一个主要特点是可以建立库函数。C语言提供的运行程序库有400多个函数，每个函数都完成一定的功能，可由用户随意调用。这些函数分为输入/输出函数、数学函数、字符串函数和内存函数、与BIOS和DOS有关的函数、字符屏幕和图形功能函数、过程控制函数、目录函数等。对这些库函数应熟悉其功能，只有这样才可省去很多不必要的工作。

2. C程序与函数

① 一个源程序文件由一个或多个函数组成。一个源程序文件是一个编译单位，即以源程序为单位进行编译，而不是以函数为单位进行编译。

② 一个C程序由一个或多个源程序文件组成。对较大的程序，一般不希望全放在一个文件中，而将函数和其他内容（如预定义）分别放在若干个源文件中，再由若干源文件组成一个C程序。这样可以分别编写、分别编译，提高调度效率。一个源文件可以为多个C程序共用。

③ C程序的执行从main函数开始，调用其他函数后流程最终返回到main函数，在main函数中结束整个程序的运行。main函数是系统定义的。

④ 所有函数都是平行的，即在定义函数时是互相独立的，一个函数并不从属于另一函数，即函数不能嵌套定义（这是和PASCAL不同的），函数间可以互相调用，但不能调用main函数。

函数与变量一样在使用之前必须声明。所谓声明是指说明函数是什么类型的函数，一般库函数的声明都包含在相应的头文件 <*.h> 中，例如标准输入/输出函数包含在stdio.h中，非标准输入输出函数包含在io.h中，以后在使用库函数时必须先知道该函数包含在什么样的头文件中，在程序的开头用 #include<*.h> 或 #include"*.h" 声明。只有这样程序在编译、连接时C才知道它是提供的库函数，否则，将认为是用户自己编写的函数而不能装配。

二、函数的定义

C语言中，函数应当先定义，后调用（其中若调用库函数须先声明，后调用）。函数定义的一般形式为：

```
[函数类型] 函数名([函数参数类型1 函数参数名1][,…,函数参数类型m 函数参数名m])
{
   [声明部分]
   [执行部分]
}
```

【说明】一个函数（定义）由函数头（函数首部）和函数体两部分组成。

函数头：说明了函数类型、函数名称及参数。

函数类型：函数返回值的数据类型，可以是基本数据类型也可以是构造类型。如果省略，默认为int，如果不返回值，定义为void类型。

函数名：给函数取的名字，以后用这个名字调用。函数名由用户命名，命名规则同标识符。

函数名后面是参数表，无参函数没有参数传递，但“()”号不能省略，这是格式的规定。参数表说明参数的类型和形式参数的名称，各个形式参数用“,”分隔。

函数体：函数首部下用一对{}括起来的部分。如果函数体内有多个{}，最外层是函数体的范围。

函数体一般包括声明部分、执行部分两部分。

声明部分：在这部分定义本函数所使用的变量和进行有关声明（如函数声明）。

```
如: int putlll(int x,int y,int z,int color,char *p) /*声明一个整型函数*/
    char *name();                                   /*声明一个字符串指针函数*/
    void student(int n, char *str);                 /*声明一个不返回值的函数*/
    float calculate();                              /*声明一个浮点型函数*/
```

执行部分：程序段，由若干条语句组成命令序列（可以在其中调用其他函数）。

【例6.1】输入3个整数，求3个整数中的最大值，并输出结果，请先不使用函数编程，再利用定义函数编程分别完成。

不使用函数（除main外）

```
#include <stdio.h>
void main()
{
  int n1,n2,n3,nmax;
  scanf("%d%d%d",&n1,&n2,&n3);
  if(n1>n2)
    nmax=n1;
  else
    nmax=n2;
  if(n3>nmax)
    nmax=n3;
  printf("max=%d\n",nmax);
}
```

使用函数

```
#include <stdio.h>
int max(int,int,int);
void main()
{
  int n1,n2,n3,nmax;
  scanf("%d%d%d",&n1,&n2,&n3);
  nmax=max(n1,n2,n3);
  printf("max=%d\n",nmax);
}
int max(int x,int y,int z)
{
  int m;
  if(x>y)
    m=x;
  else
          m=y;
       if(z>m)m=z;
       return m;
     }
```

比较两个程序，使用函数好像程序更长了，请思考一下，如果在同一个主函数下完成100次求三个数的最大值又会是什么情况呢？并注意max()函数定义的几个部分。

读一读

① 除main函数外，其他函数不能单独运行，函数可以被主函数或其他函数调用，也可以调用其他函数，但是不能调用主函数。

② 空函数。C语言中可以有“空函数”，它的形式为：

```
说明符 函数名(){}
```

例如：

```
dummy(){}
```

三、函数的调用

1. 函数调用的一般形式

与库函数的使用方法相同，函数调用的一般形式为：

```
函数名([实参表列])[;]
```

【说明】

① 无参函数调用没有参数，但是“()”不能省略，有参函数若包含多个参数，各参数用“,”分隔，实参参数个数与形参参数个数相同，类型一致或赋值兼容。

② 函数调用可嵌套（即以一个函数的返回值作为另一个函数的实参）。

函数调用的方式，按函数在程序中出现的位置来分，有3种函数调用方式。

（1）函数语句

把函数调用作为一个语句，如例中的printstar()；这时不要求函数带回值，只要求函数完成一定的操作。（注意后面要加一个分号构成语句），以语句形式调用的函数可以有返回值，也可以没有返回值。

（2）函数表达式

函数出现在一个表达式中，这种表达式称为函数表达式。这时要求函数带回一个确定的值以参加表达式的运算。例如：c=2*max(a,b，d); 函数max()是表达式的一部分，它的值乘2再赋给c。在表达式中的函数调用必须有返回值。例如：

```
if(strcmp(s1,s2)>0)      /*函数调用strcmp()在关系表达式中*/
nmax=max(n1,n2,n3);      /*函数调用max()在赋值表达式中,";"是赋值表达式作为语句时加的,
                         不是max函数调用的*/
```

（3）函数参数

函数调用作为一个函数的实参。例如，m=max(a,b,max(c,d,e));，其中，max(c,d,e) 是一次函数调用，它的值作为max另一次调用的实参。m的值是a、b、c、d、e中最大的。又如：printf ("%d", max (a,b,c));也是把max(a,b,c) 作为printf()函数的一个参数。

函数调用作为函数参数，实质上也是函数表达式形式调用的一种，因为函数的参数本来就要求是表达式形式。例如：

```
fun1(fun2());            /*函数调用fun2()在函数调用表达式fun1()中，fun2()返回值作为
                         fun1的参数*/
```

2. 函数的参数和函数值

（1）形式参数和实际参数

在函数定义时函数名后括号中填入的参数称之为形式参数，简称形参，它们同函数内部定义的变量作用相同。形参定义是在函数名之后和函数开始的花括号之前。如例6.1中，函数头int max(int x,int y,int z) 中x、y、z就是形参，类型分别都是整型。

形参变量只有在被调用时才分配内存单元，调用结束时，即释放所分配的内存单元。因此，形参只在函数内部有效。函数调用结束返回主调函数后则不能再使用该形参变量。

在调用函数中调用一函数时，函数名后括号中的参数，称之为实际参数，简称实参。如例6.1中，主函数中调用max函数的语句是：nmax=max(n1,n2,n3);，其中n1、n2、n3就是实参，类型也都是整型。

【说明】

① 在定义函数中指定的形参，函数调用前，并不占内存中的存储单元。只有在发生函数调用时，函数max()中的形参才被分配内存单元。在调用结束后，形参所占的内存单元也被释放。

② 实参可以是常量、变量或表达式，如：max(3,a＋b,mx[1]);，要求它们有确定的值。在调用时将实参的值赋给形参；如果形参是数组名，则传递的是数组首地址而不是数组的值。

③ 在定义有参函数时，必须指定形参的类型。

④ 实参与形参的类型应相同或赋值兼容。如果实参为整型而形参为实型，或者相反，则按第3单元介绍的不同类型数值的赋值规则进行转换。例如，实参值a为3.5，而形参x为整型，则将实数3.5转换成整数3，然后送到形参b。但此时应将max()函数放在main()函数的前面或在main()函数中对被调用函数max()作原型声明，否则会出错。

在调用函数时，主调函数和被调函数之间有数据的传递：实参传递给形参。具体的传递方式有两种：值传递方式（传值），将实参单向传递给形参的一种方式；地址传递方式（传址），将实参地址单向传递给形参的一种方式。

读一读

单向传递：不管“传值”、还是“传址”，C语言实现的都是单向传递数据的，一定是实参传递给形参。也就是说，C语言中函数参数传递的两种方式本质相同，即“单向传递”。

“传值”“传址”只是传递的数据类型不同（传值：一般的数值；传址：地址）。传址实际是传值方式的一个特例，本质还是传值，只是此时传递的是一个地址数据值。

两种参数传递方式中，实参可以是变量、常量、表达式；形参一般是变量，要求两者类型相同或赋值兼容。

【例6.2】函数参数传递示例。

```
#include <stdio.h>
int sqr(int x);
void main()
{
   int t=10;
   printf("%d %d ",sqr(t),t);                    /*sqr(t)是函数调用,t是实参*/
}
int sqr(int x)                                   /*函数定义,x是形式参数*/
{
   x=x*x;
   return(x);
}
```

本例中，传递给函数sqr()的参数值是传递给形式参数x的，当赋值语句x=x*x执行时，仅修改局部变量x。用于调用sqr()的变量t，仍然保持着值10。

运行结果：

```
100 10
```

传递给函数的只是参数值的复制品，所有发生在函数内部的变化均无法影响调用时使用的变量。

（2）函数的返回值

C语言可以从被调用函数返回值给调用函数（与数学函数相类似）。在函数内是通过return语句返回值的。使用return语句能够返回一个值或不返回值，不返回值时函数类型是void。

return语句的格式：

```
Return [表达式];或return (表达式);
```

【说明】

① 函数的类型就是其返回值的类型，return语句中表达式的类型应该与函数类型一致。如果不一致，以函数类型为准（赋值转化）。

② 函数类型省略，默认为int。

③ 如果函数没有返回值，函数类型应当说明为void（无类型或空类型）。

【例6.3】 利用函数求∑n的值。

```
#include <stdio.h>
int s(int n);
void main()
{
  int n;
  printf("input number\n");
  scanf("%d",&n);
  s(n);
  printf("n=%d\n",n);
}
int s(int n)
{
  int i;
  for(i=n-1;i>=1;i--)
  n=n+i;
  printf("n=%d\n",n);
}
```

本程序中定义了一个函数s，该函数的功能是求∑n的值。在主函数中输入n值，并作为实参，在调用时传送给s()函数的形参量n（注意，本例的形参变量和实参变量的标识符都为n，但这是两个不同的量）。在主函数中用printf 语句输出一次n值，这个n值是实参n的值。在函数s()中也用printf 语句输出了一次n值，这个n值是形参最后取得的n值。从运行情况看，输入n值为100。即实参n的值为100。把此值传给函数s时，形参 n 的初值也为100，在执行函数过程中，形参n的值变为5050。返回主函数之后，输出实参n的值仍为100。可见传值方式中实参的值不随形参的变化而变化。

如例6.3中函数s()并不向主函数返函数值，因此可定义为：

```
void s(int n)
{…}
```

【注意】

定义s为空类型后，在主函数中写下述语句 sum=s(n); 就是错误的，此时s()函数无返回值。

（3）数组作为函数参数

数组也可以作为函数的参数使用，进行数据传送。数组用作函数参数有两种形式，一种是把数组元素（下标变量）作为实参使用；另一种是把数组名作为函数的形参和实参使用。

① 用数组元素作函数参数。

数组元素作函数实参，数组元素就是下标变量，与普通变量无区别。因此它作为函数实参使用与普通变量是完全相同的，在发生函数调用时，把作为实参的数组元素的值传送给形参，实现单向的值传送。

【例6.4】将数组m的元素作为实参传递并输出。

```
#include <stdio.h>
void disp(int n);
void main()
{ int m[10],i;
  for(i=0;i<10;i++)
  { m[i]=i;
    disp(m[i]); /*逐个传递数组元素*/ }
}
void disp(int n)
{ printf("%3d\t",n); }
```

运行结果：

```
0 1 2 3 4 5 6 7 8 9
```

② 用数组名作函数参数。

数组名作为函数参数，从单元5的学习我们知道，数组名为该数组存储空间首地址，固而此时作为实参的数组名传递给形参的是一个地址。

【例6.5】将数组名作为函数参数。

```
#include <stdio.h>
void disp(int n[]);
void main()
{ int m[10],i;
  for(i=0;i<10;i++)
    m[i]=i;
  disp(m); /*按数组名传递数组*/ }
void disp(int n[])
{ int j;
  for(j=0;j<10;j++)
    printf("%3d",n[j]);
  printf("\n");}
```

运行结果：

```
0 1 2 3 4 5 6 7 8 9
```

用数组名作函数参数与用数组元素作实参有几点不同：

① 用数组元素作实参时，只要数组类型和函数的形参变量的类型一致，那么作为下标变量的数组元素的类型也和函数形参变量的类型是一致的。因此，并不要求函数的形参也是下标变量。换句话说，对数组元素的处理是按普通变量对待的。用数组名作函数参数时，则要求形参和相对应的实参都必须是类型相同的数组，都必须有明确的数组说明。当形参和实参两者不一致时，便会发生错误。

② 在普通变量或下标变量作函数参数时，形参变量和实参变量是由编译系统分配的两个不同的内存单元。在函数调用时发生的值传送是把实参变量的值赋予形参变量；在用数组名作函数参数时，不是进行值的传送，即不是把实参数组的每一个元素的值都赋予形参数组的各个元素。因为实际上形参数组并不存在，编译系统不为形参数组分配内存。那么，数据的传送是如何实现的呢？在前面曾介绍过，数组名就是数组的首地址。因此在数组名作函数参数时所进行的传送只是地址的传送，也就是说把实参数组的首地址赋予形参数组名。形参数组名取得该首地址后，也就等于有了实在的数组。实际上是形参数组和实参数组为同一数组，共同拥有一段内存空间。

前面已经讨论过，在变量作为函数参数时，所进行的值传送是单向的。即只能从实参传向形参，不能从形参传回实参。形参的初值和实参相同，而形参的值发生改变后，实参并不变化，两者的终值是不同的。而当用数组名作函数参数时，情况不同。由于实际上形参和实参为同一数组，因此当形参数组发生变化时，实参数组也随之变化。当然这种情况不能理解为发生了“双向”的值传递。但从实际情况来看，调用函数之后实参数组的值将由于形参数组值的变化而变化。

3．函数的调用举例

【例6.6】这是一个简单的函数调用，通过调用add()函数求m=a+b。

```
#include <stdio.h>
int add(int x,int y);
void main()                    /*主函数*/
{
   int a=10,b=20;
   int m;
   m=add(a,b);                 /*这句是函数的调用，调用add()函数*/
   printf("%d",m);
   return m;
}
int add(int x,int y)           /*定义add()函数，目的是求z=x+y的值*/
{
   int z;
   z=x+y;
   return z;
}
```

4．函数的嵌套调用

【注意】C语言中不允许作嵌套的函数定义。

正因为C语言中不允许作嵌套的函数定义，因此各函数之间是平行的，不存在上一级函数和下一级函数的问题。但是C语言允许在一个函数的定义中出现对另一个函数的调用。这样就出现了函数的嵌套调用。即在被调函数中又调用其他函数。这与其他语言的子程序嵌套的情形是类似的，如图6-2所示。

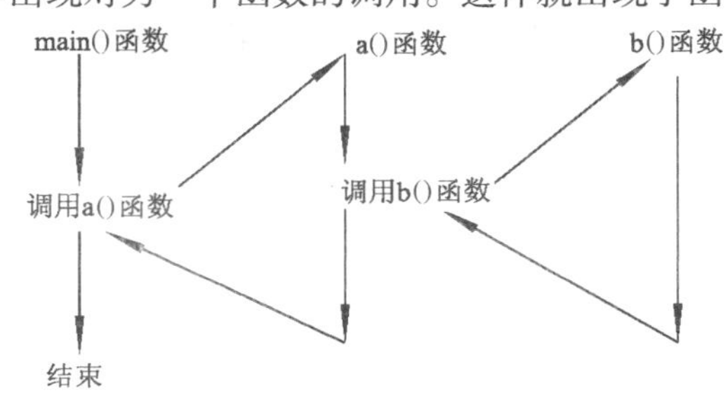

图 6-2　嵌套调用

图6-2表示的是两层嵌套（连同main()函数共3层函数），其执行过程是：

① 执行main()函数的开头部分；

② 遇调用a()函数的操作语句，流程转去a()函数；

③ 执行a()函数的开头部分；

④ 遇调用b()函数的操作语句，流程转去函数b()；

⑤ 执行b()函数，如果再无其他嵌套的函数，则完成b()函数的全部操作；

⑥ 返回调用b()函数处，即返回a()函数；

⑦ 继续执行a()函数中尚未执行的部分，直到a()函数结束；

⑧ 返回main()函数中调用a()函数处；

⑨ 继续执行main()函数的剩余部分直到结束。

【例6.7】用一个简单的例子来说明函数的嵌套调用。

```
#include <stdio.h>
void threehellos();
void helloworld();
void main()                                     /*主函数*/
{
  threehellos();                                /*调用threehellos()函数*/
}
void threehellos()                              /*threehellos函()数*/
{
  int counter;
  for(counter=1;counter<=3;counter++)           /*循环*/
    helloworld();                               /*多次调用helloworld()函数*/
}
void helloworld()                               /*helloworld()函数*/
{ printf("Hello,world!\n");
}
```

程序中，在main()函数中调用了函数threehellos()，而在函数threehellos()中由于使用循环又多次调用了函数helloworld()；当函数helloworld()执行完毕将返回threehellos()的调用处；而函数threehellos()执行完毕则返回主函数main()直至程序结束。

5. 函数的递归调用

递归调用是嵌套调用的特例，一个函数在它的函数体内直接（见图6-3（a））或间接（见图6-3（b））地调用它自身称为递归调用。这种函数称为递归函数。在此只讨论直接调用自身的递归。

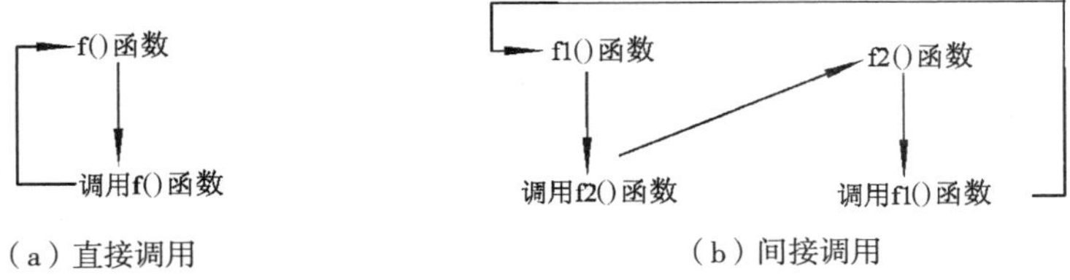

图 6-3　直接调用与间接调用

采用递归方法来解决问题，必须符合以下3个条件。

① 可以把要处理的问题归纳成一个新问题，而新问题的解决方法与原问题的解决方法相同，只是其处理对象会有规律地递增或递减。

解决问题的方法相同，调用函数的参数每次不同（有规律地递增或递减），如果没有规律就不能使用递归调用。

② 可以应用这个转化过程使问题得到解决。

使用别的办法比较麻烦或很难解决，而使用递归的方法可以很好地解决问题。

③ 必定要有一个明确的结束递归的条件，即让递归有一个出口。

例如，函数f()如下：

```
int f(int x)
{
  int y;
  z=f(y);
  return z;
}
```

这个函数是一个递归函数。但是该函数运行中将无休止地调用自身，这是不正确的。为了防止递归调用无休止地进行，必须在函数内有终止递归调用的手段。常用的办法是加条件判断，满足某种条件后就不再作递归调用，然后可以逐层返回。

【说明】

一定要能够在适当的地方结束递归调用，不然可能导致系统崩溃。

【例6.8】有5个人坐在一起，问第5个人多少岁？他说比第4个人大2岁。问第4个人岁数，他说比第3个人大2岁。问第3个人，又说比第2个人大2岁。问第2个人，说比第1个人大2岁。最后问第1个人，他说是10岁。请问第5个人多大？

程序分析：如图6–4所示，利用递归的方法，递归分为回推和递推两个阶段。要想知道第5个人岁数，需知道第4个人的岁数，依次类推，推到第1个人（10岁），再往回推。

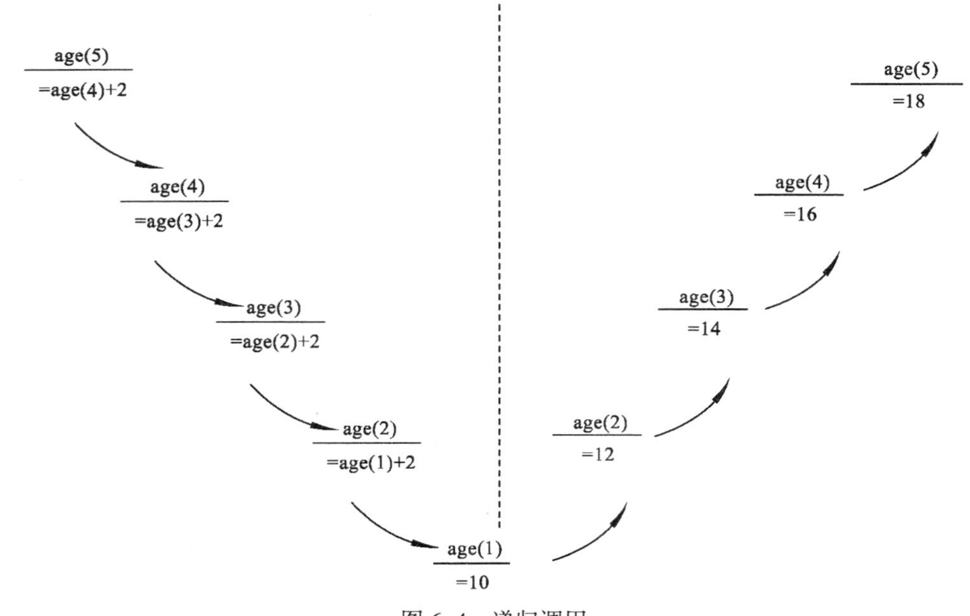

图 6–4　递归调用

```
#include <stdio.h>
int age(int n)
{
  int c;
  if(n==1) c=10;                              /*条件终止递归*/
  else c=age(n-1)+2;                          /*递归调用 */
  return(c);
}
void main()
{
  printf("%d",age(5));
}
```

运行结果：

```
18
```

从图6-4和图6-5可以看到：age函数共被调用5次，即age(5)、age(4)、age(3)、age(2)、age(1)。其中，age(5)是main()函数调用的，其余4次是在age()函数中调用的，即递归调用4次。请读者仔细分析调用的过程。应当强调说明的是，在某一次调用age()函数时并不是立即得到age(n)的值，而是一次又一次地进行递归调用，到age(1)时才有确定的值，然后再递推出age(2)、age(3)、age(4)、age(5)。

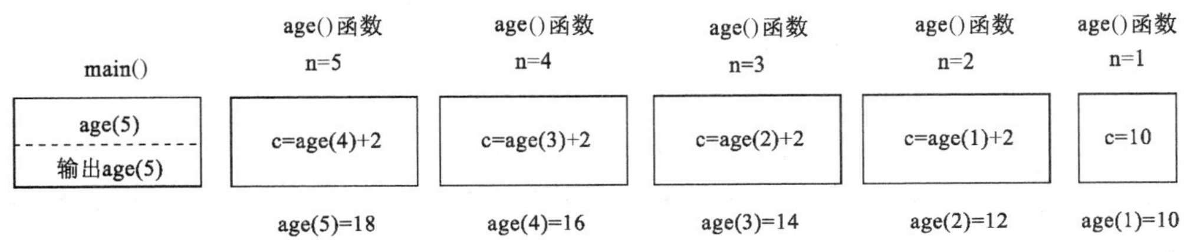

图 6-5　递归调用过程

【例6.9】汉诺（Hanoi）塔问题或称汉诺（Hanoi）塔游戏。

游戏的装置是一块板上有3根针（A、B、C），A针上套有64个大小不等的圆盘，大的在下，小的在上，如图6-6所示。要把这64个圆盘从A针移动到C针上，每次只能移动一个圆盘，移动可以借助B针进行。但在任何时候，任何针上的圆盘都必须保持大盘在下，小盘在上。求移动的步骤。

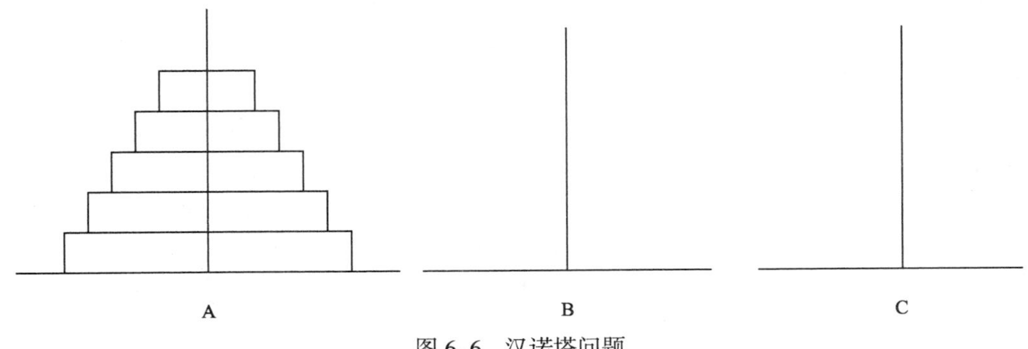

图 6-6　汉诺塔问题

本题算法分析如下，设A上有n个盘子。

如果n=1，则将圆盘从A直接移动到C。

如果n=2，则：

① 将A上的n-1（等于1）个圆盘移到B上。

② 再将A上的一个圆盘移到C上。

③ 最后将B上的n-1（等于1）个圆盘移到C上。

如果n=3，则：

将A上的n-1（等于2，令其为n′）个圆盘移到B上（借助于C），步骤如下：

① 将A上的n′-1（等于1）个圆盘移到C上。

② 将A上的一个圆盘移到B上。

③ 将C上的n′-1（等于1）个圆盘移到B上。

④ 将A上的一个圆盘移到C上。

将B上的n-1（等于2，令其为n′）个圆盘移到C上（借助A），步骤如下：

① 将B上的n'-1（等于1）个圆盘移到A上。

② 将B上的一个盘子移到C上。

③ 将A上的n′-1（等于1）个圆盘移到C上。

到此，完成了3个圆盘的移动过程。

从上面分析可以看出，当n大于等于2时，移动的过程可分解为3个步骤：

第一步：把A上的n-1个圆盘移到B上。

第二步：把A上的一个圆盘移到C上。

第三步：把B上的n-1个圆盘移到C上；其中第一步和第三步是类同的。

当n=3时，第一步和第三步又分解为类同的三步，即把n′-1个圆盘从一个针移到另一个针上，这里的n′=n-1。显然这是一个递归过程，据此算法可编程如下：

```
#include <stdio.h>
void main()
{
  int h;
  printf("\ninput number:\n");
  scanf("%d",&h);
  printf("the step to moving %2d diskes:\n",h);
  move(h,'a','b','c');
}
move(int n,int x,int y,int z)
{
  if(n==1)
    printf("%c-->%c\n",x,z);
  else
  {
    move(n-1,x,z,y);
    printf("%c-->%c\n",x,z);
    move(n-1,y,x,z);
  }
}
```

当n=4 时程序运行的结果为：

```
input number:
4<回车>
the step to moving 4 diskes:
a→b
a→c
b→c
a→b
c→a
c→b
a→b
a→c
b→c
b→a
c→a
b→c
a→b
a→c
b→c
```

程序中可以看出，move()函数是一个递归函数，它有4个形参n、x、y、z。n表示圆盘数，x、y、z分别表示3根针。move()函数的功能是把x上的n个圆盘移动到z上。当n==1时，直接把x上的圆盘移至z上，输出x→z。如n!=1则分为3步：递归调用move()函数，把n−1个圆盘从x移到y；输出x→z；递归调用move()函数，把n−1个圆盘从y移到z。在递归调用过程中n=n−1，故n的值逐次递减，最后n=1时，终止递归，逐层返回。

读一读

① 当函数递归调用时，系统将自动把函数中当前的变量和形参暂时保留起来，在新一轮的调用过程中，系统为新调用的函数所用到的变量和形参开辟新的内存空间。每级递归调用所使用的变量保存在不同的内存空间。递归调用的层次越多，同名变量占用的存储单元也就越多。

② 当本次调用的函数运行结束时，系统将释放本次调用时所占用的内存空间。程序的流程返回到上一层的调用点，同时取得当初进入该层时，函数中的变量和形参所占用的内存空间的数据。

③ 所有递归问题都可以用非递归的方法来解决，但对于一些比较复杂的递归问题用非递归的方法往往使程序变得十分复杂难以读懂，而函数的递归调用在解决这类问题时能使程序简洁明了有较好的可读性；但由于递归调用过程中，系统要为每一层调用中的变量开辟内存空间、要记住每一层调用后的返回点、要增加许多额外的开销，因此函数的递归调用通常会降低程序的运行效率。

四、函数声明和函数原型

1．函数声明

一个函数中调用另一函数（即被调用函数）需要具备以下条件。

① 首先被调用的函数必须是已经存在的函数（库函数或用户自己定义的函数）。

② 如果使用库函数，还应该在本文件开头用#include命令将调用有关库函数时所需用到的信息“包含”到本文件中来。例如，前几个单元中已经用过的#include <studio.h>，其中studio.h是一个“头文件”。在studio.h文件中放了输入/输出库函数所用到的一些宏定义信息。如果不包含studio.

h文件中的信息，就无法使用输入/输出库中的函数。同样，使用数学库中的函数，应该用#include <math.h>，.h是头文件所用的后缀，标志头文件（header file）。有关宏定义等概念请见本单元后续内容。

③ 如果使用用户自定义的函数，而且该函数与调用它的函数（即主调函数）在同一个文件中，一般还应该在主调函数中对被调用的函数进行声明，即向编译系统声明将要调用此函数，并将有关信息通知编译系统。“声明”一词的原文是declaration，过去在许多书中译为“说明”，近年来，愈来愈多的计算机专家提出应称为声明。

【例6.10】对被调用的函数作声明。

```
#include <stdio.h>
void main()
{   float add(float x, float y);                      /*对被调用函数的声明*/
    float a,b,c;
    scanf("%f,%f",&a,&b);
    c=add(a,b);
    printf("sum is%f",c);
}

float add(float x,float y)                            /*函数首部*/
{   float z;                                          /*函数体*/
    z=x+y;
    return(z);
}
```

运行结果：

```
3.6,6.5<回车>
sum is 10.000000
```

这是一个很简单的函数调用，函数add()的作用是求两个实数之和，得到的函数值也是实型。请注意程序第3行：float add(float x,float y);是对被调用的add()函数进行声明。

应当在编译阶段尽可能多地发现错误，并纠正错误。现在我们在函数调用之前用函数原型作了函数声明。因此编译系统记下了所需调用的函数的有关信息，在对c=add(a,b);进行编译时就“有章可循”了。编译系统根据函数的原型对函数的调用编译是从上到下逐行进行的，对合法性进行全面的检查。和函数原型不匹配的函数调用会导致编译出错，它属于语法错误。用户根据屏幕显示的出错信息很容易发现和纠正错误。

2. 函数原型

函数原型的一般形式为：

格式1：函数类型 函数名(参数类型1,参数类型2,…)

格式2：函数类型 函数名(参数类型1参数名1,参数类型2参数名2,…)

格式1是基本的形式，为了便于阅读程序，也允许在函数原型中加上参数名，就成了格式2这种形式，但编译系统不检查参数名。因此参数名是什么都无所谓，上面程序中的声明也可以写成：

```
float add(float a,float b);                 /*参数名不用x、y,而用a、b*/
```

效果完全相同。

应当保证函数原型与函数首部写法上的一致，即函数类型、函数名、参数个数、参数类型和参数顺序必须相同。函数调用时函数名、实参个数应与函数原型一致。实参类型必须与函数原型中的形参类型赋值兼容，按第2单元介绍的赋值规则进行类型转换。如果不是赋值兼容，就按出错处理。

【说明】

① 以前的C版本的函数声明方式不是采用函数原型，而只声明函数名和函数类型。例如在上例中也可以采用下面的函数声明形式：

```
float add();
```

不包括参数类型和参数个数。系统不检查参数类型和参数个数。新版本也兼容这种用法，但不提倡这种用法，因为它未进行全面的检查。

② 实际上，如果在函数调用之前，没有对函数作声明，则编译系统会把第一次遇到的该函数形式（函数定义或函数调用）作为函数的声明，并将函数类型默认为int型。

例如，求最大值在调用max()函数之前没有进行函数声明，编译时首先遇到的函数形式是函数调用max(a,b)，由于对原型的处理是不考虑参数名的，因此系统将max()加上int作为函数声明，即：

```
int max();
```

如果函数类型为整型，在函数调用前不进行函数声明，系统无法对参数的类型进行检查。若调用函数时参数使用不当，在编译时也不会报错。因此，为了程序清晰和安全，建议都加声明为好。例如，在程序中最好加上以下函数声明：

```
int max(int,int);
```

或

```
int max(int x,int y);
```

③ 如果被调用函数的定义出现在主调函数之前，可以不必加以声明。因为编译系统已经先知道了已定义的函数类型，会根据函数首部提供的信息对函数的调用作正确性检查。

如果把例6.10改写如下（即把main()函数放在add()函数的下面），就不必在main()函数中对add声明。

```
#include <stdio.h>
float add(float x,float y)
{ floatz;
  z=x+y;
  return(z);
}
void main()                              /*不必对add()函数进行声明*/
{
  float a,b,c;
  scanf("%f,%f",&a,&b);
  c=add(a,b);
  printf("%f",c);
}
```

④ 如果已在所有函数定义之前，在函数的外部已做了函数声明，则在各个主调函数中不必对所调用的函数再作声明。

例如：

```
char letter(char,char);                    /*3行在所有函数之前,且在函数外部*/
float f(float,float);
int i(float,float);
void main()
{…}                                        /*不必声明它所调用的函数*/
char letter(char c1,char c2)               /*定义letter函数*/
{…}
float f(float x,float y)                   /*定义f函数*/
{…}
int i(float j,float k)                     /*定义i函数*/
{…}
```

除了以上②、③、④所提到的3种情况外，都应该按上述介绍的方法对所调用函数进行声明，否则编译时就会出现错误。用函数原型来声明函数，还能减少编写程序时可能出现的错误。由于函数声明的位置与函数调用语句的位置比较近，因此在写程序时便于就近参照函数原型来书写函数调用，不易出错。

视频

任务一
任务实施

任务实施

现在我们来编制一个物业管理系统的主程序，先在VC++ 2010中新建一个win32控制台应用空项目sysmain，然后在其源程序中添加“新建项”选项，并选择“C++文件”命名为sysmain.c，其中main()是系统启动登录界面，mainmenu()是系统主菜单函数。具体代码如下

```
    /*系统启动登录界面*/
    #include <stdio.h>
    #include <stdlib.h>
#include <windows.h>
void mainmenu();   /*mainmenu()函数声明*/
void main()
{
 printf("\n");
 printf("***********************************************************\n");
 printf("*        ---------------欢迎登录物业管理系统-------------         *\n");
 printf("***********************************************************\n");
 printf("   \n");
   mainmenu();
}
   /*主菜单函数功能：显示物业管理的主菜单。*/
void mainmenu()
{int k;
 printf("\n");
 printf("***********************************************************\n");
 printf("*        ---------------欢迎使用物业管理系统-------------         *\n");
 printf("*                                                               *\n");
 printf("*    业主管理[1]   ");
 printf("     房屋管理[2]   ");
 printf("     排序统计[3]   ");
 printf("     添加管理员[4]");
 printf("     返    回[0]   *\n");
 printf("***********************************************************\n");
 printf(" \n");
 printf("    请输入您选择的操作：");
```

```
  scanf("%d",&k);
    if(k<0||k>4)
    {
     printf("您的输入有误！");
     error();  /*本任务代码调试时因无此函数，建议调试时先加"/* */"注释本函数*/
     system("pause");
    }
    else if(k==1)
    {
     printf("您选择的是业主管理！\n");
     printf("您将进入业主管理菜单(ownermenu)\n");
     ownermenu(); /*本任务代码调试时因无此函数，建议调试时先加"/* */"注释本函数*/
     system("pause");
    }
    else if(k==2)
    {
     printf("您选择的是房屋管理！\n");
     printf("您将进入房屋管理菜单（houmenu)\n");
     houmenu();  /*本任务代码调试时因无此函数，建议调试时先加"/* */"注释本函数*/
     system("pause");
     }
    else if(k==3)
    {
     printf("您选择的是排序统计！\n");
     printf("您将进入排序统计菜单（sortmenu)\n");
     sortmenu(); /*本任务代码调试时因无此函数，建议调试时先加"/* */"注释本函数*/
     system("pause");
     }
    else if(k==4)
    {
    printf("您选择的是添加管理员!\n");
    addmanager();/*本任务代码调试时因无此函数，建议调试时先加"/* */"注释本函数*/
     system("pause");
    }
    else if(k==0)
    {
     printf("您选择的是返回！\n");
     printf("您将返回（return)\n");
     system("pause");
     return;
    }
}
```

运行结果：

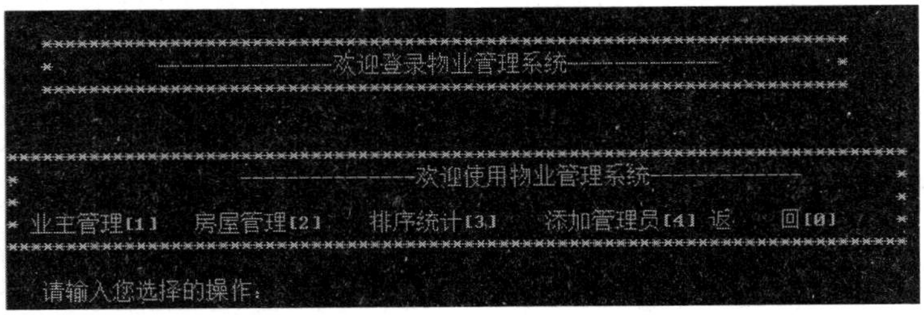

```
****************************************************************
*            ---------------欢迎登录物业管理系统---------------            *
****************************************************************

*********************************************************************
*               --------------欢迎使用物业管理系统--------------               *
*
* 业主管理[1]  房屋管理[2]  排序统计[3]  添加管理员[4] 返  回[0]  *
*********************************************************************
 请输入您选择的操作：
```

任务二　函数中的变量使用

任务导入

在“物业管理系统“中，需要输入用户名和密码等信息，为防止输入过程中前后带有空格，无法与文件中的信息匹配，需要设置去除字符串前后空格函数void trim(char *strIn,char *strOut);此函数trim()在输入相关信息的过程将多次被调用。

函数void trim(char *strIn,char *strOut)中的参数char *strIn,char *strOut，在函数中会作为变量进行相应处理。

知识准备

变量从数据类型的角度，可以分为整型、实型、字符型等。

在讨论函数的形参变量时曾经提到，形参变量只在被调用期间才分配内存单元，调用结束立即释放。这一点表明形参变量只有在函数内才是有效的，离开该函数就不能再使用了，这种变量有效性的范围称变量的作用域。不仅对于形参变量，C语言中所有的量都有自己的作用域。变量说明的方式不同，其作用域也不同，如图6-7所示。

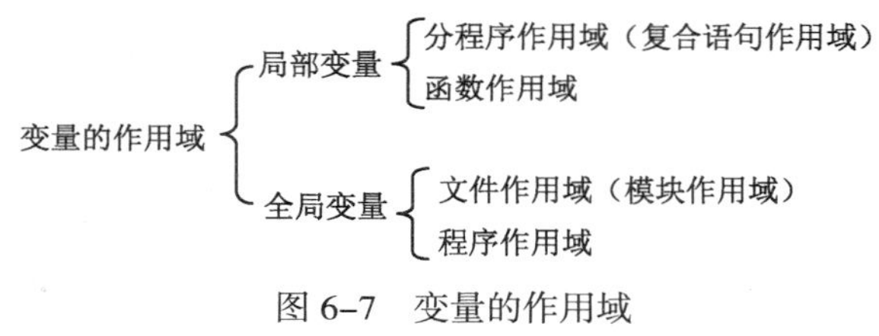

图 6-7　变量的作用域

变量的作用域：变量的有效范围或者变量的可见性。变量定义的位置决定了变量的作用域。

变量从作用域（变量的有效范围，可见性）的角度可以分为：局部变量和全局变量。

一、局部变量和全局变量

1. 局部变量

局部变量也称为内部变量。局部变量是在函数内作定义说明的，其作用域仅限于函数内，离开该函数后再使用这种变量是非法的。

C语言中，在以下各位置定义的变量均属于局部变量。

① 在函数体内定义的变量，在本函数范围内有效，作用域局限于函数体内。

② 在复合语句内定义的变量，在本复合语句内有效，作用域局限于复合语句内。

③ 有参函数的形式参数也是局部变量，只在其所在的函数范围内有效。

例如：

```
int f1(int a)                    /*函数f1()*/
{
  int b,c;
  …
}                                /*a、b、c有效*/
```

```
int f2(int x)                    /*函数f2()*/
{
  int y,z;
  …
}                                /*x,y,z有效*/
void main()
{
  int m,n;
  …                              /*m、n有效*/
}
```

在函数f1()内定义了3个变量，a为形参，b、c为一般变量。在f1()的范围内a、b、c有效，或者说a、b、c变量的作用域限于f1()内。同理，x、y、z的作用域限于f2()内。m、n的作用域限于main()函数内。

读一读

主函数中定义的变量也只能在主函数中使用，不能在其他函数中使用。同时，主函数中也不能使用其他函数中定义的变量。因为主函数也是一个函数，它与其他函数是平行关系。这一点是与其他语言不同的，应予以注意。

形参变量是属于被调函数的局部变量，实参变量是属于主调函数的局部变量。

允许在不同的函数中使用相同的变量名，它们代表不同的对象，分配不同的单元，互不干扰，也不会发生混淆。如在前例中，形参和实参的变量名都为n，是完全允许的，实际上这两个n是两个不同的变量。

在复合语句中也可定义变量，其作用域只在复合语句范围内，如图6-8所示。

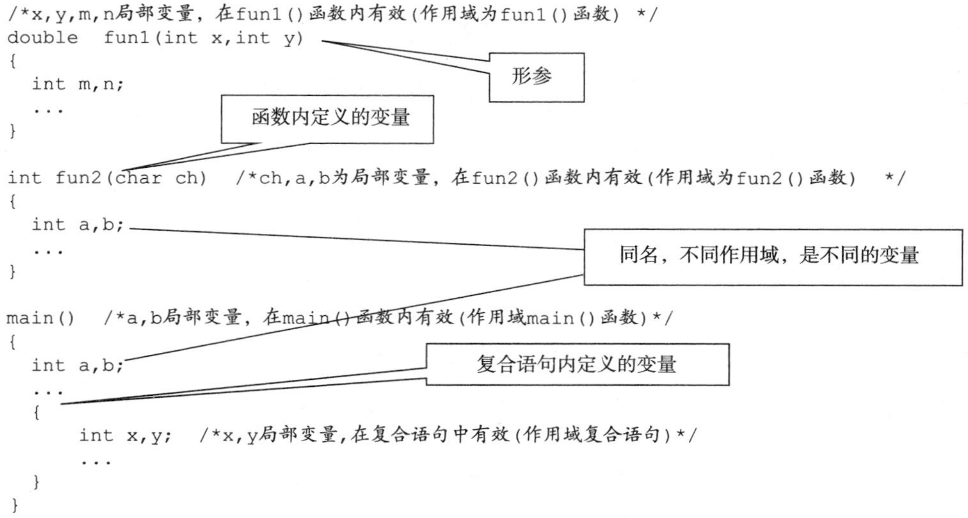

```
/*x,y,m,n局部变量，在fun1()函数内有效(作用域为fun1()函数) */
double  fun1(int x,int y)
{
  int m,n;
  ...
}

int fun2(char ch)   /*ch,a,b为局部变量，在fun2()函数内有效(作用域为fun2()函数)   */
{
  int a,b;
  ...
}

main()   /*a,b局部变量，在main()函数内有效(作用域main()函数)*/
{
  int a,b;
  ...
  {
      int x,y;   /*x,y局部变量,在复合语句中有效(作用域复合语句)*/
      ...
  }
}
```


图 6-8　局部变量的作用域

【例6.11】局部变量作用域示例。

```
void main()
{ int i=2,j=3,k;
  k=i+j;
  {
    int k=8;
    printf("%d\n",k);
  }
  printf("%d%d\n",i,k);
}
```

本程序在main()中定义了i、j、k 3个变量，其中k未赋初值。而在复合语句内又定义了一个变量k，并赋初值为8。应该注意这两个k不是同一个变量。在复合语句外由main()定义的k起作用，而在复合语句内则由在复合语句内定义的k起作用。因此程序第3行的k为main()所定义，其值应为5。第6行输出k值，该行在复合语句内，由复合语句内定义的k起作用，其初值为8，故输出值为8，第8行输出i、k值。i是在整个程序中有效的，第2行对i赋值为2，故输出也为2。而第8行已在复合语句之外，输出的k应为main所定义的k，此k值由第3行已获得为5，故输出也为5。

2．全局变量

全局变量也称为外部变量，它是在函数外部定义的变量。它不属于哪一个函数，它属于一个源程序文件，其作用域是整个源程序。在函数中使用全局变量，一般应作全局变量说明。只有在函数内经过说明的全局变量才能使用。

全局变量：在函数之外定义的变量。(所有函数前，各个函数之间，所有函数后)

全局变量作用域：从定义全局变量的位置起到此源程序结束为止。

例如：

```
int a,b;                /*外部变量*/
void f1()               /*函数f1()*/
{
  …
}
float x,y;              /*外部变量*/
int fz()                /*函数fz()*/
{
  …
}
main()                  /*主函数*/
{
  …
}
```

从上例可以看出a、b、x、y 都是在函数外部定义的外部变量，都是全局变量。但x、y定义在函数f1()之后，而在f1()内又无对x、y的说明，所以它们在f1()内无效。a、b定义在源程序最前面，因此在f1()、f2()及main()内不加说明也可使用。

【例6.12】输入长方体的长、宽、高（l、w、h），求体积及3个面的面积l*w、l*h、w*h。

```
#include <stdio.h>
int s1,s2,s3;
int vs( int a,int b,int c)
{
  int v;
  v=a*b*c;
  s1=a*b;
  s2=b*c;
  s3=a*c;
  return v;
}
void main()
{
  int v,l,w,h;
  printf("\ninput length,width and height\n");
  scanf("%d%d%d",&l,&w,&h);
  v=vs(l,w,h);
  printf("\nv=%d,s1=%d,s2=%d,s3=%d\n",v,s1,s2,s3);
}
```

【例6.13】外部变量与局部变量同名。

```
int a=3,b=5;                                /*a,b为外部变量*/
#include <stdio.h>
int max(int a,int b)                        /*a,b为局部变量*/
{ int c;
  c=a>b?a:b;
  return(c);
}
void main()
{ int a=8;
  printf("%d\n",max(a,b));
}
```

读一读

① 全局变量可以和局部变量同名，当局部变量有效时，同名全局变量不起作用。

② 使用全局变量可以增加各个函数之间的数据传输渠道，在一个函数中改变一个全局变量的值，在另外的函数中就可以利用。但是，使用全局变量使函数的通用性降低，使程序的模块化、结构化变差，所以要慎用、少用全局变量。

3. 用extern声明外部变量

外部变量（即全局变量）是在函数的外部定义的，它的作用域从变量定义处开始到本程序文件的末尾。如果外部变量不在文件的开头定义，其有效的作用范围只限于定义处到文件终了。在引用全局变量时如果使用extern声明，可以扩大全局变量的作用域。例如，扩大到整个源文件（模块），对于多源文件（模块）可以扩大到其他源文件（模块）。

（1）在一个文件内声明外部变量

如果外部变量不在文件的开头定义，其有效的作用范围只限于定义处到文件终了。如果在定义点之前的函数想引用该外部变量，则应该在引用之前用关键字extern对该变量作“外部变量声明”。表示该变量是一个已经定义的外部变量。有了此声明，就可以从“声明”处起，合法地使用该外部变量。例如：

【例6.14】用extern声明外部变量，扩展程序文件中的作用域。

```
#include <stdio.h>
int max(int x,int y)                              /*定义max()函数*/
{ int z;
  z=x>y? x:y;
  return(z);
}
main()
{ extern  A,B;                                    /*外部变量声明*/
  printf("%d",max(A,B));
}
int A=13,B=-8;                                    /*定义外部变量*/
```

运行结果：

```
13
```

在本程序文件的最后1行定义了外部变量A、B，但由于外部变量定义的位置在函数main()之后，因此本来在main()函数中不能引用外部变量A和B。现在我们在main()函数的第2行用extern对A和B进行“外部变量声明”，表示A和B是已经定义的外部变量（但定义的位置在后面）。这样在main()函数中就可以合法地使用全局变量A和B了。如果不作extern声明，编译时出错，系统不会认为A、B是已定义的外部变量。一般做法是外部变量的定义放在引用它的所有函数之前，这样可以避免在函数中多加一个extern声明。

用extern声明外部变量时，类型名可以写也可以省写。例如，上例中的extern int A;也可以写成：extern A;。

（2）在多文件的程序中声明外部变量

一个C程序可以由一个或多个源程序文件组成。如果程序只由一个源文件组成，使用外部变量的方法前面已经介绍。如果程序由多个源程序文件组成，那么如何在一个文件中引用另一个文件中已定义的外部变量？如果一个程序包含两个文件，在两个文件中都要用到同一个外部变量Num，不能分别在两个文件中各自定义一个外部变量Num，否则在进行程序的连接时会出现“重复定义”的错误。

正确的做法是：在任一个文件中定义外部变量Num，而在另一文件中用extern对Num作“外部变量声明”。即extern Num; 在编译和连接时，系统会由此知道Num是一个已在别处定义的外部变量，并将在另一文件中定义的外部变量的作用域扩展到本文件，在本文件中可以合法地引用外部变量Num。下面举一个简单的例子来说明这种引用。

【例6.15】用extern将外部变量的作用域扩展到其他文件。本程序的作用是给定b的值，输入A和m，求A×b和A×m的值。

文件file1.c中的内容为：

```
#include <stdio.h>
int A;                                          /*定义外部变量*/
void main()
{ int power(int);                               /*对调用函数作声明*/
  int b=3,c,d,m;
  printf("enter the number A and its power m: \n");
  scanf("%d,%d",&A,&m);
  c=A*b;
  printf("%d**%d=%d\n",A,b,c);
  d=power(m);
  printf("%d*%d=%d",A,m,d);
}
```

文件file2.c中的内容为：

```
extern  A;                                /*声明A为一个已定义的外部变量*/
int power(int n);
{ int i,y=1;
  for(i=1;i<=n; i++)
    y*=A;
  return(y);
}
```

可以看到，file2.c文件中的开头有一个extern声明，它声明在本文件中出现的变量A是一个已经在其他文件中定义过的外部变量，本文件不必再次为它分配内存。本来外部变量A的作用域是file1.c，但现在用extern声明将其作用域扩大到file2.c文件。假如程序有5个源文件，在一个文件中定义外部整型变量A，其他4个文件都可以引用A，但必须在每一个文件中都加上一个extern A; 声明。在各文件经过编译后，将各目标文件连接成一个可执行的目标文件。

但是用这样的全局变量应十分慎重，因为在执行一个文件中的函数时，可能会改变了该全局变量的值，它会影响到另一文件中的函数执行结果。

外部变量有以下几个特点：

① 外部变量和全局变量是对同一类变量的两种不同角度的提法。全局变量是从它的作用域提出的，外部变量是从它的存储方式提出的，表示了它的生存期。

② 当一个源程序由若干个源文件组成时，在一个源文件中定义的外部变量在其他的源文件中也有效。例如有一个源程序由源文件F1.C和F2.C组成，F1.C中定义的外部变量a、b、c在F2.C中也有效。

```
F1.C
int a,b;                                        /*外部变量定义*/
char c;                                         /*外部变量定义*/
main()
{
  …
}

F2.C
extern int a,b;                                 /*外部变量说明*/
extern char c;                                  /*外部变量说明*/
```

```
func(int x,y)
{
  …
}
```

二、变量的存储类型

变量从空间上分为局部变量、全局变量。从变量存在的时间的长短（即变量生存期）来划分，变量还可以分为：动态存储变量、静态存储变量。变量的存储方式决定了变量的生存期。

C语言变量的存储方式可以分为：动态存储方式、静态存储方式，结构如图6–9所示。

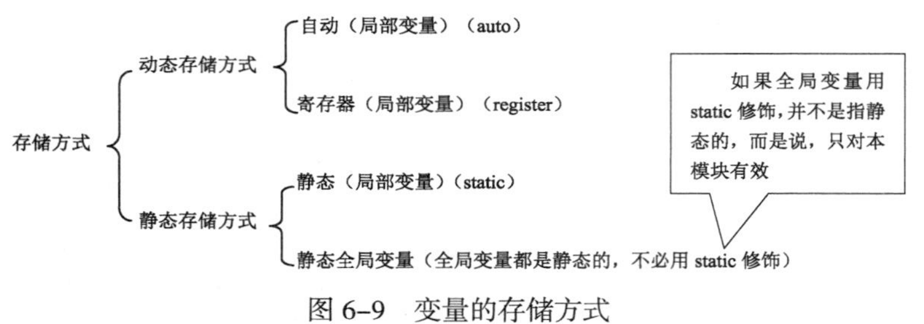

图 6–9　变量的存储方式

1．静态存储方式与动态存储方式

动态存储方式：在程序运行期间根据需要为相关的变量动态分配存储空间的方式。C语言中，变量的动态存储方式主要有自动型存储方式和寄存器型存储方式。

静态存储方式：在程序编译时就给相关的变量分配固定的存储空间（在程序运行的整个期间内都不变）的存储方式。C语言中，使用静态存储方式的主要有静态存储的局部变量和全局变量。

用户存储空间可以分为3个部分：程序区、静态存储区、动态存储区，如图6–10所示。

用户区

程序区
静态存储区
动态存储区

图 6–10　用户存储空间

全局变量全部存放在静态存储区，在程序开始执行时给全局变量分配存储区，程序运行完毕就释放。在程序执行过程中它们占据固定的存储单元，而不动态地进行分配和释放。

动态存储区存放以下数据：

① 函数形式参数。

② 自动变量（未加static声明的局部变量）。

③ 函数调用时的现场保护和返回地址。

对以上这些数据，在函数开始调用时分配动态存储空间，函数结束时释放这些空间。

2．用auto声明的局部变量

函数中的局部变量，如不专门声明为static存储类别，都是动态地分配存储空间的，数据存储在动态存储区中。函数中的形参和在函数中定义的变量（包括在复合语句中定义的变量），都属此类，在调用该函数时系统会给它们分配存储空间，在函数调用结束时就自动释放这些存储空间。这类局部变量称为自动变量。自动变量用关键字auto作存储类别的声明。

```
auto（局部）变量的定义格式：[auto] 类型说明 变量名;
```

其中，auto为自动存储类别关键词，可以省略，缺省时系统默认auto。

例如：

```
int f(int a)                    /*定义f()函数,a为参数*/
{ auto int b,c=3;               /*定义b,c自动变量*/
  …
}
```

a是形参，b、c是自动变量，对c赋初值3。执行完f()函数后，自动释放a、b、c所占的存储单元。

关键字auto可以省略，auto不写则隐含定为“自动存储类别”，属于动态存储方式。

【例6.16】使用auto定义变量的用法。

```
#include <stdio.h>
void main()
{ int i,num;
  num=2;
  for(i=0;i<3;i++)
  { printf("\n: The num equal %d \n",num);
    num++;
    {
      auto int num=1;           /*定义num自动变量*/
      printf("\n: The internal block num equal %d \n",num);
      num++;
    }
  }
}
```

【说明】

① auto变量属于局部变量的范畴，作用域限于定义它的函数或复合语句内。

② auto变量所在的函数或复合语句执行时，系统动态为相应的auto变量分配存储单元，当auto变量所在的函数或复合语句执行结束后，auto变量失效，它所在的存储单元被系统释放，所以原来的auto变量的值不能保留下来。若对同一函数再次调用时，系统会对相应的auto变量重新分配存储单元。

3. 用static声明的局部变量

有时希望函数中的局部变量的值在函数调用结束后不消失而保留原值，这时就应该指定局部变量为“静态局部变量”，用关键字static进行声明。

静态局部变量的定义格式：

```
[static] 类型说明 变量名[=初始化值];
```

其中，static是静态存储方式关键词，不能省略。例如：static int a=10,b;在函数内定义。

【例6.17】考察静态局部变量的值。

```
#include <stdio.h>
f(int a)
{
  auto int b=0;
  static int c=3;                          /*定义静态局部变量c*/
  b=b+1;
  c=c+1;
```

```
  return(a+b+c);
}
void main()
{ int a=2, i;
  for(i=0;i<3;i++)
    printf("%d ",f(a));
}
```

运行结果：

```
789
```

在第1次调用f()函数时，b的初值为0，c的初值为3，第1次调用结束时，b=1，c=4，a+b+c=7。由于c是静态局部变量，在函数调用结束后，它并不释放，仍保留c=4。在第2次调用f()函数时，b的初值为0，而c的初值为4（上次调用结束时的值）。

可以将下例与例6.16进行对比，来明确auto局部变量和静态局部变量的区别。

```
#include <stdio.h>
void main()
{
  int i,num;
  num=2;
  for(i=0;i<3;i++)
  {
    printf("\40: The num equal %d \n",num);
    num++;
    {
      static int num=1;
      printf("\40:The internal block num equal %d\n",num);
      num++;
    }
  }
}
```

读一读

① 静态局部变量的存储空间是在程序编译时由系统分配的，且在程序运行的整个期间都固定不变。该类变量在其函数调用结束后仍然可以保留变量值。下次调用该函数，静态局部变量中仍保留上次调用结束时的值。

② 静态局部变量的初值是在程序编译时一次性赋予的，在程序运行期间不再赋初值，以后若改变了值，保留最后一次改变后的值，直到程序运行结束。

4．用register声明的局部变量

register变量是C语言使用较少的一种局部变量的存储方式，该方式将局部变量存储在CPU的寄存器中，寄存器比内存操作要快很多，所以可以将一些需要反复操作的局部变量存放在寄存器中。

寄存器register（局部变量）的定义格式：

```
[register] 类型说明 变量名;
```

其中，register为寄存器存储类别关键词，不能省略。

值得注意的是：CPU的寄存器数量有限，如果定义了过多的register变量，系统会自动将其中的部分改为auto型变量。

【例6.18】register定义变量的方法。

```
#include <stdio.h>
void main()
{
  register int i;
  int tmp=0;
  for(i=1;i<=100;i++)
   tmp+=i;
  printf("The sum is %d\n",tmp);
}
```

由于变量i在程序中使用频繁，占用空间小，可以用register变量。

【说明】

① 只有局部自动变量和形式参数可以作为寄存器变量。

② 一个计算机系统中的寄存器数目有限，不能定义任意多个寄存器变量。

③ 局部静态变量不能定义为寄存器变量。

三、库函数简介

C语言的语句十分简单，如果要使用C语言的语句直接计算sin()或cos()函数，就需要编写复杂的程序。因为C语言的语句中没有提供直接计算sin()或cos()函数的语句。又如为了显示一段文字，我们在C语言中也找不到显示语句，只能使用库函数printf()。

C语言的库函数并不是C语言本身的一部分，它是由编译程序根据一般用户的需要编制并提供用户使用的一组程序。C的库函数极大地方便了用户，同时也补充了C语言本身的不足。事实上，在编写C语言程序时，应当尽可能多地使用库函数，这样既可以提高程序的运行效率，又可以提高编程的质量。

1. 基本概念

函数库：函数库是由系统建立的具有一定功能的函数的集合。库中存放函数的名称和对应的目标代码，以及连接过程中所需的重定位信息。用户也可以根据自己的需要建立自己的用户函数库。

库函数：存放在函数库中的函数。库函数具有明确的功能、入口调用参数和返回值。

连接程序：将编译程序生成的目标文件连接在一起生成一个可执行文件。

头文件：有时也称为包含文件。C语言库函数与用户程序之间进行信息通信时要使用的数据和变量，在使用某一库函数时，都要在程序中嵌入（用#include）该函数对应的头文件。

由于C语言编译系统应提供的函数库目前尚无国际标准。不同版本的C语言具有不同的库函数，用户使用时应查阅有关版本的C库函数参考手册。

2. Turbo C库函数分类

Turbo C库函数分为9大类，具体类别是：

① I/O函数：包括各种控制台I/O、缓冲型文件I/O和UNIX式非缓冲型文件I/O操作。需要的

包含文件：stdio.h。例如：getchar()、putchar()、printf()、scanf()、fopen()、fclose()、fgetc()、fgets()、fprintf()、fsacnf()、fputc()、fputs()、fseek()、fread()、fwrite()等。

② 字符串、内存和字符函数，包括对字符串进行各种操作和对字符进行操作的函数。需要的包含文件：string.h、mem.h、ctype.h或string.h。例如：用于检查字符的函数：isalnum()、isalpha()、isdigit()、islower()、isspace()等。用于字符串操作函数：strcat()、strchr()、strcmp()、strcpy()、strlen()、strstr()等。

③ 数学函数，包括各种常用的三角函数、双曲线函数、指数和对数函数等。需要的包含文件：math.h。例如：sin()、cos()、exp()（e的x次方）、log()、sqrt()（开平方）、pow()（x的y次方）等。

④ 时间、日期和与系统有关的函数。对时间、日期的操作和设置计算机系统状态等。需要的包含文件：time.h。例如：time()返回系统的时间；asctime()返回以字符串形式表示的日期和时间。

⑤ 动态存储分配，包括“申请分配”和“释放”内存空间的函数。需要的包含文件：alloc.h或stdlib.h。例如：calloc()、free()、malloc()、reallo()c等。

⑥ 目录管理，包括磁盘目录建立、查询、改变等操作的函数。

⑦ 过程控制，包括最基本的过程控制函数。

⑧ 字符屏幕和图形功能，包括各种绘制点、线、圆、方和填色等的函数。

⑨ 其他函数。

在使用库函数时应清楚的了解以下4个方面的内容：函数的功能及所能完成的操作、参数的数目和顺序以及每个参数的意义及类型、返回值的意义及类型、需要使用的包含文件。

任务实施

现在我们来编制一个物业管理系统的主程序程序，先在VC++ 2010中新建一个win32控制台应用空项目qukong，然后在其源程序中添加“新建项”选→“C++文件”选项，并命名为qukong.c，其中main()是主调用函数，trim()是去除前后空格的函数。具体代码如下：

```
#include "stdio.h"
#include "string.h"
void trim(char *strIn,char *strOut);    /*声明除去字符串前后空格函数*/
/*主调用函数（参照物业管理主界面）*/
void main()
{   char loguser[8],logpass[10],loguser1[8],logpass1[10];
    int k,p=0,i=0;
    printf("\n");
    printf("*************************************************************\n");
    printf("*            ---------------欢迎登录物业管理系统-------------        *\n");
    printf(" *************************************************************\n");
    printf("    \n");
    printf("     请输入您的登录名：");
    scanf("%s",loguser);
    printf("     请输入您的密码：");
    scanf("%s",logpass);
    trim(loguser,loguser1);
    trim(logpass,logpass1);
```

```
    printf(" 您的登录名：");
    printf(loguser);
    printf("您的密码：");
    printf(logpass);
    printf("   \n");
    system("pause");
}


/*去除字符串前后空格函数*/
void trim(char *strIn, char *strOut)
{   int f,n;
    f=0;
    n=strlen(strIn)-1;
    while(strIn[f]==' ')
      ++f;
    while(strIn[n]==' ')
      --n;
    strncpy(strOut,strIn+f,n-f+1);
    strOut[n-f+1]='\0';
}
```

在输入过程中分别在前后各输入了多个空格，如下：

```
******************************************************************
*              ---------------欢迎登录物业管理系统-------------      *
******************************************************************

请输入您的登录名：   jsaa
请输入您的密码：1234  _
```

去空格后：

```
 您的登录名：jsaa您的密码：1234
Press any key to continue_
```

任务三　预处理命令使用

 任务导入

在物业管理系统中，有关物业费的计算公式为：每位业主名下房屋套内面积×每平方物业费率。在系统应用过程中不同的小区其物业费率的计算方式是有区别的，因此可以设计一常量来进行预处理，这样便于使用和修改。

 知识准备

预处理命令

1．概述

在前面介绍getchar()和putchar()函数时，我们已经知道要在程序中使用这两个函数，必须在程序开始加上命令#include <stdio.h>，这个命令是预处理命令，预处理命令是由ANSI C统一规定的。预处

理命令不是C语言的语句，不是C语言的组成部分，不能直接对其进行编译，必须在对程序进行编译之前，先处理这些命令，因而称其为预处理命令。

预处理也是C语言区别于其他高级语言的一点，是指在系统对源程序进行编译之前，对程序中某些特殊的命令行的处理，预处理程序将根据源代码中的预处理命令修改程序，使用预处理功能，可以改善程序的设计环境，提高程序的通用性、可读性、可修改性、可调试性、可移植性和方便性，易于模块化。其处理过程如图6–11所示。

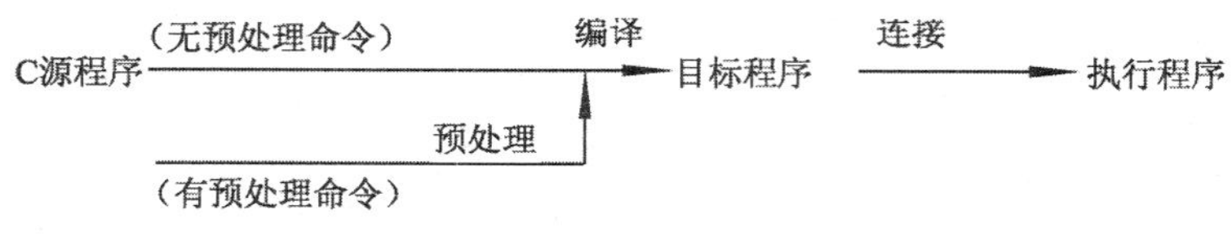

图 6–11　C 语言预处理过程

例如：

```
#define NUM(a,b,c) a*b+c
#include <stdio.h>
void main()
{
   printf("total=%d",NUM(10,2,3));
}
```

程序的输出为:

NUM(10,2,3)首先由系统进行预处理，替换为了10*2+3，所以最终终输出结果为total=23。

C语言的预处理功能主要有以下3种：宏定义、文件包含、条件编译，这3种功能分别通过宏定义命令、文件包含命令和条件编译命令来实现。

读一读

预处理命令的特点：

① 预处理命令是一种特殊命令，为了区别一般的C语句，必须以#开头，结尾不加分号。

② 预处理命令可以放在程序中的任何位置，其有效范围是从定义开始到文件结束。

2. 宏定义

在C语言源程序中允许用一个标识符来表示一个字符串，称为“宏”。被定义为“宏”的标识符称为“宏名”。在编译预处理时，对程序中所有出现的“宏名”，都用宏定义中的字符串去替换，这称为“宏替换”或“宏展开”，宏定义是由源程序中的宏定义命令完成的。

宏提供了一种机制，可以用来替换源程序中的字符串。从本质上说，就是替换，用一串字符串替换程序中指定的标识符。因此宏定义又称宏替换，宏替换是由预处理程序自动完成的。在C语言中，“宏”分为有参数和无参数两种。

（1）无参宏定义

无参宏定义是指用一个指定的标识符来代表一个字符串。其定义的一般格式为：

```
#define 标识符   字符串
```

其中，标识符称为宏名，字符串称为宏替换体。

功能：编译之前，预处理程序将程序中该宏定义之后出现的所有宏名（标识符）用指定的字符串进行替换。在源程序通过编译之前，C的编译程序先调用C预处理程序对宏定义进行检查，每发现一个标识符，就用相应的字符串替换，只有在完成了这个过程之后，才将源程序交给编译系统。

如在前面介绍的符号常量定义就属无参宏定义。如：

```
#define PI  3.1425926535
```

它的作用是自该宏定义之后出现的所有PI用指定的3.1415926535进行替换。又如：# define M (y*y+3*y) 在编写源程序时，所有的M都可由(y*y+3*y)代替，而对源程序作编译时，将先由预处理程序进行宏代换，即用 (y*y+3*y) 表达式去置换所有的宏名M，然后再进行编译。

【例6.19】无参宏定义示例。

```
#define M (y*y+3*y)
main()
{ int s,y;
  printf("input a number: ");
  scanf("%d",&y);
  s=3*M+4*M+5*M;
  printf("s=%d\n",s);
}
```

程序中首先进行宏定义，定义M为表达式(y*y+3*y)，在s=3*M+4*M+5*M中作了宏调用。在预处理时经宏展开后该语句变为：s=3*(y*y+3*y)+4(y*y+3*y)+5(y*y+3*y); 但要注意的是，在宏定义中表达式 (y*y+3*y) 两边的括号不能少，否则只用y*y+3*y替换M，结果完全不同。

【说明】

① 无参宏定义仅仅是符号替换，不是赋值语句，因此不做语法检查。

② 为了区别程序中其他的标识符，宏名的定义通常用大写字母。

③ 宏定义不是说明或语句，在行末不必加分号，如加分号则连分号也一起置换。

④ 双引号中出现的宏名不替换。

例如：#define PI 3.14159

```
printf("PI=%f", PI);
```

结果为：PI=3.14159

双引号中的PI不进行替换。

⑤ 宏定义必须写在函数之外，其作用域为宏定义命令起到源程序结束。如要终止其作用域可在程序中可以使用#undefine命令。

⑥ 使用宏可以有以下好处：

输入源程序，可以节省许多操作；经定义之后，可以使用多次，因此使用宏可以增强程序的易读性和可靠性；用宏系统不需要额外的开销，因为宏所代表的代码只在宏出现的地方展开，因此并不会引起程序的跳转。

⑦ 宏定义允许嵌套，在宏定义的字符串中可以使用已经定义的宏名。在宏展开时由预处理程序层层代换。例如：

```
#define PI 3.1415926
#define S PI*y*y                          /*PI是已定义的宏名*/
printf("%f",s);                           /*本句最后变为: printf("%f",3.1415926*y*y);*/
```

（2）带参宏定义

C语言允许宏带有参数。在宏定义中的参数称为形式参数，在宏调用中的参数称为实际参数。对带参数的宏，在调用中，不仅要宏展开，而且要用实参去替换形参。

带参宏定义是指不仅用一个指定的标识符来代表一个字符串，而且还要进行参数的替换。其定义的一般格式为：

```
#define 标识符(形参表) 字符串
```

功能：预处理程序将程序中出现的所有带实参的宏名（宏调用），展开成由实参组成的字符串。带参宏定义进行宏替换时，可以像使用函数一样，通过实参与形参传递数据，增加程序的灵活性。

读一读

宏定义中的#运算符和##运算符。

① #运算符：出现在宏定义中的#运算符把跟在其后的参数转换成一个字符串。

宏定义中的#运算符告诉预处理程序，把源代码中任何传递给该宏的参数转换成一个字符串。

② ##运算符：##运算符用于把参数连接到一起。预处理程序把出现在##两侧的参数合并成一个符号。

【例6.20】预处理程序把出现在##两侧的参数合并成一个符号。

```
#define NUM(a,b,c) a##b##c
#define STR(a,b,c) a##b##c
#include <stdio.h>
void main()
{
   printf("%d ",NUM(1,2,3));
   printf("%s ",STR("XX","YY","ZZ"));
}
```

程序的输出为：

```
123 XXYYZZ
```

【例6.21】带参数的宏替换。

```
#define S(a,b)  (a>b)?(a):(b)                    /*定义带参数的宏名S*/
main()
{ int x,y;
  scanf("%d,%d",&x,&y);
  printf("%d",S(x,y));                          /*将S(x,y)替换成 (x>y)?(x):(y)*/
}
```

【例6.22】求1～10平方之和并逐个输出。

```
/*方法一：使用函数*/
#include <stdio.h>
FUN(int k);
```

```
void main()
{ int i=1,s=0;
  while(i<=10)
    printf("%-4d",s=s+FUN(i++));
}
FUN(int k)
{ return(k*k);
}
```

运行结果：

```
1   5   14  30  55  91  140 204 285 385
```

```
/*方法二：使用宏*/
#include <stdio.h>
#define FUN(a)   a*a
void main()
{ int k=1,s=0;
  while(k<=10)
    printf("%d",s=s+FUN(k++));
}
```

运行结果：

```
1   10   35   84   165
```

分析：预处理程序将程序中带实参的FUN替换成(k++)*(k++)，由于C语言中，实参的求值顺序是从右向左，因此程序运行结果为：

第一次循环：(k++)*(k++)为1*1，k再有两次加1，变成3，s值为1；

第二次循环：(k++)*(k++)为3*3，k再有两次加1，变成5，s值为10；

第三次循环：(k++)*(k++)为6*5，k再有两次加1，变成7，s值为35；

第四次循环：(k++)*(k++)为8*7，k再有两次加1，变成9，s值为84；

第五次循环：(k++)*(k++)为10*9，k再有两次加1，变成11，s值为165；

程序运行过程共循环5次。应当尽量避免用自增变量做宏替换的实参。类似的还有：

```
#define SUM(x) x*x*x
```

程序中：y=SUM(++x);

替换的结果即：

```
y=((++x)*(++x)*(++x))
```

【说明】

（1）宏名与括号之间不可以有空格。

（2）有些参数表达式必须加括号，否则，在实参表达式替换时，会出现错误。

例如：#define S(x) x*x

在程序中，a的值为5，b的值为8，c=S(a+b)，替换后的结果为：c=a+b*a+b，代入a和b的值之后，c=5+8*5+8，值是53，并不是希望的c=(a+b)*(a+b)；要得到c=(a+b)*(a+b)表达式，应该定义的宏为：#define S(x) (x)*(x)。

（3）带参数的宏与函数类似，都有形参与实参，有时功能两者效果是相同的，但两者是不相同的。其主要区别如下。

① 函数的形参与实参要求类型一致，而在带参宏定义中，形式参数不分配内存单元，因此不必作类型定义；而宏调用中的实参有具体的值，要用它们去代换形参，因此必须作类型说明。

② 函数中，形参和实参是两个不同的量，各有自己的作用域，调用时要把实参值赋予形参，进行“值传递”。而在带参宏中，只是符号代换，不存在值传递的问题。

③ 函数只有一个返回值，宏替换有可能有多个结果。

④ 函数影响运行时间，宏替换影响编译时间。

⑤ 使用宏有可能给程序带来意想不到的副作用。

3. 文件包含

所谓“文件包含”是指在一个C语言程序中可以将另一个C语言程序的全部内容包含进来，即将另一个C语言程序包含到本文件中。

C语言用来实现“文件包含”的预处理命令是# include命令。其一般格式有两种，分别为：

格式1：#include <文件名>

格式2：#include "文件名"

功能：用指定的文件名的内容代替预处理命令。

例如：调用系统库函数中的字符串处理函数，需在程序的开始使用 #include <string.h>，表明将string.h的内容嵌入当前程序中。

文件包含说明：

① 两种格式的区别：

按格式1定义时，预处理程序在标准目录下查找指定的文件，预定义的默认路径通常是在include环境变量中指定的。编译程序将首先到C:\COMPILER\INCLUDE目录下寻找文件；如果还未找到，则到当前目录下继续寻找。

按格式2定义时，预处理程序首先在引用被包含文件的源文件所在的目录中寻找指定的文件，如没找到，再按系统指定的标准目录查找。

为了提高预处理程序的搜索效率，通常对用户自定义的非标准文件使用格式2，对使用系统库函数等标准文件使用格式1。

② 一个#include命令只能包含一个文件。

③ 被包含的文件一定是文本文件，不可以是执行程序或目标程序。

④ 文件包含也可以嵌套，即prog.c中包含文件file1.c，在file1.c中需包含文件file2.c，可以在prog.c中使用两个#include命令，分别包含file1.c和file2.c，而且file2.c应当写在file1.c的前面，即：

```
#include <file2.c>
#include <file1.c>
```

文件包含在程序设计中非常重要，当用户定义了一些外部变量或宏，可以将这些定义放在一个文件中，如head.h，凡是需要使用这些定义的程序，只要用文件包含将head.h包含到该程序中，可以避免再一次对外部变量进行说明，以减少设计人员的重复劳动，既能减少工作量，又可避免出错。

4．条件编译

一般情况下，C语言源程序中所有命令都要进行编译，但是有时所编写的C程序需要根据条件对不同的程序段进行选择编译，这就是条件编译。预处理程序提供了条件编译的功能。可以按不同的条件去编译不同的程序部分，因而产生不同的目标代码文件，这对于程序的移植和调试是很有用的。C语言条件编译有以下3种形式：

（1）第一种形式

```
#ifdef 标识符
  程序段1
#else
  程序段2
#endif
```

功能：如果标识符已被 #define命令定义过则对程序段1进行编译；否则对程序段2进行编译。

如果没有程序段2（它为空），本格式中的#else可以没有，即可以写为：

```
#ifdef 标识符
  程序段
#endif
```

【例6.23】条件编译示例，根据是否定义了宏NUM，若定义了宏NUM则输出学生的学号和成绩，若没定义宏NUM则输出学生的姓名和学号。

```
#define NUM ok
main()
{
  int num;
  char name[]="Zhang ping";
  char sex;
  float score;
  num=102;
  sex='M';
  score=62.5;
  #ifdef NUM
   printf("Number=%d\nScore=%f\n",num,score);
  #else
   printf("Name=%s\nSex=%c\n",name,sex);
  #endif
}
```

由于在程序的第11行插入了条件编译预处理命令，因此要根据NUM是否被定义过来决定编译哪一个printf语句。而在程序的第1行已对NUM作过宏定义，因此应对第一个printf语句作编译故运行结果是输出了学号和成绩。在程序的第1行宏定义中，定义NUM表示字符串OK，其实也可以为任何字符串，甚至不给出任何字符串，写为：#define NUM 也具有同样的意义。只有取消程序的第一行才会去编译第2个printf语句。

（2）第二种形式

```
#ifndef 标识符
  程序段1
#else
  程序段2
#endif
```

功能：与第一种形式的区别是将ifdef改为ifndef。它的功能是，如果标识符未被 #define命令定义过则对程序段1进行编译，否则对程序段2进行编译。这与第一种形式的功能正相反。

（3）第三种形式

```
#ifdef 表达式
  程序段1
#else
  程序段2
#endif
```

功能：如常量表达式的值为真（非0），则对程序段1进行编译，否则对程序段2进行编译。因此可以使程序在不同条件下，完成不同的功能。

【例6.24】根据是否定义了半径R，来编译不同的程度段，分别计算圆面积或正方形面积。

```
#define R 1
main()
{
  float c,r,s;
  printf("input a number: ");
  scanf("%f",&c);
  #if R
    r=3.14159*c*c;
    printf("area of round is: %f\n",r);
  #else
    s=c*c;
    printf("area of square is: %f\n",s);
  #endif
}
```

本例采用第3种形式的条件编译。在程序第1行宏定义中，定义R为1，因此在条件编译时，常量表达式的值为真，故计算并输出圆面积。上面介绍的条件编译当然也可以用条件语句来实现。但是用条件语句将会对整个源程序进行编译，生成的目标代码程序很长，而采用条件编译，则根据条件只编译其中的程序段1或程序段2，生成的目标程序较短。如果条件选择的程序段很长，采用条件编译的方法是十分必要的。

任务实施

先在VC++ 2010中新建一个win32控制台应用空项目wyf，然后在其源程序中添加“新建项”，并选择“C++文件”选项，命名为wyf.c，具体代码如下：

```
#include <stdio.h>
```

```
#define FUN(a)  a*0.5
void main()
{ float k=1,s=0;
  printf("请输入套内面积:");
  scanf (" %f",&k);
  printf("您的物业费为: %f\n",s=s+FUN(k));
}
```

视 频

任务三
任务实施

运行结果：

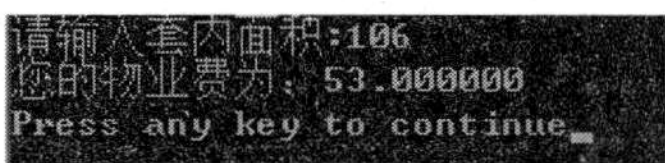

小　　结

本单元主要介绍了 C 语言程序的函数和预处理命令，具体要求掌握的内容如下。

一、函数的分类

函数分类有多种分类方式：函数按定义的角度分为库函数和用户定义函数；按有无返回值分为有返回值的函数和无返回值的函数；按有无参数分有参函数和无参函数。

二、函数定义的一般形式

```
[extern] 类型说明符 函数名([形参表]);
```

三、函数调用的一般形式

```
函数名([实参表])
```

四、变量分类

变量分类有多种分类方式：即按变量的数据类型分类、按变量作用域和变量的存储类型分类。

按变量的作用域分类，变量分为局部变量和全局变量。

按变量的存储类型分类，变量分为静态存储类变量和动态存储类变量，表示了变量的生存期。

动态存储类变量有自动变量 auto 和寄存器变量 register，静态存储类变量有 extern 声明的外部变量和 static 声明的静态局部变量。

五、库函数

库函数：存放在函数库中的函数。库函数具有明确的功能、入口调用参数和返回值。

连接程序：将编译程序生成的目标文件连接在一起生成一个可执行文件。

头文件：有时也称为包含文件。C 语言库函数与用户程序之间进行信息通信时要使用的数据和变量，在使用某一库函数时，都要在程序中嵌入（用 #include）该函数对应的头文件。

在使用库函数时应清楚地了解以下 4 个方面的内容：

① 函数的功能及所能完成的操作。

② 参数的数目和顺序，以及每个参数的意义及类型。

③ 返回值的意义及类型。

④ 需要使用的包含文件。

函数使用的注意事项：

函数的参数分为形参和实参两种，形参出现在函数定义中，实参出现在函数调用中，发生函数调用时，将把实参的值传送给形参。

函数的值是指函数的返回值，它是在函数中由 return 语句返回的。

数组名作为函数参数时不进行值传送而进行地址传送。形参和实参实际上为同一数组的两个名称。因此形参数组的值发生变化，实参数组的值当然也变化。

六、预编译命令

1. 预处理命令是一种特殊命令，为了区别一般 C 语句，必须以 # 开头，结尾不加分号。预处理命令可以放在程序中的任何位置，其有效范围是从定义开始到文件结束。

2. 宏分为有参宏和无参宏

① 无参宏定义（宏替换）：

```
# define 标识符  字符串
```

② 带参宏定义：

```
#define 标识符(形参表) 字符串
```

3. 文件包含

格式 1：#include ＜文件名＞

格式 2：#include "文件名"

4. 条件编译：按条件选择不同的宏定义执行，有 3 种形式，具体内容见教材。

宏也可使用一些特殊的运算符，例如字符串化运算符“#”和。连接运算符“##”。“#”运算符能将宏的参数转换为带双引号的字符串，“##”运算符的作用是将两个独立的字符串连接成一个字符串。

实　训

实训要求

1. 按照验证性实训任务要求，编程完成各验证性实训任务，并调试完成，记录实训源程序和运行结果。

2. 在学完相关内容后，请大家课后试着设计编写源代码解决各设计性实训任务，并调试完成，记录实训源程序和运行结果。

3. 对照实训时完成情况，将调试完成的源代码与运行结果填入实训报告中。

实训任务

验证性实训任务

实训 1　函数的定义与调用，利用函数方法求一个字符串的长度。（源程序参考例 6.5）

实训 2　无参函数的使用。有 3 位整数，在 100 ～ 999 中寻找符合条件的整数并依次从小到大存入数组中。它既是完全平方数，又有两位数字相同，例如 144、676 等。（源程序参考例 6.3）

实训 3　函数的调用。计算 s=1+(1+2)+(1+2+3)+…+(1+2+3+…+10) 的值。（源程序参考例 6.4）

实训 4　函数的嵌套调用。可编写函数 1 来计算平方值，函数 2 用来计算阶乘值，主函数中实现循环累加。（源程序参考例 6.7）

实训 5　函数的递归调用。用递归方法求 n 阶勒让德多项式的值，递归公式为：（源程序参考例 6.8）

$$P_n(x)=\begin{cases}1 & \text{当}n=0\\ x & \text{当}n=1\\ [(2n-1)xP_{n-1}(x)-(n-1)P_{n-2}(x)]/n & \text{当}n>1\end{cases}$$

实训6　有参宏定义。用带参宏定义找出3个数中的最大数。（源程序参考例6.2）

设计性实训任务

实训 1　键盘输入一字符串，统计其中不同各字母出现的次数。

实训 2　以无参函数的形式输出100～999之间所有的水仙花数，即各位数值的三次方之和等于该数，如$153=1^3+5^3+3^3$。

实训 3　以无参函数的形式输出1～999之间所有的素数。

实训 4　以函数嵌套的方法求e的n次方的近似值$e^x=1+\frac{x^1}{1}+\frac{x^2}{2!}+\cdots\frac{x^n}{n!}$

实训 5　利用以下表达式用无参的宏定义实现计算三角形面积的area，其中a、b、c为三角形的三条边。

$$s=\frac{a+b+c}{2}$$

$$\text{area}=\sqrt{s(s-a)(s-b)(s-c)}$$

习　　题

一、选择题

1. 以下正确的函数定义是（　　）。

A. double fun(int x, int y)
　{ z=x+y; return z; }

B. double fun(int x,y)
　{ int z; return z;}

C. fun (x,y)
　{ int x, y; double z;
　z=x+y; return z; }

D. double fun (int x, int y)
　{ double z;
　return z; }

2. 若调用一个函数，且此函数中没有 return 语句，则正确的说法是（　　）。

A. 该函数没有返回值　　B. 该函数返回若干个系统默认值

C. 能返回一个用户所希望的函数值　　D. 返回一个不确定的值

3. 以下不正确的说法是（　　）。

A. 实参可以是常量、变量或表达式

B. 形参可以是常量、变量或表达式

C. 实参可以为任意类型

D. 如果形参和实参的类型不一致，以形参类型为准

4. C 语言规定，简单变量做实参时，它和对应的形参之间的数据传递方式是（　　）。

A. 地址传递　　B. 值传递

C. 有实参传给形参，再由形参传给实参　　D. 由用户指定传递方式

5. C 语言规定，函数返回值的类型是决定于（　　）。

A. return 语句中的表达式类型　　B. 调用该函数时的主调函数类型

C. 调用该函数时由系统临时　　D. 在定义函数时所指定的函数类型

6. 若用数组名作为函数调用的实参，传递给形参的是（　　）。

A. 数组的首地址　　B. 数组中第一个元素的值

C. 数组中的全部元素的值　　D. 数组元素的个数

7. 下面程序的输出结果是（　　）。

```
int i=2;
printf("%d%d%d",i*=2,++i,i++);
```

A. 8，4，2　　B. 8，4，3　　C. 4，4，5　　D. 4，5，6

8. 以下不正确的说法是（　　）。

A. 全局变量，静态变量的初值是在编译时指定的

B. 静态变量如果没有指定初值，则其初值为 0

C. 局部变量如果没有指定初值，则其初值不确定

D. 函数中的静态变量在函数每次调用时，都会重新设置初值

9. 以下任何情况下计算平方数时都不会引起二义性的宏定义是（　　）。

A. #define POWER(x) x*x　　B. #define POWER(x) (x)*(x)

C. #define POWER(x) (x*x)　　D. #define POWER(x) ((x)*(x))

二、填空题

1. C 语言函数返回类型的默认定义类型是________。

2. 函数调用语句：fun((a,b),(c,d,e)) 实参个数为________。

3. 函数的实参传递到形参有两种方式：________和________。

4. 在一个函数内部调用另一个函数的调用方式称为________。在一个函数内部直接或间接调用该函数称为函数________的调用方式。

5. C 语言变量按其作用域分为________和________，按其生存期分为________和________。

6. C 语言变量的存储类别有________，________，________和________。

7. 凡在函数中未指定存储类别的局部变量，其默认的存储类别为________。

8. 下面程序的运行结果是________。

```
#define MAX(a,b)(a>b?a:b)+1
#include  <stdio.h>
void main(){
```

```
  int j=6,k=8,f;
  printf("%d\n",MAX(j,k)); }
```

9. 以下程序的输出结果是________。

```
#include <stdio.h>
#define  F(y)  3.84+y
#define  PR(a)  printf("%d",(int)(a))
#define  PRINT(a) PR(a);putchar('\n')
void main()
{
  int x=2;
  PRINT(F(3)*x);
}
```

三、程序阅读题

1. 写出下面程序的运行结果________。

```
func(int a,int b)
{ static int m=0,i=2;
  i+=m+1;
  m=i+a+b;
  return(m);
}
#include  <stdio.h>
void main()
{ int k=4,m=1,p1,p2;
  p1=func(k,m);p2=func(k,m);
  printf("%d,%d\n",p1,p2);
}
```

2. 写出下面程序的运行结果________。

```
int i=0;
int fun1(int i)
{ i=(i%i)*(i*i)/(2*i)+4;
   printf("i=%d\n",i);
   return(i);
}
int fun2(int i)
{ i=i<=2?5:0;
   return(i);
}
#include  <stdio.h>
void main()
{  int i=5;
   fun2(i/2); printf("i=%d\n",i);
   fun2(i=i/2); printf("i=%d\n",i);
   fun2(i/2); printf("i=%d\n",i);
   fun1(i/2); printf("i=%d\n",i);
}
```

3. 写出下面程序的功能________。

```
int func(int n)
{ int i,j,k;
  i=n/100;j=n/10-i*10;k=n%10;
  if((i*100+j*10+k)==i*i*i+j*j*j+k*k*k)
    return n;
  return 0;
}
#include  <stdio.h>
void main()
{   int n,k;
    for(n=100;n<1000; n++)
      if(k=func(n))
       printf("%d",k);
}
```

四、程序判断题

1. 下面 add() 函数是求两个参数的和。判断下面程序的正误，如果错误请改正过来。

```
void add(int a,int b)
{   int c;
    c=a+b;
    return(c);
}
```

2. 下面函数 fun() 的功能是：统计字符串 s 中各元音字母（即 A、E、I、O、U）的个数，注意：字母不分大小写。判断下面程序的正误，如果错误请改正过来。

```
void fun(char s[ ],int num[5])
{   int k;i=5;
    for(k=0;k<i;k++)
       num[i]=0;
    for(k=0;s[k];k++)
    {
      i=-1;
      switch(s)
      {
          case 'a': case 'A': i=0;
          case 'e': case 'E': i=1;
          case 'i': case 'I': i=2;
          case 'o': case 'O': i=3;
          case 'u': case 'U': i=4;
       }
       if(i>=0)
         num[i]++;
    }
}
```

3. 下面函数 fun() 的功能是：依次取出字符串中所有数字字符，形成新的字符串，并取代原字符串。判断下面程序的正误，如果错误请改正过来。

```
void fun(char s[])
{   int i,j;
    for(i=0,j=0;s[i]!='\0';i++)
       if(s[i]>='0' && s[i]<='9')
          s[j]=s[i];
    s[j]="\0";
}
```

五、程序填空题

1. avg() 函数的作用是计算数组 array 的平均值返回，请填空使程序完整。

```
float avgr(float array[10])
{ int i;
   float avgr,sum=0;
   for(i=1;【1】;i++)
      sum+=【2】;
   avgr=sum/10;
  【3】;
}
```

2. del() 函数的作用是删除有序数组 a 中的指定元素 x，n 为数组 a 的元素个数，函数返回删除后的数组 a 元素个数，请填空使程序完整。

```
int del(int a[10],int n,int x)
{  int p=0,i;
   while(x>=a[p]&&p<n)【1】;
     for(i=p-1;i<n;i++)【2】;
       return(n-1);
}
```

3. 以下程序的功能是计算函数，请填空使程序完整。

```
#include <stdio.h>
【1】;
void main()
{  float x,y,z,f;
   scanf("%f,%f,%f",&x,&y,&z);
   f=fun(【2】);
   f+=fun(【3】);
   printf("f=%d",f);
}
float fun(float a,float b)
{ return(a/b);
}
```

4. avg() 函数的作用是计算数组 array 的平均值返回，请填空使程序完整。

```
float avg(float array[10])
{  int i;
   float avgr,sum=0;
   for(i=1;【1】;i++)
      sum+=【2】;
   avgr=sum/10;
```

```
    【3】;
}
```

六、编程题

1. 用递归法计算 $n!$ 可用下述公式表示：

$$n! = \begin{cases} 1 & \text{当} n = 0, 1 \text{时} \\ n(n-1)! & \text{当} n \geqslant 0, 2 \text{时} \end{cases}$$

2. 写一函数，使输入的一个字符串按反序存放，在主函数中输入和输出字符串。
3. 写一函数，使给定的一个二维数组（3×3）转置，即行列互换。
4. 利用递归函数调用方式，将所输入的 5 个字符，以相反顺序打印出来。

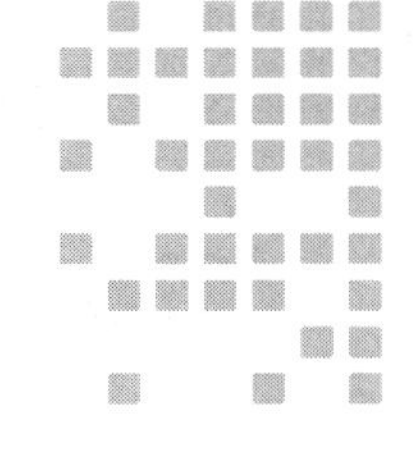

单元7

数据地址访问——指针

指针是C语言的精华部分，运用指针编程是C语言的重要特征之一。利用指针可以使程序简洁、紧凑、高效；可以描述各种复杂的数据结构；能很方便地处理数组和字符串；支持动态内存分配，能很好地利用内存资源，使其发挥最大的效率；得到多于一个的函数返回值等，这些对系统软件的设计都是必不可少的。学习指针是学习C语言最重要的一环，能否正确理解和使用指针是我们掌握C语言的一个重要标志。

学习目标

- 理解指针概念及其应用
- 掌握指针变量的定义与初始化
- 掌握指针变量的使用与移动、定位
- 了解动态内存分配和指针函数的返回值

任务一　指针与指针变量使用

任务导入

物业管理系统中，需要按房屋面积大小进行排序，程序设计中将房屋面积大小存储在不同的变量中，排序过程中常要根据房屋面积大小进行比较和交换以达到按房屋面积大小的有序排列，为此，需要设计一个函数以达到通过两个数据交换实现房屋面积的有序排列，这里就会用到指针变量来完成。

知识准备

指针的概念比较复杂，使用也非常灵活，因此对于初学者来说，要想理解和掌握是有一定难度的，这就需要多做多练，多上机动手实践，才能在实践中尽快掌握。下面通过一个引例来了解一下指针的运用。

【引例】现在我们通过一个实现两个数据交换的swap()函数来观察指针概念，要求通过主函数获取两个数并调用swap()函数实现两个数据的交换。

首先我们来看看不使用指针实现两个数据交换的程序。

程序一：

```
#include <stdio.h>
void swap(int x,int y)
{  int temp;
   printf("交换前:x=%d,y=%d\n",x,y);   /*输出交换前的x,y值*/
   temp=x;
   x=y;
   y=temp;
   printf("交换后:x=%d,y=%d",x,y);     /*输出交换后的x,y值*/
}
void main()
{  int a,b;
   scanf("%d,%d",&a,&b);
   printf("交换前: a=%d,b=%d\n",a,b);   /*输出交换前的a,b值*/
   swap(a,b);                          /*通过调用交换函数swap()试图实现a,b值的交换*/
   printf("交换后: a=%d,b=%d\n",a,b);    /*输出交换后的a,b值*/
}
```

运行结果：

```
10,20
交换前: a=10,b=20
交换前: x=10,y=20
交换后: x=20,y=10
交换后: a=10,b=20
请按任意键继续. . .
```

从程序运行的结果来看，交换前a、b的值与交换后a、b的值完全相同，说明在主函数中调用swap()函数并没有实现a和b两个数的交换。

原因：调用swap()函数时的参数传递采用的是“值传递”，即是一个单向传递过程。虽然，在swap()函数中将x和y两个数进行了交换，但由于是单向传递，x和y的值不能再次反向传递给a和b。因此，当主函数调用swap()函数后，a和b仍然保留原来的值，如图7-1所示。

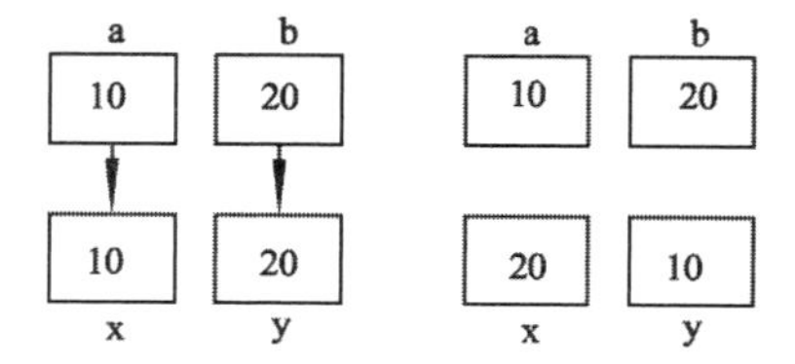

（a）调用 swap() 函数时　（b）调用 swap() 函数后

图 7-1　调用 swap 函数示意图

解决办法：调用swap()函数时参数传递采用“地址传递”就能解决这个问题。下面是使用指针作为函数的参数来完成数据交换的程序。

程序二：

```
#include <stdio.h>
void swap(int *p1, int *p2)    /*此处定义的形式参数为可接受地址的指针变量p1、p2*/
{  int temp;
   printf("交换前p1、p2单元值: *p1=%d,*p2=%d\n",*p1,*p2);
```

```
    temp=*p1;           /*取出指针变量p1所指内存单元的内容赋给整型变量temp*/
    *p1=*p2;            /*取指针变量p2所指内存单元内容赋给指针变量p1所指内存单元*/
    *p2=temp;           /*将temp的内容赋给指针变量p2所指的内存单元*/
    printf("交换后p1、p2单元值: *p1=%d,*p2=%d\n",*p1,*p2);*/
}
void main()
{   int a,b;
    int *ptr_1,*ptr_2;  /*定义指向整型的指针变量ptr_1和ptr_2*/
    scanf("%d,%d",&a,&b);
    printf("交换前: a=%d,b=%d\n",a,b);
    ptr_1=&a;           /*将a的地址取出来赋给指针变量ptr_1*/
    ptr_2=&b;           /*将b的地址取出来赋给指针变量ptr_2*/
    swap(ptr_1,ptr_2);  /*使用指针变量ptr_1和ptr_2作为swap函数的实参*/
    printf("交换后: a=%d,b=%d\n",a,b);
}
```

运行结果:

```
10,20
交换前: a=10,b=20
交换前p1、p2单元值: *p1=10,*p2=20
交换后p1、p2单元值: *p1=20,*p2=10
交换后: a=20,b=10
Press any key to continue
```

从程序运行的结果来看，在主函数中调用swap()函数实现了a和b两个数的交换。在主函数中定义了两个指向整型的指针变量ptr_1和ptr_2，并将它们分别指向了整型变量a和b；然后将指针变量ptr_1和ptr_2作为swap()函数的实参，将变量a和b的地址传递给swap()函数的形参指针p1和p2，亦使得p1和p2分别指向变量a和b。在swap()函数中通过间接访问的方式来访问变量a和b的内容，实现变量a、b内容的交换，如图7-2所示。

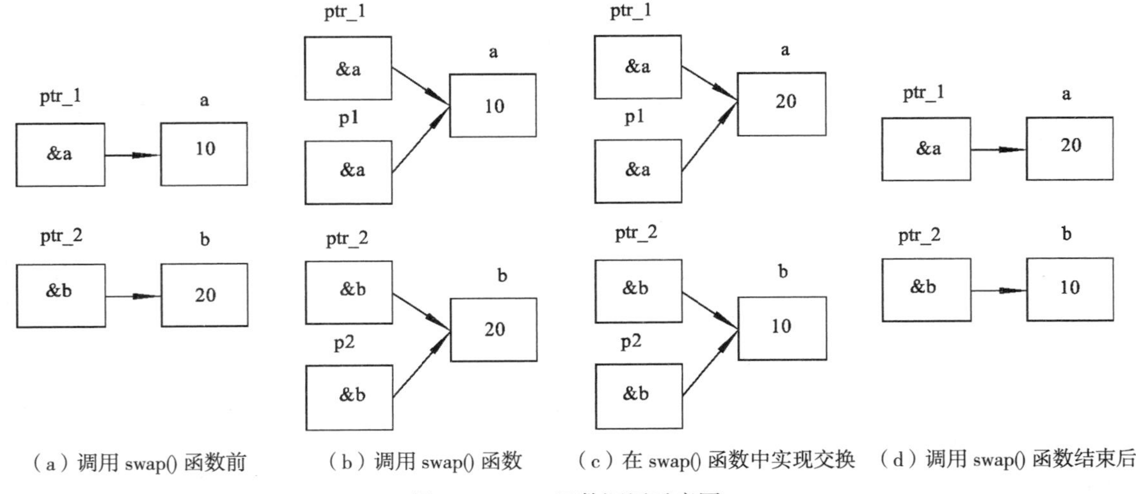

（a）调用 swap() 函数前　（b）调用 swap() 函数　（c）在 swap() 函数中实现交换　（d）调用 swap() 函数结束后

图 7-2　swap 函数调用示意图

通过对比上面的两个程序，可以看出：为了使在被调函数中改变了的变量值能被主调函数所用，不能采用“程序一”的方法，把要改变值的变量作为参数的办法，也不能通过函数的返回值

(因为函数返回值一次只能返回一个值)来实现，而应该采用“程序二”的方法，用指针变量作为函数的参数，在函数调用过程中使指针变量所指向的变量值发生变化，函数调用结束后，这些变量值的变化依然会被保留下来，这样就实现了“通过调用函数使变量的值发生改变，在主调函数(如main函数)中使用这些改变了的值”的目的。

一、指针的基本概念

在计算机中，所有运行的程序和数据都是存放在内存中。内存的基本单元是字节(Byte，又称内存单元)，不同的数据类型所占用的内存单元数不同，如短整型变量占2个内存单元，字符型变量占1个内存单元等。为了能正确地访问内存单元，须给每个内存单元一个编号，该编号称为该内存单元地址。

若在程序中定义：

```
Short int a=1,b=2;
float x=3.4,y=4.5;
double m=3.124;
char ch1='a',ch2='b';
```

编译系统是怎样为变量分配内存的？变量a、b是短整型变量，在内存各占2个字节；x、y是单精度实型，各占4个字节；m是双精度实型，占8个字节；ch1、ch2是字符型，各占1个字节。由于计算机内存是按字节编址的，设变量的存放从内存2A00H单元开始存放，则编译系统对变量在内存的存放情况如图7-3所示(实际内存单元分配时，除非是某个数组中各元素分配的单元是连续的，一般变量的分配的内存单元是在规定区域随机分配的，不一定如本例连续分配)。

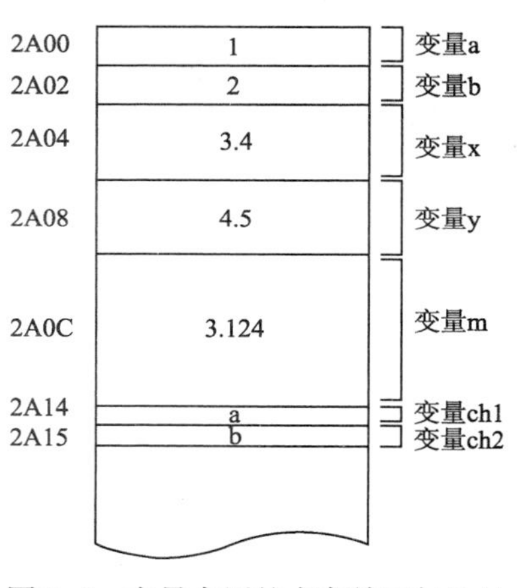

图 7-3 变量占用的内存单元与地址

变量在内存中按照数据类型的不同，占内存的大小也不同，都有具体的内存单元地址，如变量a在内存的地址是2A00H，占据两个字节后，变量b的内存地址就为2A02H，变量m的内存地址为2A0CH等。

对内存中变量的访问，过去我们用scanf("%d%d%f", &a,&b,&x) 表示将数据输入到变量分配地址所在的内存单元，这种按变量地址存取变量值的方式称“直接访问”方式。因此，在访问变量时，首先应找到其在内存中的地址，或者说，一个地址唯一指向一个内存变量，我们称该地址为变量的指针。如果将变量分配的内存地址值保存在内存特定区域并用变量来表示所存放的这些地址，这样的变量就是指针变量，通过指针对所指向变量的访问方式称“间接访问”方式。

打个比方，为了开一个A抽屉，有两种方法，一种是直接用A钥匙将该抽屉打开，这是“直接访问”方法；另一种方法是，出于安全上的考虑，将A钥匙放在另一个抽屉B中锁起来。如果需要打开A抽屉，就需要先取出B钥匙，打开B抽屉，取出A钥匙，再打开A抽屉，这是“间接访问”方法。

实际上，一个指针就是一个地址，是一个常量；而一个指针变量却可以被赋予不同的指针值，

是变量。因此，变量的地址就是指针，专门用来存放指针的变量就是指针变量。通常情况下，我们把指针变量简称为指针。指针是特殊类型的变量，其内容是变量的内存地址。指针变量的值不仅可以是变量的地址，也可以是其他类型数据的地址，比如在一个指针变量中可存放某个数组或某个函数的首地址。

在一个指针变量中存入一个数组或一个函数的首地址有何意义呢？因为数组或函数都是连续存放的，通过访问指针变量取得了数组或函数的首地址，也就找到了该数组或函数。这样，凡是出现数组、函数的地方都可用一个指针变量来表示，只要该指针变量中被赋予数组或函数的首地址即可。这样做将会使程序的概念十分清楚，程序本身也精炼、高效。在C语言中，一种数据类型或数据结构往往都占有一组连续的内存单元。用"地址"这个概念并不能很好地描述一种数据类型或数据结构，而"指针"虽然也是一个地址，但它可以是某个数据结构的首地址，它是"指向"一个数据结构的，因而概念更为清楚，表示更为明确、形象。这也是引入"指针"概念的一个重要原因。

设一组指针变量pa、pb、px、py、pm、pch1、pch2，分别指向上述的变量a、b、x、y、m、ch1、ch2，指针变量也被存放在内存中，二者的对应关系如图7-4所示。

在图7-4中，左侧所示的内存单元中存放的是指针变量的值，该值是指针变量所指变量的地址，通过该地址，就可以对右侧描述的变量进行访问。如指针变量pa的值为2A00H，是变量a在内存的地址。因此，pa就指向变量a。

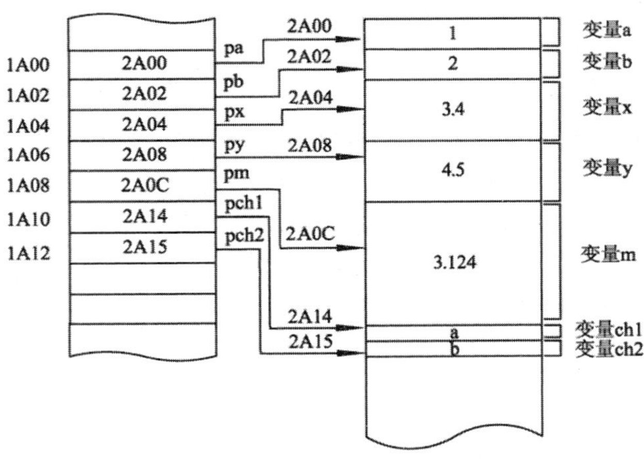

图7-4 指针变量与变量在内存中的对应关系

二、变量的指针和指向变量的指针变量

如前所述，变量的指针是一个变量在内存中的地址，而专门用来存放一个变量的指针的变量就是指向这个变量的指针变量。

1. 指针变量的定义

指针变量与C语言的其他变量一样也遵循"先定义而后使用"的原则。指针变量定义的一般形式如下：

格式：类型说明符 *变量名;

其中，*表示这里定义的是一个指针变量；变量名即为定义的指针变量名；类型说明符表示该指针变量所指向对象（变量、数组或函数等）的数据类型。

例如：

```
int *ptr1;        /*"ptr1"（而不是*ptr1）是一个指向整型变量的指针变量，它的值是某个整型
变量的地址。至于ptr1究竟指向哪一个整型数据是由ptr1被赋予的地址所决定的*/
float *ptr2;      /*"ptr2"是指向单精度型数据的指针变量*/
char *ptr3;       /*"ptr3"是指向字符型数据的指针变量*/
```

【注意】

一个指针变量只能指向同类型的数据所在的内存单元，如ptr2只能指向单精度数据所在的内存单元，不能时而指向一个单精度数据单元，时而又指向一个整型数据单元。

指针变量赋值的两种方法：

① 指针变量初始化的方法：

```
int a,*p = &a;
/*定义一个整型变量a和指向整型变量的指针变量p，并将整型变量a的地址赋予指针变量p（或者说将指
  针变量指向整型变量a）*/
```

② 赋值语句的方法：

```
int a,*p;         /*先定义一个整型变量a和指向整型变量的指针变量p*/
p=&a;             /*将整型变量a地址赋予指针变量p*/
```

用p=&a这种方法，被赋值的指针变量前不能再加“*”说明符，如写为*p = &a是错误的。

指针变量中存放的是定义时所注明类型的变量地址，因而不允许将任何非地址类型的数据赋给它。如：p=2000;就属于不合法，这也是一种不能转换的错误，因为2000是整型常量（int），而p是指针变量（int *），因而编译时会出现cannot convert 'int' to 'int *'的错误信息。

在C语言中，变量的地址是由编译系统分配的，对用户完全透明，因此要取得某个变量所在的内存地址必须使用取地址运算符“&”来取得变量的地址。

2. 指针变量的引用

指针变量的引用形式如下。

格式：*指针变量

其中，“*”是取内容运算符，是单目运算符，其结合性为右结合，用来表示指针变量所指向的数据对象。

读一读

指针引用时在取内容运算符“*”之后必须是指针变量。需要注意的是指针运算符“*”和指针变量说明符“*”不是一回事。指针变量说明中的“*”是定义指针变量时的类型说明符，表示其后定义的变量是指针变量；而表达式中出现的“*”则是取内容运算符，用来表示指针变量所指向的数据对象。

实际上，若定义了变量以及指向该变量的指针为：

```
int a,*p;
```

若p=&a; 则称p指向变量a，或者说p具有了变量a的地址。

在程序中，进行p=&a赋值以后的程序处理中，凡是可以写&a的地方，就可以替换成指针的表示p，a也可以替换成为*p。

C语言中取地址运算符“&”和取内容运算符“*”可以说是互为逆运算的运算符。如：若有定义int a,* p=&a;，则有&a与p等价，*p与a等价；相当于&a等价于&*p，等价于p,即&*p等价于p；*p等价于*&a等价于a，即*&a等价于a。

【例7.1】指针变量的引用。

```
#include <stdio.h>
#include <stdlib.h>
void main()
{
    int n,*nptr;
    nptr=(int *)malloc(sizeof(int));  /*申请空间并让nptr指向该空间*/
    *nptr=10;
    n=20;
    printf("%d,%d\n",*nptr,n);
    nptr=&n;
    printf("%d,%d\n",*nptr,n);
    n=30;                             /*直接对变量n进行访问*/
    printf("%d,%d\n",*nptr,n);
    *nptr=40;                         /*通过指针变量nptr间接对变量n进行访问*/
    printf("%d,%d\n",*nptr,n);
}
```

运行结果：

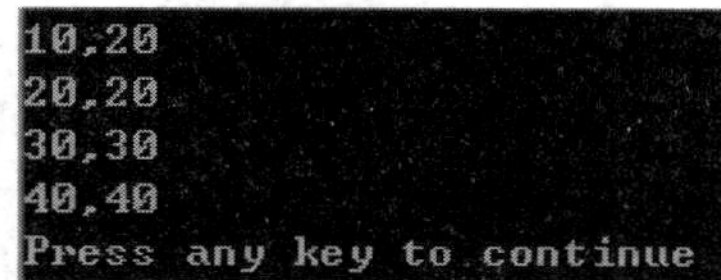

读一读

定义了指针变量nptr后，其指针变量的内容是不确定的，即其所指的地址是未知的，而*nptr=10;语句是对指针变量所指的变量进行赋值，这种对不确定的变量赋值是很危险的，很有可能会造成程序的不稳定，甚至会造成死机，因而实际编程中必须避免这种使用，因而程序中用malloc()申请内存空间并让nptr指向该空间。nptr=&n;语句亦使指针变量nptr有所指，指向整型变量n，而变量n是经过定义的，系统会给变量n分配存储空间，因而在以后的程序中再使用指针变量nptr就安全了。

3．指针变量作为函数参数

函数的参数可以是我们在前面学过的基本数据类型，也可以是指针类型。使用指针类型做函数的参数，调用函数的实参向函数形参传递的是变量的地址。变量的地址在调用函数时作为实参，被调函数使用指针变量作为形参接收传递的地址。这里实参所指单元的数据类型要与形参的指针所指向的对象数据类型一致。由于被调函数获得了所传递变量的地址，该地址单元区域的数据在被调函数调用结束后被物理地保留下来。

需要注意的是，C语言中实参和形参之间的数据传递是单向的“值传递”方式，指针变量作函数参数也要遵循这规则。因此不能企图通过改变指针形参的值来改变指针实参的值，但可以通过改变作为形参的指针变量所指向的变量值来达到改变实参所指向的变量值的目的（实际上，作为实参和形参的指针变量此时是指向同一个变量所在单元）。由于函数调用可以且只可得到一个返回值，而用指针变量作参数，可以通过调用函数得到多个变化了的值，这是运用指针变量作函数参数的好处。

【例7.2】输入3个整数，按降序（从大到小的顺序）输出。要求使用变量的指针作函数调用的实参来实现。

```
#include <stdio.h>
void exchange(int *ptr1,int *ptr2)
{
   int temp;
   temp=*ptr1,*ptr1=*ptr2,*ptr2=temp;
 }
void main()
{
   int num1,num2,num3,*p1,*p2,*p3;
   p1=&num1;
   p2=&num2;
   p3=&num3;
   printf("Input the three numbers: ");
   /*输入3个整数, &num1、&num2、&num3分别用p1、p2、p3代替*/
   scanf("%d,%d,%d",p1,p2,p3);
   printf("num1=%d,num2=%d,num3=%d\n",num1,num2,num3);
   if(num1<num2) exchange( p1, p2);          /*排序*/
   if(num1<num3) exchange( p1, p3);
   if(num2<num3) exchange( p2, p3);
   printf("Sorted the three numbers:%d,%d,%d\n",num1,num2,num3);
                                             /*输出排序结果*/
}
```

运行结果：

```
Input the three numbers: 33,72,24
num1=33,num2=72,num3=24
Sorted the three numbers:72,33,24
Press any key to continue
```

任务实施

现在我们设计一个利用指针作为函数参数来对存储了10套房屋面积信息进行排序的程序。先在VC++ 2010中新建一个win32控制台应用空项目hou_idx，然后在其源程序中添加"新建项"→"C++文件"选项，并命名为hou_idx.c，定义float型数组ha[]来存储10套房屋面积，定义int型数组hn[]来存储10套房屋编号；同时定义int型指针变量p1和float型指针变量p2来作为排序函数sort_harea的形参。具体代码如下：

```
/*按房屋面积排序*/
#include <stdio.h>
#include <stdlib.h>
void sort_harea(int *p1,float *p2,int n) /*指针变量p1和p2排序函数形参，n为要排序数据量*/
{
int j,k,m;
float temp;
for(j=0;j<n-1;j++)
  {for(k=j+1;k<n;k++)
      if(p2[j]>p2[k])
      {
         m=p1[j];
         temp=p2[j];
         p2[j]=p2[k];
         p1[j]=p1[k];
         p1[k]=m;
         p2[k]=temp;
      }
      else
         continue;
  }
  printf("\n===================================\n");
}
void main()
{ system("CLS");
  int i,hn[10];
  float ha[10];
  printf("请输入10个房屋面积:\n");
  for(i=0;i<10;i++)                    /*输入10个房屋面积数据*/
    { hn[i]=i+1;
      scanf("%f",&ha[i]);
    }
  printf("当前房屋信息为:\n房屋编号 房屋面积\n");/*显示当前房屋面积排序前的的数据*/
  for(i=0;i<10;i++)
    printf("   %d:\t%5.1f\n ",hn[i],ha[i]);
  sort_harea(hn,ha,10);                /*调用排序函数，hn和ha均为数组名，是传址调用*/
  printf("排序后的房屋信息为:\n房屋编号 房屋面积\n");
  for(i=0;i<10;i++)
    printf("  %d\t%5.1f \n", hn[i],ha[i]);/*显示当前房屋面积排序后的的数据*/
  system("pause");
  }
```

运行结果：

```
请输入10个房屋面积:
86 78 98 102 82 74 68 89 76 106
当前房屋信息为:
房屋编号 房屋面积
   1:     86.0
    2:    78.0
    3:    98.0
    4:   102.0
    5:    82.0
    6:    74.0
    7:    68.0
    8:    89.0
    9:    76.0
    10: 106.0

====================================
排序后的房屋信息为:
房屋编号 房屋面积
  7       68.0
  6       74.0
  9       76.0
  2       78.0
  5       82.0
  1       86.0
  8       89.0
  3       98.0
  4      102.0
  10     106.0
Press any key to continue
```

任务二　数组与指针使用

任务导入

物业管理系统中，需要存储和处理各个业主的姓名，现要求设计程序完成存储和处理5位业主姓名、同时可以按要求查询业主姓名。

C语言中一位业主姓名（实际为一个字符串）需要使用一个字符数组来存储，多位业主姓名往往就需要使用二维数组来处理，此时往往使用指针变量来处理更加方便。

知识准备

一、数组与指针

在C语言中，数组和指针有着紧密的联系，用指针表示数组元素非常方便。当一个数组被定义后，程序会按照其类型和长度在内存中为数组分配一段连续的地址空间，数组名就是这块连续内存单元的首地址。一个数组也是由各个数组元素（下标变量）组成的。每个数组元素按其类型不同占有几个连续的内存单元。一个数组元素的首地址是指它所占有的几个内存单元首地址。

我们知道指针变量是用于存放变量的地址，可以指向变量，当然也可存放数组的首地址或数组元素的地址，这就是说，指针变量可以指向数组或数组元素，对数组和数组元素的引用，也同样可以使用指针变量。

1．指针与一维数组

假设定义一个一维数组，该数组在内存中有系统分配的一个存储空间，其数组名就是该数组在内存的首地址。若再定义一个指针变量，并将数组的首地址传给这个指针变量，则该指针就指向了这个一维数组；我们说数组名是数组的首地址，也就是数组的指针；而定义的指针变量就是指向该数组的指针变量。对一维数组的引用，既可以用传统的数组元素的下标法，也可使用指针的表示方法。

```
int a[10],*ptr;                          /*定义数组与指针变量*/
ptr=a;                                   /*也可写成：ptr=&a[0];*/
```

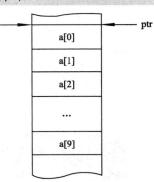

则ptr就得到了数组的首地址。其中，a是数组的首地址，&a[0]是数组元素a[0]的地址，由于a[0]的地址就是数组的首地址，所以，两条赋值操作效果完全相同。指针变量ptr就是指向数组a的指针变量，如图7-5所示。

图 7-5　指针变量与数组

假设ptr指向了一维数组，现在来看C语言中指针对数组的表示方法：

（1）ptr+n或a+n表示数组元素a[n]的地址，即&a[n]。对整个a数组来说，共有10个元素，n的取值范围为0～9，则数组元素的地址就可以表示为ptr+0～ptr+9或a+0～a+9，与&a[0]～&a[9]保持一致。

（2）数组元素的地址表示方法：*(ptr+n) 或*(a+n) 就表示为数组的各个元素，即等效于a[n]。

（3）指向数组的指针变量也可用数组的下标形式表示为ptr[n]，其效果相当于* (ptr+n)。

综上所述，当有指针变量（如ptr）指向某个数组（如a[]）时，访问数组元素有2类4种方法：

① 通过下标直接访问表示法：

数组下标法：用a[i] 形式访问数组元素。

指针下标法：用ptr[i] 形式访问数组元素。

② 通过地址间接访问表示法：

指针法：用 *(ptr+i) 形式间接访问数组元素。

数组名法：用 *(a+i) 形式间接访问数组元素。

【例7.3】输入/输出一维数组各元素。

① 数组下标法。

```
#include <stdio.h>
void main()
{
   int i,a[10];
   for(i=0;i<=9;i++)
     scanf("%d",&a[i]);
   for(i=0;i<=9;i++)
      printf("%4d",a[i]);
   printf("\n");
}
```

运行结果：

```
10 11 12 13 14 15 16 17 18 19
  10  11  12  13  14  15  16  17  18  19
Press any key to continue
```

② 指针下标法。

```
#include <stdio.h>
void main()
{
   int i,a[10],*ptr=a;
   for(i=0;i<=9;i++)
      scanf("%d",&ptr[i]);
   for(i=0;i<=9;i++)
      printf("%4d",ptr[i]);
   printf("\n");
}
```

运行结果：

```
10 11 12 13 14 15 16 17 18 19
  10  11  12  13  14  15  16  17  18  19
Press any key to continue
```

③ 指针法。

```
#include <stdio.h>
void main()
{
   int i,a[10],*ptr=a;
   for(i=0;i<=9;i++)
      scanf("%d",ptr+i);
   for(i=0;i<=9;i++)
      printf("%4d",*(ptr+i));
   printf("\n");
}
```

或

```
#include <stdio.h>
void main()
{
   int i,a[10],*ptr=a;
   for(i=0;i<=9;i++)
   /*输入十进制数至指针变量所指单元，指针变量加1指向下一个数组元素*/
   scanf("%d",ptr++);
   ptr=a;                    /*因前面程序使指针已移动，因而指针变量需重新指向数组首址*/
   for(i=0;i<=9;i++)
    printf("%4d",*ptr++);
   printf("\n");
}
```

运行结果：

```
10 11 12 13 14 15 16 17 18 19
  10  11  12  13  14  15  16  17  18  19
Press any key to continue
```

读一读

程序中*ptr++ 所表示的含义要注意。*ptr表示指针所指向的变量；ptr++表示指针所指向的内存单元地址在当前地址基础上加1个该类型变量所占字节数，具体地说，若指向整型变量，则指针所指向的内存单元地址值在当前地址基础上加4，若指向实型，则指针所指向的内存单元地址值在当前地址基础上加4，依此类推。

想一想

printf ("%4d",*ptr++)中，*ptr++所起作用为先输出指针指向单元的变量值，然后指针变量加1（亦即指针所指地址在当前地址基础上加一个整数所占字节数）。指针变量的值在循环结束后，已指向数组的尾部的后面，如本例中数组元素a[9]的地址假设为20000，整型占4字节，则循环结束时ptr的值就为20004。请思考：如果将以上程序中的ptr=a;语句去掉，再运行该程序会出现什么结果呢？

④ 数组名法。

```
#include<stdio.h>
void main()
{
   int i,a[10],*ptr=a;
   for(i=0;i<=9;i++)
     scanf("%d",a+i);
   for(i=0;i<=9;i++)
      printf("%4d",*(a+i));
   printf("\n");
}
```

运行结果：

```
10 11 12 13 14 15 16 17 18 19
  10  11  12  13  14  15  16  17  18  19
Press any key to continue
```

【例7.4】指向数组的指针变量的应用举例——使用指针变量实现动态数组。所谓动态数组是指在程序运行过程中，根据实际需要指定数组的大小。

在程序运行过程中，数组的大小不能改变的数组称为静态数组。静态数组的缺点是：对于事先无法准确估计数据量的情况，无法做到既满足处理需要，又不浪费内存空间。在C语言中，可利用内存的申请和释放库函数，以及指向数组的指针变量可当数组名使用的特点来实现动态数组。动态数组的本质是：一个指向数组的指针变量。

程序如下：

```
#include <malloc.h>
#include <stdio.h>
#include <stdlib.h>
```

```
void main()
{
    int  *array=NULL,num,i;
    printf("Input the  number  of   element:");
    scanf("%d",&num);                              /*输入动态数组元素个数*/
    array=(int *)malloc(sizeof(int)*num);    /*申请动态数组使用的内存空间*/
    if(array==NULL)                                /*如果内存申请失败：提示，退出*/
    {
       printf("out  of  memory,press  any  key  to  quit! ");
       exit(1);                                   /*exit(1)：终止程序运行，返回操作系统*/
    }
   printf("Input  %d  elements:",num);         /*提示输入num个数据*/
   for(i=0; i<num; i++)
      scanf("%d",&array[i]);
      printf("%d  elements  are:",num);        /*提示即将输出刚输入的num个数据*/
   for(i=0;i<num;i++)                             /*输出刚输入的num个数据*/
      printf("%d\t",array[i]);
   printf("\n");
   free(array);                                   /*释放由malloc()函数申请的内存块*/
}
```

运行结果：

```
Input the  number  of   element:6
Input 6 elements:11 12 13 14 15 16
6 elements  are:11      12      13      14      15      16
Press any key to continue
```

2. 数组名作为函数参数

若以数组名作为函数参数，数组名就是数组的首地址，实参向形参传送数组名实际上就是传送数组的地址，形参得到该地址后也指向同一数组。实参数组和形参数组各元素之间并不存在“值传递”，在函数调用前形参数组没有被分配内存单元（也就是说没有占用内存单元），在函数调用时，形参数组获得内存，但并不是另外分配新的存储单元，而是以实参数组的首地址作为形参数组的首地址，这样实参数组与形参数组共占同一段内存（实际上是同一个数组，只不过有实参数组和形参数组两个数组名而已）。如果在函数调用过程中使形参数组的元素值发生变化，实际上也就使实参数组的元素值发生了变化。函数调用结束后，实参数组各元素所在单元的内容已改变，当然在主调函数中可以利用这些已改变的值。

我们知道，可以用指针变量指向一个数组，这样用数组名作函数参数时，实参与形参的对应关系有以下4种情况，如表7-1所示。

表 7-1　实参与形参对应关系表

实　　参	形　　参	实　　参	形　　参
数组名	数组名	指针变量	指针变量
数组名	指针变量	指针变量	数组名

【例7.5】用选择法对10个整数排序（从大到小排序）。

```
#include <stdio.h>
void sort(int *x,int n)
```

```
{
  int i,j,k,t;
  for(i=0;i<n-1;i++)
  {
    k=i;
    for(j=i+1;j<n;j++)
      if(*(x+j)>*(x+k))  k=j;
    if(k!=i)
      {t=*(x+i);*(x+i)=*(x+k);*(x+k)=t;}
   }
}

void main()
{
  int * p,i,array[10];
  p=array;
  for(i=0;i<10;i++)
    scanf("%d",p++);
  p=array;
  sort(p,10);
  for(p=array,i=0;i<10;i++)
    {printf("%4d",*p);p++;}
}
```

运行结果：

```
65 20 18 26 17 26 45 34 30 29
  65  45  34  30  29  26  26  20  18  17
Press any key to continue
```

二、字符串与指针

1. 字符串的表示形式

我们知道，C语言对字符串常量是按字符数组处理的，实际上是在内存中开辟了一个字符数组用来存放字符串常量。字符数组的每个元素存放一个字符，且以字符串结束标志（'\0'）结尾。我们可以通过字符数组名（这个数组的首地址）输入/输出一个字符串。

可以定义一个字符指针，用字符指针指向字符数组或字符串常量，通过指针引用字符数组或字符串中的各个字符。

字符串指针变量的定义说明与指向字符变量的指针变量说明是相同的，因此只能按对指针变量的赋值不同来区别。对字符指针可以赋予字符变量的地址、字符数组或字符串的首地址。如：

```
char ch,*p=&ch;           /*表示p是一个指向字符变量ch的指针变量*/
char *str="C Language";   /*表示str是指向字符串的指针变量,并把字符串的首地址赋予str*/
char a[20],*str=a;        /*表示str是指向字符串的指针变量,把字符数组a的首地址赋予str*/
```

【例7.6】逆序输出字符串。

```
#include <stdio.h>
#include <string.h>
void main()
{
```

```
    char *p,*str="How do you do!";
    printf("%s\n",str);
    /*将p指针在str(字符串首地址)基础上加字符串长度，以将p指针指向字符串尾部'\0'*/
    p=str+strlen(str);
    while(--p>=str)
      printf("%c",*p);
    printf("\n");
}
```

运行结果：

```
How do you do!
!od uoy od woH
Press any key to continue
```

本例中strlen(str)表示返回字符串str的长度，因而p=str+strlen(str) 表示将字符串结束标志处的地址赋给字符指针变量p，然后对字符指针p自减，循环实现字符串逆序输出。

2．使用字符串指针变量与字符数组的区别

用字符数组和字符指针变量都可实现字符串的存储和运算，但两者是有区别的，必须加以注意，切不可混淆。在使用时应注意以下几个问题。

① 字符指针变量本身是一个存放地址的变量，它的值(即存放的地址)是可以改变的，而字符数组的数组名代表该数组的首地址，但它是常量，它的值是不能改变的。

② 赋初值所代表的意义不同。

对于字符指针变量：

```
char *ptr="Hello World";
```

等价于：

```
char *ptr;
ptr="Hello World";    /*本语句不是将字符串赋给ptr，而是将ptr指针指向该字符串首地址*/
```

对于字符数组：

```
char str[]="Hello World";
```

不能写为：

```
char str[80];
str="Hello World"; /*数组是不能直接整体赋值的，要赋值只能通过strcpy()函数来完成；或者只能对字符数组的各元素逐个赋值*/
```

③ 定义数组时，编译系统为数组分配内存空间，有确定的地址值，而定义一个字符指针变量时，其所指地址是不确定的。对于字符数组可以这样使用：

```
char str[80];
scanf("%s",str);
```

对于字符指针变量，应申请分配内存，取得确定地址，如：

```
char *str;
```

```
str=(char *)malloc(80);
scanf("%s",str);
```

而下面的做法是很危险的，会使程序不稳定，随时可能出现死机现象。

```
char *str;
scanf("%s",str);    /*str指针定义了，但没有明确的指向，因而是很危险的*/
```

在C语言中可以使用字符数组名作为实参，将字符数组的首地址传递给形参；也可以将指向字符串的指针变量作为实参，将指针传递给形参。以上两种方法，都可以通过被调函数改变主调函数中字符串的内容。

【例7.7】用申请分配内存的方法实现两个字符串的连接，并且不能使用strcat()函数。

```
#include <stdio.h>
#include <stdlib.h>
#include <malloc.h>
void catstr(char *dest,char *src);
void main()
{
    char *dest,*src=" help you?";
    if((dest=(char *)malloc(80))==NULL)
    {
        printf("no memory\n");
        exit(1);    /*表示发生错误后退出程序*/
    }
      dest="Can I";
      catstr(dest,src );
      puts(dest);
}

void catstr(char *dest,char *src)
{
    /*移动指针，若指针所指向的值为非0则循环，否则结束循环。将指针指向目标字符串的末尾*/
    while(*++dest);
    /*源字符向目标字符赋值，移动指针，若所赋值为非0则循环，否则结束循环*/
    while(*dest++=*src++);
}
```

运行结果：

```
Can I help you?
Press any key to continue
```

本例中定义一个字符指针变量dest，使用标准函数malloc()申请分配80个字节的内存空间，用于存放两个字符串连接后的合并字符串。函数catstr()的形参为两个字符指针变量。src指向源字符串，dest指向目标字符串。此函数由两个循环组成：第一个循环的作用是用于跳过目的字符串原有的字符；第二个循环则是将源字符串中的字符连接到目的字符串的尾部。

如果将catstr()函数改为下列形式，请思考会产生什么结果？

```
void catstr(char *dest,char *src)
{
    while(*dest++);
    while(*dest++=*src++);
}
```

从本例中我们可以看到，由于使用指针使得C程序变得紧凑、精练、简洁，也使得C程序呈多样化，不容易看懂，关键在于对指针概念的理解，以及如何应用于实际编程中。

三、指向多维数组的指针和指针变量

用指针变量可以指向一维数组，也可以指向二维数组或多维数组。这里以二维数组为例介绍指向多维数组的指针变量。

1. 二维数组的地址

定义一个二维数组：

```
static int a[3][4]={{2,4,6,8},{10,12,14,16},{18,20,22,24}};
```

表示二维数组有3行4列共12个元素，C语言中的二维数组在内存中是按行存放，存放形式如图7-6所示。

	&a[0][0]	&a[0][1]	&a[0][2]	&a[0][3]
a=a+0=a[0]	a[0][0] 2	a[0][1] 4	a[0][2] 6	a[0][3] 8
a+1=a[1]	a[1][0] 10	a[1][1] 12	a[1][2] 14	a[1][3] 16
a+2=a[2]	a[2][0] 18	a[2][1] 20	a[2][2] 22	a[2][3] 24

图 7-6　二维数组的地址

其中，a是二维数组的数组名，其中存放二维数组的首地址，&a[0][0]是数组0行0列的地址，它的值与a相同，a[0]怎么理解呢？因为在二维数组中不存在元素a[0]，因此a[0] 应该理解成是第0行的首地址（即&a[0][0]），当然它的值也是与a相同。同理a[n] 就是第n行的首址（即&a[n][0]）；&a[n][m] 是数组元素a[n][m] 的地址。

既然二维数组每行的首地址都可以用a[n] 来表示，我们就可以把二维数组看成是由n行一维数组构成，将每行的首地址传递给指针变量，行中的其余元素均可以由指针来表示。从图7-6可理解为a为一个一维数组，包含3个元素，它们分别为a[0]、a[1]、a[2]，各个元素又是一个有4个元素的一维数组，如图7-7所示。

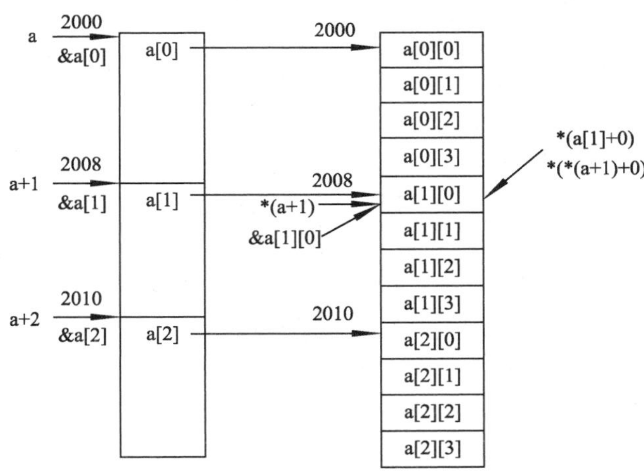

图 7–7　二维数组的地址示意图

从图7–7中可以看出，a+1、&a[1]、a[1]、*(a+1)、&a[1][0]的值是相同的，均为2008，但我们可以看出它们实际上是分属于两个不同的层次。其中，a+1、&a[1]是指向行的地址，而a[1]、*(a+1)、&a[1][0]是指向列的地址。由此可推出：

a+i、&a[i]表示第i行首地址，指向行；a[i]、*(a+i)、&a[i][0]表示第i行第0列元素地址，指向列。

另外，a[0] 也可以看成是a[0]+0，是一维数组a[0] 的0号元素的地址，而a[0]+1则是a[0] 的1号元素地址。a[i]+j对应于i行j列数组元素的地址，由此可得出a[i]+j则是一维数组a[i]的j号元素地址，它等于&a[i][j]。由a[i]=*(a+i)得出a[i]+j=*(a+i)+j，*(a+i)+j是二维数组a的i行j列元素的地址，该元素的值可以表示为*(*(a+i)+j)。

【例7.8】二维数组地址和元素的多种表示方式。

```
#include <stdio.h>
void main()
{
    static int a[3][4]={{2,4,6,8},{10,12,14,16},{18,20,22,24}};
    printf("%x,%x,%x,%x,%x,%d\n",a,&a[0],a[0],*(a+0),&a[0][0],a[0][0]);
    printf("%x,%x,%x,%x,%x,%d\n",a+1,&a[1],a[1],*(a+1),&a[1][0],a[1][0]);
    printf("%x,%x,%x,%x,%x,%d\n",a+2,&a[2],a[2],*(a+2),&a[2][0],a[2][0]);
    printf("%x,%x\n",a[1]+1,*(a+1)+1);
    printf("%d,%d\n",*(a[1]+1),*(*(a+1)+1));
}
```

运行结果：

```
422a30,422a30,422a30,422a30,422a30,2
422a40,422a40,422a40,422a40,422a40,10
422a50,422a50,422a50,422a50,422a50,18
422a44,422a44
12,12
Press any key to continue
```

2. 指向二维数组的指针变量

（1）指向数组元素的指针变量

【例7.9】用指针变量输入/输出二维数组元素的值。

```
#include <stdio.h>
void main()
{
  int a[3][4],*ptr;
  int i,j;
  ptr=a[0];
  for(i=0;i<3;i++)
     for(j=0;j<4;j++)
        scanf("%d",ptr++);                  /*指针的表示方法*/
  ptr=a[0];
  for(i=0;i<3;i++)
  {
    for(j=0;j<4;j++)
      printf("%4d",*ptr++);
    printf("\n");
  }
 }
输入: 11 22 33 44 55 66 77 88 99 100 110 120<回车>
```

运行结果：

```
11 22 33 44 55 66 77 88 99 100 110 120
  11  22  33  44
  55  66  77  88
  99 100 110 120
Press any key to continue
```

读一读

需要注意的是，指向整型变量的指针变量ptr只能指向a[i]、*(a+i)、&a[i][0]等指向列的地址，而不能指向a+i、&a[i]等指向行的地址。

【例7.10】求3×4整数矩阵中的最大元素、最小元素、所有元素的平均值。（要求用指向二维数组的指针变量按二维数组的排列方式处理数组元素）

```
#include <stdio.h>
void main()
{
   int a[3][4]={{65,67,66,60},{80,83,87,88},{90,99,91,95}};
   int *p,max,min,i,j;
   float average=0.0;
   p=a[0];
   max=min=a[0][0];                         /*将a[0][0]的值赋给max和min*/
   for(i=0;i<3;i++)
     for(j=0;j<4;j++)
     {
       if(*(p+i*4+j)>max)max=*(p+i*4+j); /*元素a[i][j]大于当前最大数则更新当前最大数*/
       if(*(p+i*4+j)<min)min=*(p+i*4+j); /*元素a[i][j]小于当前最小数则更新当前最小数*/
       average+=*(p+i*4+j);             /*将元素a[i][j]加到average变量中*/
     }
   printf("max=%d\n",max);
   printf("min=%d\n",min);
```

```
    printf("average=%f\n",average/12);
}
```

运行结果：

```
max=99
min=60
average=80.916667
Press any key to continue
```

（2）指向二维数组的指针变量

指向二维数组的指针变量的说明形式如下。

格式：类型说明符　(*指针变量名)[长度];

其中，“类型说明符”为所指数组的数据类型；“*”表示其后的变量是指针类型；“长度”表示二维数组分解为多个一维数组时，一维数组的长度，也即二维数组的列数。需要注意“（*指针变量名）”两边的括号不可少，否则表示的是指针数组（后面将介绍），意义就完全不同了。

【例7.11】输出二维数组元素的值。

```
#include <stdio.h>
void main()
{
   static int a[3][4]={{2,4,6,8},{10,12,14,16},{18,20,22,24}};
   int (*ptr)[4];                        /*定义指向二维数组的指针变量ptr*/
   int i,j;
   ptr=a;                                /*把二维数组的首地址赋给指针变量ptr*/
   for(i=0;i<3;i++)                      /*用指针法输出各数组元素的值*/
   {
     for(j=0;j<4;j++)
        printf("%4d",*(*(ptr+i)+j));
     printf("\n");
   }
}
```

运行结果：

```
   2   4   6   8
  10  12  14  16
  18  20  22  24
Press any key to continue
```

任务实施

视频

任务二 任务实施

现在我们设计一个利用指针作为函数参数来对存储了5位业主信息并按要求对业主姓名进行查询的程序。先在VC++ 2010中新建一个win32控制台应用空项目owner_nam，然后在其源程序中添加“新建项”→“C++文件”选项，并命名为owner_nam.c，定义char型数组oname[5][8]来存储5位业主信息；同时定义char型指针变量p、fname，分别用于指向oname[0]和存储待查业主姓名，再定义char型指针变量po、po1，作为业主信息处理函数find()的形参用来接收指针变量p、fname的地址。

```
/*添加业主信息*/
  #include <string.h>
```

```
#include <stdio.h>
#include <stdlib.h>

void find(char *po,char *po1)
{int k;
 char *temp=po;
 for(k=0;k<5;k++,temp=temp+8)
  if(strcmp(po1,temp)==0)
   { printf("\n\n你查找的业主姓名为:%s\n",temp);break;}
  else
    continue;
  if(k>=5)
     printf("你查找的业主不存在");
}
void main()
{  int i;
   char oname[5][8],*p=oname[0],name[8],*fname=name;
   printf("请输入业主姓名: \n");
   for(i=0;i<5;i++)
   {
      printf("当前输入的是第%d位业主:",i+1);
      scanf("%s",oname[i]);
   }
   printf("您当前已有的业主姓名为:\n");
   for(i=0;i<5;i++,p=p+8)     /*由于p指针是指向每个数组元素的指针，p+1只是指向一个字符串
的下一个字符，而本例是列为8的二维数组，p+8后才是指向下一行的地址。*/
      printf("%s\t",p);
  p=oname[0];
  printf("\n\n\n请输入要查找的业主姓名为:");
  scanf("%s",fname);
  find(p,fname);                /*调用查找函数*/
  system("pause");              /*显示结果暂停，防止系统结果闪现*/
}
```

运行结果：

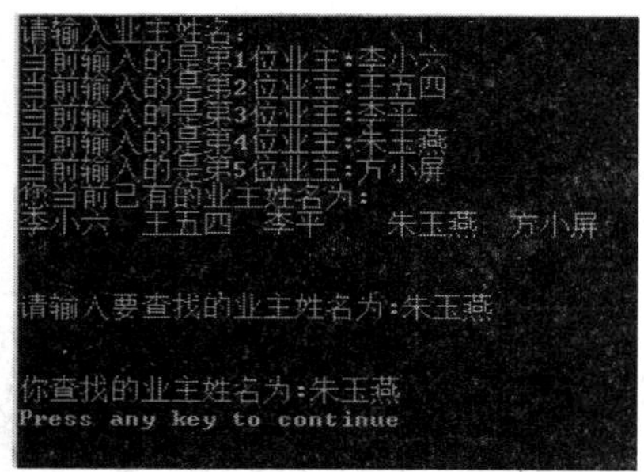

任务三　指针数组和指向指针的指针使用

任务导入

在任务二中，我们要在物业管理系统中存储和处理各个业主的姓名，现要求设计程序完成存储和处理5位业主姓名；同时可以按要求查询业主姓名，此操作中每次要求指向某一行。

在7.2.3中，我们使用了一个char型指针p，在这里p是二维数组的列指针，是指向每个数组元素的指针，p+1只是指向字符数组元素的下一个字符而不是下一个字符串。在任务二中定义字符数是列为8的二维数组，p+8后才是指向下一行的地址，实际上，在二维数组中我们可以用行指针来分别指向各行（即指向不同业主姓名），定义一个指针数组处理这类问题更方便。

知识准备

一、指针数组和指向指针的指针

1. 指针数组的概念

前面介绍了指向不同类型变量的指针的定义和使用，我们可以让指针指向某类变量，并替代该变量在程序中使用；我们也可以让指针指向一维、二维数组，来替代这些数组在程序中使用，在编程时带来许多方便。

下面定义一种特殊的数组，这类数组存放的全部是指针，分别用于指向某类的变量，以替代这些变量在程序中的使用，增加灵活性。

指针数组定义形式：

```
类型说明符  *数组名[数组长度];                /*类型说明符为指针值所指向的变量的类型*/
```

例如：char *str[4]; 由于[ ] 比*优先级高，所以首先是数组形式str[4]，然后才是与“*”的结合。这样一来，指针数组str的4个元数str[0]、str[1]、str[2]、str[3]都是指针，各自都可以指向字符类型的变量。

再如：int *ptr[5];该指针数组包含5个指针ptr[0]、ptr[1]、ptr[2]、ptr[3]、ptr[4]，各自都可以指向整型类型的变量。

在使用中注意int *ptr[5]与int (*ptr)[5]之间的区别，前者表示每一个数组元素都是指针的数组，后者是一个指向数组的指针变量。

通常可用一个指针数组来指向一个二维数组，指针数组中的每个元素被赋予二维数组每一行的首地址。使用指针数组，对于处理不定长字符串更为方便、直观。

【例7.12】使用指针数组指向字符串、指向一维数组以及指向二维数组。

```
#include  <stdio.h>
void main()
{
   char *ptr1[4]={"Cat","Mouse","Dog","Sugar"};
/*指针数组ptr1的4个指针分别依此指向4个字符串*/
   int i,*ptr2[3],a[3]={1,2,3},b[3][2]={1,2,3,4,5,6};
   for(i=0;i<4;i++)
     printf("%s",ptr1[i]);      /*依此输出ptr1数组4个指针指向的4个字符串*/
   printf("\n");
   for(i=0;i<3;i++)
     ptr2[i]=&a[i];             /*将整型一维数组a的3个元素的地址传递给指针数组ptr2*/
   for(i=0;i<3;i++)             /*依此输出ptr2所指向的3个整型变量的值*/
     printf("%4d",*ptr2[i]);
   printf("\n");
   for(i=0;i<3;i++)
     ptr2[i]=b[i];              /*传递二维数组b的每行首地址给指针数组的4个指针*/
```

```
    for(i=0;i<3;i++)              /*按行输出*/
      printf("%4d%4d\n",*ptr2[i],*ptr2[i]+1);
}
```

运行结果：

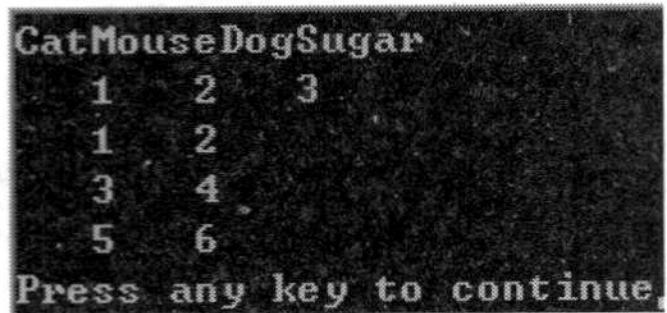

```
CatMouseDogSugar
   1   2   3
   1   2
   3   4
   5   6
Press any key to continue
```

【例7.13】定义一个含有4个数组元素的字符指针数组，同时再定义一个二维字符数组，其数组大小为4×20，即4行20列，可存放4个字符串。若将各字符串的首地址传递给指针数组各元素，那么指针数组就成为名副其实的字符串数组。请使用冒泡法对字符串按字典进行排序。

```
#include <stdio.h>
#include <string.h>
void sort(char *ptr1[],int n);
void main()
{
   char *ptr[4],str[4][20];     /*定义指针数组、二维字符数组*/
   int i;
   system("cls");               /* VC中可以用system("cls");来完成清屏, vc 6.0里可以
做 C 语言编程,但是不要使用clrscr()和getch()函数*/
   for(i=0;i<4;i++)
     gets(str[i]);              /*输入4个字符串*/
   printf("\n");
   for(i=0;i<4;i++)
     ptr[i]=str[i];             /*将二维字符数组各行的首地址传递给指针数组的各指针*/
   printf("original string:\n");
   for(i=0;i<4;i++)             /*按行输出原始各字符串*/
     printf("%s\n",ptr[i]);
   sort(ptr,4);
   printf("sorted string:\n");
   for(i=0;i<4;i++)             /*输出排序后的字符串*/
     puts(ptr[i]);
}
void sort(char *ptr1[],int n)
{
   char * temp;
   int i,j;
   for(i=0;i<n-1;i++)           /*冒泡排序*/
     for(j=0;j<n-i-1;j++)
       if(strcmp(ptr1[j],ptr1[j+1])>0)
         { temp=ptr1[j];
           ptr1[j]=ptr1[j+1];
           ptr1[j+1]=temp;
         }
}
```

运行结果：

```
9999
1111
3333
dddd

original string:
9999
1111
3333
dddd
sorted string:
1111
3333
dddd
9999
Press any key to continue
```

【例7.14】对已排好序的字符指针数组进行指定字符串的查找。字符串按字典顺序排列，查找算法采用二分法，或称为折半查找。

折半查找算法描述：

① 设按升序（或降序）输入n个字符串到一个指针数组。

② 设low指向指针数组的低端，high指向指针数组的高端，mid=(low+high)/2。

③ 测试mid所指的字符串，是否为要找的字符串。

④ 若按字典顺序，mid所指的字符串大于要查找的串，表示被查字符串在low和mid之间，否则，表示被查字符串在mid和high之间。

⑤ 修改low或high的值，重新计算mid，继续寻找。

程序如下：

```
#include <stdio.h>
#include <alloc.h>
#include <string.h>
char *binary(char *ptr[],char *str,int n); /*查找函数声明*/
void main()
{
   char *temp,*ptr1[]={"BASIC","C","DBASE IV","PASCAL","SQL SERVER"};
   int i,j;
   printf("\n");
   printf("original string:\n");
   for(i=0;i<5;i++)
      printf("%s\n",ptr1[i]);
   printf("input search string:\n");
   temp=(char *)malloc(20);
   gets(temp);                                  /*输入被查找字符串*/
   i=5;
   temp=binary(ptr1,temp,i);                    /*调用查找函数*/
   if(temp)printf("succesful-----%s\n",temp);
   else printf("no succesful!\n");
}
char *binary(char *ptr[],char *str,int n)   /*定义返回字符指针的函数*/
{  int hig,low,mid;                             /*折半查找*/
   low=0;
```

```
    hig=n-1;
    while(low<=hig)
    {
       mid=(low+hig)/2;
       if(strcmp(str,ptr[mid])<0)
          hig=mid-1;
       else if(strcmp(str,ptr[mid])>0)
          low=mid+1;
       else
          return(str);                          /*查找成功,返回被查字符串*/
    }
    return NULL;                                /*查找失败,返回空指针*/
}
```

运行结果：

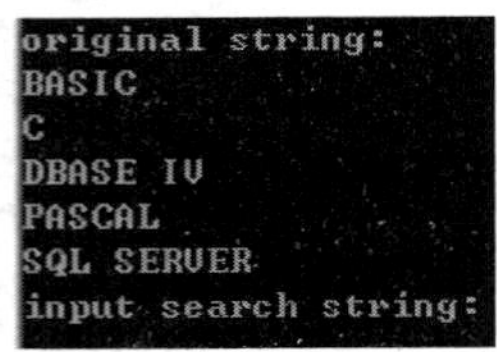

*2. 指向指针的指针

一个指针变量可以指向整型变量、实型变量、字符类型变量，当然也可以指向指针类型变量。如果一个指针变量存放的是另一个指针变量的地址，则称这个指针变量为指向指针的指针。下面用一些图来描述这种双重指针，如图7-8所示。

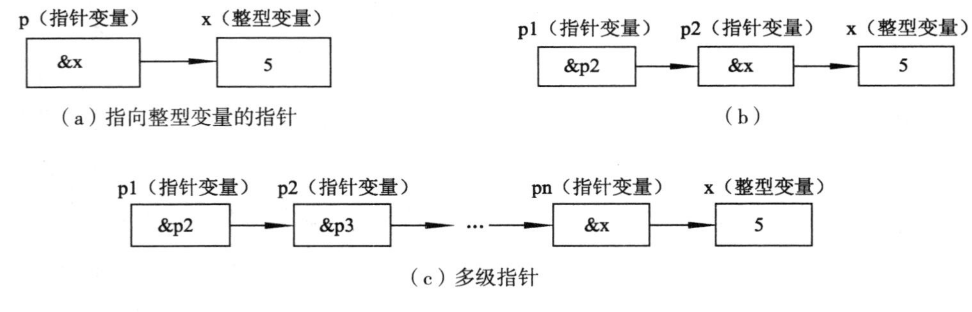

图 7-8　指向指针的指针

在图7-8（a）中，整型变量x的地址是&x，将其传递给指针变量p，则p指向x。在图7-8（b）中，整型变量x的地址是&x，将其传递给指针变量p2，则p2指向x，p2是指针变量，同时，将p2的地址&p2传递给p1，则p1指向p2。这里的p1就是我们谈到的指向指针变量的指针变量，即指针的指针。同理，在图7-8（c）中，形成了多级指针。前面已介绍，通过指针访问变量称为间接访问。由于指针变量直接指向变量，所以称为单级间接访问。而如果通过指向指针的指针变量来访问变量则构成了二级或多级间接访问。C语言中，对间接访问的级数并未明确限制，但是间接访问级数太多时不易理解，也容易出错，因此，一般很少使用超过二级的间接访问。

指向指针的指针变量定义如下。

格式：类型说明符　**指针变量名;

例如：float **ptr;

其含义为定义一个指针变量ptr，它指向另一个指针变量（该指针变量又指向一个实型变量）。由于指针运算符“*”是自右至左结合，所以上述定义相当于：

```
float *(*ptr);
```

*3．main()函数的参数

指针数组的一个重要应用是作为main()函数的形参，使用户编写的程序可以在执行文件时附带参数执行。如DOS命令FORMAT　A：/S/V，这表示FORMAT命令可以带A：、/S和/V 3个参数。带参数的好处表现在应用该文件时更为灵活、方便。

事实上，main()函数既可以是无参函数，也可以是有参函数。对于有参形式来说，就需要向其传递参数；但是其他任何函数均不能调用main()函数，当然也同样无法向main()函数传递参数，只能由程序之外传递而来，这个具体问题怎样解决呢?

我们先看main()函数的带参形式：

```
main(int argc,char *argv[ ])
{
  …
}
```

从函数参数的形式上看，包含一个整型和一个指针数组。当一个C的源程序经过编译、连接后，会生成扩展名为.exe的可执行文件，这是可以在操作系统下直接运行的文件，换句话说，就是由系统来启动运行的。对main()函数既然不能由其他函数调用和传递参数，就只能由系统在启动运行时传递参数了。

在操作系统环境下，一条完整的运行命令应包括两部分：命令与相应的参数。其格式为：

```
命令　参数1　参数2　…　参数n<回车>
```

此格式也称为命令行。命令行中的命令就是可执行文件的文件名，其后所跟参数需用空格分隔，并作为对命令的进一步补充，也即是传递给main()函数的参数。

命令行与main函数的参数存在如下的关系：

设命令行为：file str1 str2 str3<回车>

其中，file为文件名，也就是一个由file.c经编译、连接后生成的可执行文件file.exe，其后跟3个参数。对main()函数来说，它的参数argc记录了命令行中命令与参数的个数，共4个，指针数组的大小由参数argc的值决定，即为char *argv [4]，指针数组的取值情况如图7–9所示。

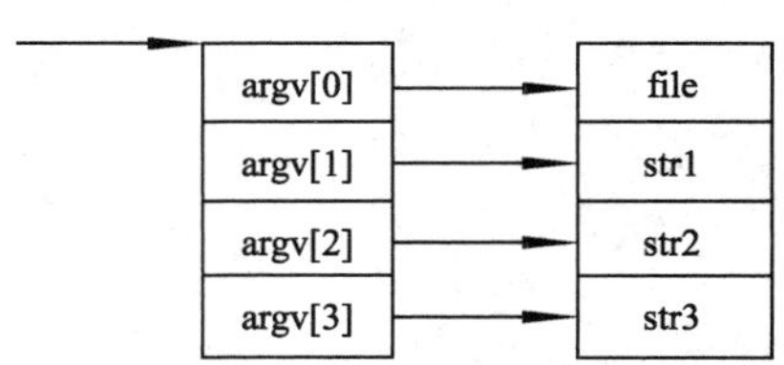

图 7–9　指针数组作 main 的命令行参数

数组的各指针分别指向一个字符串。应当引起注意的是，接收到的指针数组的各指针是从命令行开始接收的，首先接收到的是命令，其后才是参数。

*二、函数的指针和指向函数的指针变量

C语言程序是由若干函数组成的，每个函数在编译连接后总是占用一段连续的内存区，而函数

名就是该函数所占内存区的入口地址，每个入口地址就是函数的指针。在程序中可以定义一个指针变量用于指向函数，然后通过该指针变量来调用它所指的函数。这种方法能大大提高程序的通用性和可适应性，因为一个指向函数的指针变量可以指向程序中任何一个函数。

函数指针变量定义的一般形式为：

格式：类型说明符 (*指针变量名)(形参类型列表);

其中，“类型说明符”表示被指函数的返回值的类型。“(* 指针变量名)”表示“*”后面的变量是定义的指针变量。最后的括号表示指针变量所指的是一个函数，且要列出形参类型列表。

调用函数的一般形式为：

```
(*指针变量名)(实参表);
```

使用函数指针变量还应注意以下两点：

① 函数指针变量不能进行算术运算，这与数组指针变量不同。数组指针变量加减一个整数可使指针移动指向后面或前面的数组元素，而函数指针的移动是毫无意义的。

② 函数调用中“(*指针变量名)”两边的括号不可少，其中的*不应该理解为求值运算，在此处它只是一种表示符号。

*三、返回指针值的函数

函数可以通过return语句返回一个单值的整型数、实型数或字符值，也可以返回含有多值的指针型数据，即指向多值的一个指针（即地址），这种返回指针值的函数也称指针型函数。定义形式为：

```
类型说明符 *函数名(形参表)
{
  …                  /*函数体*/
}
```

其中，函数名之前加了“*”号表明这是一个指针型函数，即返回值是一个指针。类型说明符表示了返回的指针值所指向的数据类型。

【例7.15】利用指针型函数编写一个求子字符串函数。

```
#include <stdio.h>
#include <stdlib.h>
#include <string.h>
#include <malloc.h>

char *substr(char *dest,char *src,int begin,int len)
                              /*定义一个指针型函数substr*/
{
   int srclen=strlen(src );   /*取源字符串长度*/
   if(begin>srclen||!srclen||begin<0||len<0)
       dest[0]='\0';          /*当取子串的开始位置超过源串的长度,或者源串长度为0,或
                              者开始位置和子串长度为非法（小于0）时,目标串置为空串*/
   else
   {
       if(!len||(begin+len)>srclen)
```

```
            len=srclen-begin+1;    /*当子串长度为0或开始位置加子串长度大于源串长度时，
                                     调整子串的长度为从开始位置到源串结束的所有字符*/
          memmove(dest,src+begin-1,len); /*调用库函数memmove(),将子串从源串中移到目标串中*/
          dest[len]='\0';
        }
      return dest;                  /*返回一个指向字符串的指针变量*/
  }

  void main()
  {
      char *dest;
      char src[]="C Programming Language";
      if((dest=(char *)malloc(80))==NULL)
      {
        printf("no memory\n");
        exit(1);                                /*表示发生错误后退出程序*/
      }
      printf("%s\n",substr(dest,src,15,4));
      printf("%s\n",substr(dest,src,15,0));
      free(dest);
  }
```

运行结果：

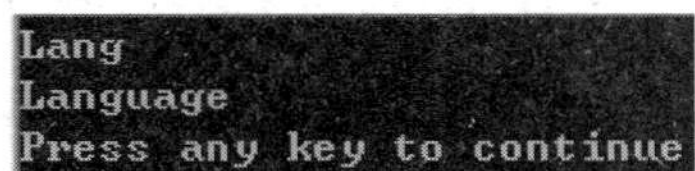

```
Lang
Language
Press any key to continue
```

读一读

本例定义了一个指针型函数substr()，在它的形参中定义一个目的串dest用于存储子串。在主调函数中，首先使用标准函数malloc()申请分配80个字节的内存空间，用于存放目标子串。malloc()函数返回类型void *，因而需强制类型转换（char *）malloc()，这样能保证与指针变量dest的类型相匹配。malloc函数调用成功后将返回新分配的内存地址，如果没有足够的内存分配，就返回NULL。一般情况下，用户需要使用free函数来释放分配的内存空间。用户在编程中一定要有这种申请分配内存的习惯，决不可任其越界，写到不确定的地址空间中。

应特别注意指向函数的指针和指针型函数这两者在写法和意义上的区别。如int(*pf)()和int *pf()是两个完全不同的量。int (*pf)()是一个变量说明，说明pf 是一个指向函数入口的指针变量，该函数的返回值是整型量，(*pf)的两边的括号不能少。int *pf() 则不是变量说明而是函数说明，说明pf是一个指针型函数，其返回值是一个指向整型量的指针，*pf两边没有括号。对于指针型函数定义，int *pf()只是函数头部分，一般还应该有函数体部分。

任务实施

现在我们设计一个利用指针作为函数参数来对存储5位业主信息同时按业主姓名进行查询的程序。先在VC++ 2010中新建一个win32控制台应用空项目owner_name1，然后在其源程序中添加“新建项”→“C++文件”选项，并命名为owner_name1.c，定义char型数组oname[5][6]来存储5位业主信息；同时定义char型指针数组*pa[5]、fname，并在程序中分别将oname行指针（即oname[0]–oname[4]）赋予pa各元素（即pa[0]–pa[4]），因而pa、fname分别用于指向oname的各行和存储待查业主姓名，再定义char型指针数组po[]、po1，作为业主信息处理函数find()的形参用来接收指针变量pa、fname的地址。具体代码为：

```
#include <string.h>
#include <stdio.h>
void find(char *po[],char *po1)
{int k;
for(k=0;k<5;k++)
{
   if(strcmp(po1,po[k])==0)
   { printf("\n\n你查找的业主姓名为:%s\n",po[k]);
     break;
   }
    else
     continue;
}
   if(k>=5)
     printf("你查找的业主不存在");
}
void main()
{
   int i;
   char oname[5][8],*pa[5],name[8],*fname=name;
   printf("请输入业主姓名: \n");
   for(i=0;i<5;i++)
   { pa[i]=oname[i];        //将二维数组的行指针oname[i]分别赋给指然数组无素p[i]
     printf("当前输入的是第%d位业主:",i+1);
     scanf("%s",oname[i]);
    }
   printf("您当前已有的业主姓名为:\n");
   for(i=0;i<5;i++)
     printf("%s\t",pa[i]);
   printf("\n\n\n请输入要查找的业主姓名为:");
     scanf("%s",fname);
    find(pa,fname);
}
```

运行结果：

```
请输入业主姓名:
当前输入的是第1位业主:张三
当前输入的是第2位业主:李四
当前输入的是第3位业主:王五四
当前输入的是第4位业主:朱玉燕
当前输入的是第5位业主:方大山
您当前已有的业主姓名为:
张三    李四    王五四  朱玉燕  方大山


请输入要查找的业主姓名为:王五四


你查找的业主姓名为:王五四
Press any key to continue
```

小　结

下面以字符指针为例，结合其他一些类型的定义说明，对本单元主要内容进行小结，如表 7-2 所示。

表 7-2　本单元主要内容小结（以字符指针为例）

定　义	含　义
char ch;	定义字符型变量 ch
char *p	p 为指向字符型数据（可以是字符型变量、字符数组、字符串常量）的指针变量
char a[n];	定义字符型数组 a，它有 n 个元素
char *p[n];	定义指针数组 p，它由 n 个指向字符型数据的指针元素组成
char (*p)[n];	p 为指向含 n 个元素的一维数组的指针变量
char f();	f 为返回字符型函数值的函数
char *p();	p 为返回一个指针的函数，该指针指向字符型数据
char (*p)();	p 为指向函数的指针，该函数返回一个字符型值
char **p;	p 是一个指针变量，它指向一个指向字符型数据的指针变量

一、指针运算小结

指针变量的运算种类是有限的。它只能进行赋值运算和加减运算及关系运算。除此以外，还可以赋空（NULL）值。

1. 赋值运算。

（1）两种基本的赋值方法。

例如：

```
方法1: int  a,*p =&a;           /* 指针变量初始化的方法*/
方法2: int  a,*p;
       p=&a;                    /* 赋值语句的方法*/
```

（2）把一个指针变量的值赋予指向相同数据类型的另一个指针变量。

例如：int a,*pa,*pb;

```
        pa=&a;
        pb=pa;                  /*将指针变量pa的值赋给相同类型的指针变量pb*/
```

（3）把数组的首地址赋给指向数组的指针变量。

例如：int a[5],*pa;

```
        pa = a;        /*将数组名（是一个数组的首地址）直接赋给一个相同类型的指针变量pa*/
```

（4）把字符串的首地址赋给指向字符类型的指针变量。

例如：char *str;

```
        str = "C Language";     /* 将字符串的首地址赋给一个字符型的指针变量str。需要强
                                调的是并不是把整个字符串装入指针变量*/
```

（5）把函数的入口地址赋给指向函数的指针变量。

例如：int (*pf)(); pf=f;　　　　/* f为函数名,此函数的值的类型为整型*/

2. 指针变量的加减运算。

指针变量的加减运算只能对指向数组的指针变量进行，对指向其他类型的指针变量作加减运算是无意义的。假设pa为指向数组a的指针变量，则pa+n，pa−n，pa++，++pa，pa−−，−−pa运算都是合法的。指针变量加或减一个整数n的意义是把指针指向的当前位置（指向某数组元素）向前或向后移动n个位置。应该注意的是，数组指针变量向前或向后移动一个位置，和地址加1或减1在概念上是不同的。因为数组可以是不同类型的，各种类型的数组元素所占的字节长度是不同的。

例如：int a[5],*pa=a;

```
pa+=2;                //pa指针移动8个字节，而不是移动2个字节
```

只有指向同一数组的两个指针变量之间相减才有意义。两指针变量相减所得之差是两个指针所指数组元素之间相差的元素个数。实际上是两个指针值(地址)相减之差再除以该数组元素的长度(占字节数)。很显然两个指针变量相加是无实际意义的。

3. 指针变量的关系运算。

指向同一数组的两指针变量进行关系运算可表示它们所代表的地址高低关系。

4. 指针变量的空运算。

对指针变量赋空值和不赋值是不同的。指针变量未赋值时，可以是任意值，是不能用的，否则将造成意外错误。而指针变量赋空值后，则可以使用，只是它不指向具体的变量而已。

例如：#define NULL 0

```
int  *p=NULL;
```

二、void指针类型

ANSI新标准增加了一种void指针类型，即可以定义一个指针变量，但不指定它是指向哪一种类型数据。ANSI C标准规定用动态存储分配函数时返回void指针，它可以用来指向一个抽象类型的数据，在将它的值赋给另一指针变量时要进行强制类型转换使之适合于被赋值的变量的类型。

例如：char *ptr1;

```
ptr1=(char *)malloc(80);   /*由于动态存储分配函数malloc的返回值是(void *)类型,因此在
                            赋给ptr1之前,需要使用强制类型转换成(char *)类型*/
```

实　训

实训要求

1. 对照教材中的例题，模仿编程完成各验证性实训任务，并调试完成，记录实训源程序和运行结果。

2. 在学完相关内容后，请大家课后试着设计编写源代码解决各设计性实训任务，并调试完成，记录实训源程序和运行结果。

3. 对照实训完成情况，将调试完成的源代码与运行结果填入实训报告中。

实训任务

验证性实训任务

实训1　分别定义整型变量i、单精度型变量f和字符型变量，并初始化它们的值为12、3.14、'm'，然后再定义整型指针变量p1、单精度型指针变量p2、字符型指针变量p3，并分别将p1、p2、p3指向i、f、ch，并使用这3个指针变量输出相应类型的变量值。（源程序参考例7.1）

实训2　输入3个整数，用指针变量作为函数参数实现由大到小的顺序输出。（源程序参考例7.2）

实训3　从键盘输入一个字符串给字符指针变量p，要求通过指针变量操作并以putchar()函数来输出该字符串。（源程序参考例7.3）

实训4　用函数调用方式实现字符串的复制。（源程序参考例7.7）

实训5　在主函数中输入6个不等长的字符串。用另一个函数对它们排序，然后在主函数中输出这6个已排好序的字符串，要求用指针数组实现。（源程序参考例7.6和例7.11）

设计性实训任务

实训1　输入两个整数，按升序（从小到大排序）输出（使用指针变量求解）。

实训2　使用指针变量作函数调用的实参，升序输出两个整数。

实训3　输入10个整数，将其中最小的数与第一个数对换，把最大的数与最后一个数对换。（要求用指针实现）

实训4　写一个函数，求一个字符串的长度，在main()函数中输入字符串，并输出其长度。

实训5　设计一个函数，实现将一字符串中的前后空格删去功能。要求返回删除前后空格后的字符串的指针值。

习　题

一、选择题

1. 若有说明：int i, j=2，*p=&i;，则能完成i=j赋值功能的语句是（　　）。

   A. i=*p;　　B. *p=*&j;　　C. i=&j;　　D. i=**p;

2. 以下定义语句中，错误的是（　　）。

   A. int a[]={1,2};　　B. char *a[3];

   C. char s[10]="test";　　D. int n=5,a[n];

3. 有如下说明：

```
int a[10]={1,2,3,4,5,6,7,8,9,10},*p=a;
```

   则数值为9的表达式是（　　）。

   A. *p+9　　B. *(p+8)　　C. *p+=9　　D. p+8

4. 有以下函数：

```
char fun(char *p)
{ return p;}
```

该函数的返回值是（　　）。

A. 无确切的值　　B. 形参 p 中存放的地址值

C. 一个临时存储单元的地址　　D. 形参 p 自身的地址值

5. 下列程序的运行结果是（　　）。

A. 6 3　　B. 3 6　　C. 编译出错　　D. 0 0

```
#include  <stdio.h>
void fun(int *a, int *b)
{ int *k;
  k=a; a=b; b=k;
}
void main()
{ int a=3, b=6, *x=&a, *y=&b;
  fun(x,y);
  printf("%d %d", a, b);
}
```

6. 执行以下程序段后，y 的值为（　　）。

```
static int a[]={1,3,5,7,9};
int  y,x,*ptr;
y=1;
ptr=&a[1];
for(x=0;x<3;x++)
  y*=*(ptr+x);
```

A. 105　　B. 15　　C. 945　　D. 无定值

7. 若有说明语句：int i, x[3][4]; 则以下关于 x、*x、x[0]、&x[0][0] 的正确描述是（　　）。

A. x、*x、x[0]、&x[0][0] 均表示元素 x[0][0] 的地址

B. 只有 x、x[0]、&x[0][0] 表示的是元素 x[0][0] 的地址

C. 只有 x[0] 和 &x[0][0] 表示的是元素 x[0][0] 的地址

D. 只有 &x[0][0] 表示的是元素 x[0][0] 的地址

8. 若有说明语句：int i, x[3][4]; 则不能将 x[1][1] 的值赋给变量 i 的语句是（　　）。

A. i=*(*(x+1)+1)　　B. i=x[1][1]　　C. i=*(*(x+1))　　D. i=*(x[1]+1)

9. 语句 int (* ptr) (); 说明了（　　）。

A. ptr 是指向一维数组的指针变量

B. ptr 是指向 int 型数据的指针变量

C. ptr 是指向函数的指针，该函数返回一个 int 型数据

D. ptr 是一个函数名，该函数的返回值是指向 int 型数据的指针

10. 若有说明 int （ * p) [3];，则以下正确的叙述是（　　）。

A. p 是一个指针数组

B. p 是一个指针，它只能指向一个包含 3 个 int 类型元素的数组

C. p 是一个指针，它可以指向一个一维数组中的任一元素

D. （ * p)[3] 与 * p[3] 等价

二、阅读下面程序，写出程序运行结果

1.

```
#include  <stdio.h>
void main()
{
  char  *ptr1,*ptr2;
  ptr1=ptr2= "abcde";
  while(*ptr2!='\0')
     putchar(*ptr2++);
  while(--ptr2>=ptr1)
     putchar(*ptr2);
  putchar('\n');
}
```

运行结果为：________。

2.

```
#include <stdio.h>
void main()
{
 int  a[10]={11,12,13,14,15,16,17,18,19,20},n=10,i;
 sub(a,&n);
 for(i=0;i<n;i++)
    printf("%d",a[i]);
    printf("\n");
}

sub(int *s,int*n)
{
  int i,j=0;
  for (i=0; i<*n;i++)
    if (*(s+i)%2!=0)  s[j++]=s[i];
  *n=j;
}
```

运行结果为：________。

3.

```
#include <stdio.h>
void main()
{ char ch[2][5]={"6937","8254"},*p[2];
  int i,j,s=0;
  for(i=0;i<2;i++) p[i]=ch[i];
  for(i=0;i<2;i++)
  for(j=0;p[i][j]>'\0';j+=2)
  s=10*s+p[i][j]- '0';
  printf("%d\n",s);
}
```

运行结果为：________。

三、编程题（要求用指针完成）

1. 编一个程序，输入 10 个整数并存入一维数组中，再按逆序重新存放后输出。

2. 在一个已排好序的字符串数组中，插入一个键盘输入的字符串，使其继续保持有序。在上述程序查找成功的基础上，我们将该字符串插入到字符数组中。插入的位置可以是数组头、中间或数组尾。查找的算法采用折半算法，找到插入位置后，将字符串插入。

3. 在主函数中输入 6 个字符串，用另一个函数对它们按从小到大的顺序排序，然后在主函数中输出这 6 个已排好序的字符串。要求使用指针数组进行处理。

单元8

不同类型数据处理——结构体、共用体与枚举

本单元将介绍两个具有不同类型成员的构造数据类型，结构体和共用体。此外，还将介绍枚举和用户自定义类型的概念及应用。

学习目标

- ➢掌握结构体变量、数组的定义及使用
- ➢掌握共用体变量的定义及使用
- ➢熟悉malloc、calloc、free、realloc函数的应用
- ➢熟悉枚举类型变量的定义及使用
- ➢熟悉类型定义符typedef的使用

任务一　业主信息的处理

任务导入

在“职苑物业管理系统”典型的信息管理系统(MIS)中，有许多业主，要实现对业主的管理功能，例如计算出每位业主的物业费。首先我们需要一个数据能够表示业主，存储业主的姓名、性别、年龄、家庭人口、房屋地址、联系电话、房屋面积、物业费等信息，之前我们学习的各种数据类型都无法完成这种不同数据类型的整体处理。为了解决这种情况，C语言中引入一种能集合不同数据类型于一体的构造数据类型——结构体类型。

在“职苑物业管理系统”中设计业主结构体，要求有业主序号（owner_ID）、姓名（owner_name）、性别（sex）、年龄（age）、家庭人口（coun）、房屋地址（hou_AD）、联系电话（tel）、房屋面积（area）、物业费（cost）信息，如图8-1所示。

	owner_ID	owner_name	sex	age	coun	hou_AD	tel	area	cost
owner_inf	1	user12	m	33	3	a12106	1150924335	92	42

图 8-1 业主信息

怎样在C语言中表示业主呢？我们需要先了解结构体类型，以及它是怎样进行存、取及运算的？

知识准备

结构体类型概念

1. 结构体类型的定义

结构体类型的定义是根据实际相关数据的具体情况，由用户来定义的一种类型，定义结构体类型的一般形式为：

```
struct   结构体名
{ 类型标识符   成员1;
  类型标识符   成员2;
  …
  类型标识符   成员n;
};
```

各个成员可以是基本类型，也可以是结构体类型，即结构体类型定义允许嵌套。有的结构体可能包含很多成员，有些成员本身也可能很复杂，也就是允许用户定义复杂事务的数学模型。

例如，图8-1中表示的业主信息，用C语言来表示这种结构体的定义如下：

```
struct owner_inf                        /*结构体名称*/
{
   int owner_ID;                        /*业主序号*/
   char owner_name[10];                 /*业主姓名*/
   char sex;                            /*业主性别*/
   int age;                             /*业主年龄*/
   int coun;                            /*家庭人口数*/
   char hou_AD[7];                      /*房屋地址*/
   char tel[12];                        /*联系电话*/
   float area;                          /*房屋面积*/
   float cost;                          /*物业费*/
};
```

2. 结构体类型变量的定义

定义结构体仅是一种数据类型的说明，说明该结构体所包含的各个成员及其数据类型，但它并不被分配内存空间。比如定义一个变量int i，int表示C语言的整型数据类型，它代表该类型的存储大小及运算规则，只有当数据类型后跟变量名i，这种数据类型才有了实体，才有被分配内存空间的可能，这个变量才可以进行运算，但int本身不允许进行存储和运算。而C语言的结构体定义就像C语言的保留字int一样，需要先定义结构体类型，以此结构体类型再定义结构体的变量，才能对该结构体类型的变量中各个成员进行操作，结构体变量才有可能被分配内存空间，其被分配的内存空间大小为各个成员所占内存空间之和。

结构体类型变量的定义与其他类型变量的定义是一样的，但由于结构体类型需要针对问题自行定义，所以结构体类型变量的定义形式就增加了灵活性，共计有3种形式，分别介绍如下。

（1）先定义结构体类型，再定义结构体类型变量

例如：

```
struct owner_inf                    /*先定义结构体名称*/
{
   int owner_ID;                    /*业主序号*/
   char owner_name[10];             /*业主姓名*/
   char sex;                        /*业主性别*/
   int age;                         /*业主年龄*/
   int coun;                        /*家庭人口数*/
   char hou_AD[7];                  /*房屋地址*/
   char tel[12];                    /*联系电话*/
   float area;                      /*房屋面积*/
   float cost;                      /*物业费*/
};
struct owner_inf  user01,user02,user03;
/*利用已定义结构体类型owner_inf来定义结构体变量*/
```

其中，struct是C语言的保留字，表明是结构体类型。其中，owner_inf是结构体类型名，是上文中已定义的结构体。user01、user02、user03是定义的结构体类型变量。

（2）定义结构体类型同时定义结构体类型变量

```
struct owner_inf                    //先定义结构体名称
{  int owner_ID;                    //业主序号
   char owner_name[10];             //业主姓名
   char sex;                        //业主性别
   int age;                         //业主年龄
   int coun;                        //家庭人口数
   char hou_AD[7];                  //房屋地址
   char tel[12];                    //联系电话
   float area;                      //房屋面积
   float cost;                      //物业费
} user01,user02,user03;             // user01,user02,user03是定义的结构体类型变量。
```

（3）直接定义无结构体名的结构体类型变量

```
struct
{  int owner_ID;                    //业主序号
   char owner_name[10];             //业主姓名
   char sex;                        //业主性别
   int age;                         //业主年龄
   int coun;                        //家庭人口数
   char hou_AD[7];                  //房屋地址
   char tel[12];                    //联系电话
   float area;                      //房屋面积
   float cost;                      //物业费
} user01,user02,user03;             // user01,user02,user03是定义的结构体类型变量。
```

该定义方法由于没有记录该结构体类型名称，所以无法在后面程序中再定义该结构体类型变量。

3. 结构体变量成员的引用方法

学习了怎样定义结构体类型和结构体类型变量，怎样正确地引用该结构体类型变量的成员呢？C语言规定引用的形式为：

```
结构体类型 变量名.成员名
```

例如，user01.owner_ID表示结构体变量user01中的owner_ID成员，该成员在结构体中定义为整型变量，这样可以对该成员进行整型变量的赋值、算术运算等操作。

以下例子都是合法的：

```
user01.owner_ID=1;
++user01.owner_ID;
int Xuhao=user01.owner_ID+1;
strcpy(user01.owner_name,"user12");
strcpy(user01.owner_name,user02.owner_name);
user02=user01;  /*C语言允许将一个结构体变量直接赋值给另一个具有相同结构体类型的结构体变量*/
```

读一读

如果成员本身又是一个结构体类型，则要用若干个成员运算（.），一级一级地找到最低的一级成员。C语言中只能对最低级的成员进行赋值、存取以及运算。

例如，在“职苑物业管理系统”中，业主信息中房屋信息也可以是一个结构体类型：

```
/*房屋信息结构体*/
struct house_inf
{
  char house_ID[7];         /*房屋序号*/
  char addr[20];            /*房屋地址*/
  float area;               /*房屋面积*/
  int h_type;               /*房屋类型*/
  int state;                /*房屋状态（1-产权人入住，2-出租，0-空置）*/
};
/*业主信息结构体*/
struct owner_inf            /*先定义结构体名称*/
{
  int owner_ID;             /*业主序号*/
  char owner_name[10];      /*业主姓名*/
  char sex;                 /*业主性别*/
  int age;                  /*业主年龄*/
  int coun;                 /*家庭人口数*/
  struct house_inf;         /*房屋信息*/
  char tel[12];             /*联系电话*/
  float cost;               /*物业费*/
};
```

4. 结构体变量的初始化

结构体变量的初始化，其方法与数组初始化相似，可以在定义结构体变量时进行初始化，可以对外部存储类型的结构体变量、静态存储类型的结构体变量初始化，也可以对自动结构体变量初始化。

（1）外部存储类型的结构体变量初始化

```
struct owner_inf                  /*先定义结构体名称*/
{
   int owner_ID;                  /*业主序号*/
   char owner_name[10];           /*业主姓名*/
   char sex;                      /*业主性别*/
   int age;                       /*业主年龄*/
   int coun;                      /*家庭人口数*/
   char hou_AD[7];                /*房屋地址*/
   char tel[12];                  /*联系电话*/
   float area;                    /*房屋面积*/
   float cost;                    /*物业费*/
} user01={1,"user12",'m',33,3,"a12106","11509243356",92};
main()
{
…
}
```

注意：user01的物业费并没有赋初值。

（2）静态存储类型的结构体变量初始化

```
void main()
{
   static struct owner_inf
   {
   int owner_ID;                  /*业主序号*/
   char owner_name[10];           /*业主姓名*/
   char sex;                      /*业主性别*/
   int age;                       /*业主年龄*/
   int coun;                      /*家庭人口数*/
   char hou_AD[7];                /*房屋地址*/
   char tel[12];                  /*联系电话*/
   float area;                    /*房屋面积*/
   float cost;                    /*物业费*/
} user01={1,"user12",'m',33,3,"a12106","11509243356",92};
…
}
```

（3）函数执行时用赋值语句对各结构体变量分别赋值

```
…
void main()
{
   struct owner_inf user01={1,"user12",'m',33,3,"a12106","11509243356",92}
   struct owner_inf user02={2,"user26",'m',35,3,"a23202","12112568523",112};
   struct owner_inf user03={3,"user28",'f',29,2,"b19302","12065722537",92};
        …
}
```

5．结构体数组的定义

在“职苑物业管理系统”中，每个小区有许多业主，这时我们可以定义一个数组来存储所有业主信息；而每一个业主的基本信息相同，可以定义一个结构体来存储业主信息，也就是把数组元素定义成一个结构体变量，这就是结构体数组。结构体数组的每个数组元素在内存中的地址是按照数组元素下标的顺序存放的。

与结构体变量说明类似，也可以通过3种形式说明结构体数组。定义结构体数组的一般形式为：

```
struct  结构体名 结构体数组名[整型常量表达式];
```

例如：

```
struct owner_inf  owner[10];
```

定义一个结构体数组owner，共有10个元素，owner [0]～owner [9]。每个元素都含有结构体owner_inf类型的各个成员项。

结构体数组在说明时，可以对数组的部分或全部元素赋初值，即对数组元素的各个成员项初始化。初始化的方法与对二维数组进行初始化的形式相似，例如：

```
struct owner_inf owner[]={{…},{…},{…}};
```

视频

任务一
任务实施

任务实施

在“职苑物业管理系统”中有许多业主，其中部分业主的情况如表8-1所示，需要计算出每位业主的物业费，并统计这3位业主的总物业费，其中物业费按房屋面积每平方米0.5元计费，请设计程序实现。

先在VC++ 2010中新建一个win32控制台应用空项目wyf1，然后在其源程序中添加“新建项”→“C++文件”选项，并命名为wyf1.c。

表 8-1　业主登记表

序号	姓名	性别	年龄	家庭人口数	房屋地址地地域地址 址	联系电话	房屋面积	物业费
1	user12	m	33	3	a12106	11509243356	92.000000	
2	user26	m	35	3	a23202	12112568523	112.000000	
3	user28	f	29	2	b19302	12065722537	92.000000	

```
#include <stdio.h>
#define RATE 0.5                    /*每平方米的物业费*/
struct owner_inf
{
   int owner_ID;                    /*业主序号*/
   char owner_name[10];             /*业主姓名*/
   char sex;                               /*业主性别*/
   int age;                                /*业主年龄*/
   int coun;                               /*家庭人口数*/
   char hou_AD[7];                         /*房屋地址*/
   char tel[12];                           /*联系电话*/
   float area;                             /*房屋面积*/
   float cost;                             /*物业费*/
};
void main()
```

```
    {
        float total;
        struct owner_inf owner[3]={{1,"user12",'m',33,3,"a12106","11509243356",
92},{2,"user26",'m',35,3,"a23202","12112568523",112},{3,"user28",'f',29,2,
"b19302","12065722537",92}};
    /*定义结构体数组并初始化*/
        owner[0].cost= owner[0].area*RATE;
        owner[1].cost= owner[1].area*RATE;
        owner[2].cost= owner[2].area*RATE;
        total=owner[0].cost+owner[1].cost+owner[2].cost;
        printf("3位业主总物业费为：");
        printf("total=%f\n",total);
    }
```

运行结果：

```
3位业主总物业费为：total=148.000000
```

任务二　物业费的统计

任务导入

在“职苑物业管理系统”中，怎样使用其他方法访问结构体变量中的值，并统计8.1.3中3位业主的总物业费？

我们前面学习了指针，它是用于指向变量所在的位置（即变量的地址），可以通过指针来访问变量的值。那么对于一个结构体，我们是否可以定义指针，用于指向结构体变量所在的位置，并通过结构体指针来访问结构体变量中的值，这就是本模块所要学习的结构体指针变量。

知识准备

一、结构体指针变量概念

指向结构体变量的指针变量称为结构体指针变量。结构体指针变量中的值是所指向的结构体变量的首地址。结构体指针变量必须先说明，然后指向同类型的对象，再通过指针来引用所指对象的各个成员项。

1．指向结构体变量的指针

一般形式：

```
struct  结构体名  *结构体指针变量名;
```

例如：

```
struct  owner_inf  *p1,*p2;
```

定义指针变量p1、p2，然后让结构体指针变量指向同类型的结构体变量或结构体数组，例如：

```
struct owner_inf owner;
struct owner_inf owner_array[2];
p1=&owner;
```

```
p2=owner_array;
```

这时才能通过指针引用所指对象的成员项。结构体指针变量主要用于对结构体数组操作。通过结构体指针变量访问所指向变量或数组元素的成员项有以下两种方式：

（1）(*结构体指针变量名).成员项名

例如：(*p1).area，即owner.area。

上例中的()是不能省略的，如果省略了圆括号，结果又是怎样？如果缺省了圆括号，由于“.”优先级比“*”高，表达式的含义将变为*(p1.area)，即求p1.area作为地址所指向的内容，显然与语法不符。

（2）结构体指针变量->成员项名

例如：p1->area; 即 owner.area;

其中，“->”运算符，表示取结构体指针变量所指向的结构体变量或结构体数组元素的成员项。

实际上，以下3条语句功能是等价的：

```
owner.area=120;
(*p1).area =120;
p1-> area =120;
```

【例8.1】采用指向结构体变量的指针变量，统计本单元任务一中3位业主总物业费。

```
#include <stdio.h>
#define RATE 0.5                          /*每平方米的物业费*/
struct owner_inf
{
   int owner_ID;                          /*业主序号*/
   char owner_name[10];                   /*业主姓名*/
   char sex;                              /*业主性别*/
   int age;                               /*业主年龄*/
   int coun;                              /*家庭人口数*/
   char hou_AD[7];                        /*房屋地址*/
   char tel[12];                          /*联系电话*/
   float area;                            /*房屋面积*/
   float cost;                            /*物业费*/
}owner1,owner2,owner3;
void main()
{
   struct  owner_inf  *p1,*p2,*p3;   /*说明指向结构体的指针,p1,p2,p3*/
   float total;
   /*定义结构体变量并初始化*/
   struct owner_inf owner1={1,"user12",'m',33,3,"a12106","11509243356",92};
   struct owner_inf owner2={2,"user26",'m',35,3,"a23202","12112568523",112};
   struct owner_inf owner3={3,"user28",'f',29,2,"b19302","12065722537",92};
   p1=&owner1;                            /*p1指向结构体变量owner1*/
   p2=&owner2;                            /*p2指向结构体变量owner2*/
   p3=&owner3;                            /*p2指向结构体变量owner3*/
```

```
    p1->cost=p1->area*RATE;
    p2->cost=p2->area*RATE;
    p3->cost=p3->area*RATE;
    total=p1->cost+p2->cost+p3->cost;
    printf("3位业主总物业费为：");
    printf("total=%f\n",total);
}
```

运行结果：

```
3位业主总物业费为：total=148.000000
```

应注意p1->area++和++p1->area所表示的意思。其中，p1->area++是指先得到p1指向的结构体变量中成员area的值，用完该值后再使成员area的值加1；++p1->area是指先将p1指向的结构体变量中成员area的值加1，然后使用成员area加1后的值。

2．指向结构体数组的指针

使用结构体数组，可以通过数组下标来访问结构体数组中各结构体元素，也可以通过指向结构体数组的指针来访问结构体数组中各结构体元素，且使用起来更为方便。

例如：

```
struct  owner_inf  owner_array[2],*p; /*定义结构体数组及结构体类型的指针*/
```

若p=owner_array，此时指针p就指向了结构体数组owner_array。P是指向一维结构体数组的指针，对数组元素的引用可采用3种方法。

（1）地址法

owner_array+i和p+i均表示数组第i个元素的地址，数组元素各成员的引用形式为：(owner_array+i)→area、owner_array[i].area和(p+i)->area、(p+i)->cost等。owner_array +i和p+i与& owner_array [i]意义相同。

（2）指针法

若p指向数组的某一个元素，则p++就指向其后续元素。

（3）指针的数组表示法

若p=owner_array，我们说指针p指向数组owner_array，p[i]表示数组的第i个元素，其效果与owner_array [i]等同。对数组成员的引用可描述为：p[i].area、p[i].cost等。

【例8.2】采用指向结构体数组的指针变量，统计本单元任务一中3位业主总物业费。

```
#include <stdio.h>
#define RATE 0.5                        /*每平方米的物业费*/
struct owner_inf
{
    int owner_ID;                       /*业主序号*/
    char owner_name[10];                /*业主姓名*/
    char sex;                           /*业主性别*/
    int age;                            /*业主年龄*/
    int coun;                           /*家庭人口数*/
```

```
    char hou_AD[7];                      /*房屋地址*/
    char tel[12];                        /*联系电话*/
    float area;                          /*房屋面积*/
    float cost;                          /*物业费*/
};
void main()
{
    struct  owner_inf  *p;
    float total;
    /*定义结构体数组并初始化*/
    struct owner_inf owner_array[3]={{1,"user12",'m',33,3,"a12106",
    "11509243356",92},{2,"user26",'m',35,3,"a23202","12112568523",112},
    {3,"user28",'f',29,2,"b19302","12065722537",92}};
    p=owner_array;
    p->cost=p->area*RATE;
    (p+1)->cost=(p+1)->area*RATE;
    (p+2)->cost=(p+2)->area*RATE;
    total=p->cost+(p+1)->cost+(p+2)->cost;
    printf("3位业主总物业费为：");
    printf("total=%f\n",total);
}
```

运行结果：

```
3位业主总物业费为：total=148.000000
```

3．结构体指针变量作为函数参数

C语言中允许一个完整的结构体变量作为参数传递，虽然合法，但要将全部成员值逐个传递，特别是成员为数组时将会使传递的时间和空间开销很大，严重地降低了程序的效率。在这种情况下，较好的办法是使用指针变量。以指向结构体变量（或数组）的指针做实参，将结构体变量（或数组）的地址传给形参，这样，被调函数可以非常方便地处理主调函数中的结构体变量（或数组），可以对它们的成员项进行修改或运算。

【例8.3】使用结构体指针变量作为函数参数，实现业主信息的显示。

```
#include <stdio.h>
#define RATE 0.5                         /*每平方米的物业费*/
struct owner_inf
{
    int owner_ID;                        /*业主序号*/
    char owner_name[10];                 /*业主姓名*/
    char sex;                            /*业主性别*/
    int age;                                    /*业主年龄*/
    int coun;                                   /*家庭人口数*/
    char hou_AD[7];                             /*房屋地址*/
    char tel[12];                               /*联系电话*/
    float area;                                 /*房屋面积*/
    float cost;                                 /*物业费*/
}owner={1,"user12",'m',33,3,"a12106","11509243356",92,92*RATE};
void fun_print(struct owner_inf *p)
{
```

```
    printf("序号=%d,业主姓名=%s,业主年龄=%d,房屋面积=%f,物业费=%f\n",
    p->owner_ID,p->owner_name,p->age,p->area,p->cost);
void main()
{
    struct owner_inf *point;
    point=&owner;
    fun_print(point);
}
```

运行结果：

```
序号=1,业主姓名=user12,业主年龄=33,房屋面积=92.000000
```

二、动态存储分配

动态存储分配是程序在运行中取得内存的方法。例如，程序可能要使用动态数据结构，如将要介绍的链表。这类结构本质上是动态的，根据需求来增减存储单元。动态分配函数的核心是malloc()和free()。每次调用malloc()时，均分配剩余的空内存的一部分；每次调用free()时，均向系统返还内存。动态分配函数的原型在<stdio.h>中。

标准C定义了4种动态分配函数，它们可以用于所有编译程序。这4个函数是：malloc()、calloc()、free()和realloc()。实际上，许多C编译系统实现时，往往增加了一些其他函数。用户在使用时应查阅有关手册。

1．malloc()函数

函数的原型声明为：

```
void *malloc(unsigned size);
```

函数的功能：分配大小为size（函数参数，最大65535）字节的内存单元，分配内存成功时，返回所分配内存单元的首地址，该地址是void指针类型，该内存空间未被初始化；分配内存失败时，则返回NULL（空）指针。

例如，利用malloc()函数分配一个整型单元，并赋值为5。

```
int *p;
…
p=(int *)malloc(sizeof(int));
*p=5;
```

虽然分配了int类型所占字节数的内存单元，但返回的是void类型的地址，通过强制类型转换后变成了int类型的地址。

使用malloc()函数分配的内存空间，在使用前必须核实返回的指针不为空，否则将导致系统瘫痪。例如：

```
…
if((p=malloc(sizeof(struct student)))==NULL)
{
    printf("内存空间不足\n");
    exit(1);
}
…
```

2. calloc()函数

函数的原型声明为：

```
void *calloc(unsigned n,unsigned size);
```

函数的功能：分配n个size大小的连续内存单元。如果分配成功，返回所分配内存单元的首地址，类型为void，分配内存单元将被初始化为零；如果分配失败，返回NULL。

使用返回指针前，也必须先检查它是否为空指针。

例如，为有100个的浮点型数据分配内存：

```
float  *p;
…
p=(float *)calloc(100,sizeof(float));
if(!p){
    printf("内存空间不足\n");
    exit(1);
}
…
```

3. realloc()函数

函数的原型声明为：

```
void *realloc(void *p,unsigned size);
```

函数的功能：将先前分配的，由p指向的内存的大小改变为size说明的大小。size的值可以大于或小于原有值。指向内存块的指针被返回，新内存块中包含旧块（最多为size字节）中的内容。如果size为零，则释放p指向的内存。如果内存空间不够size字节，则返回空指针，且原块不变。

4. free()函数

函数的原型声明为：

```
void  free(void *p);
```

函数的功能：释放p指向的由malloc()函数、calloc()函数或realloc()函数分配的内存空间。函数无返回值。释放后的空间可以再次被使用。

用无效指针调用free()函数可能摧毁内存管理机制，使系统瘫痪。如果传递一个空指针，则free()函数不做操作。

【例8.4】 以下程序先分配17个字节，然后把串This is 16 chars复制到分配的内存中，随后用realloc()函数把内存区大小变成18个字节，以便在结尾处加一个句点。

```
#include <stdlib.h>
#include <stdio.h>
#include <string.h>
void main()
{
    char *p1,*p2;
    p1=(char *)malloc(17);
    if(!p1)
    {
      printf("Allocation Error\n");
```

```
        exit(1);
    }
    strcpy(p1,"This is 16 chars"); /* 把字符串复制到p1所指向的地址空间*/
    printf("%s\n",p1);
    p2=(char *)realloc(p1,18);
    if(!p2)
    {
      printf("Allocation Error\n");
      exit(1);
    }
    strcat(p2,".");
    printf("%s\n",p2);
    free(p2);
    free(p1);
}
```

运行结果：

```
This is 16 chars
This is 16 chars.
```

***三、链表**

数组是一种静态的存储方式。所谓静态存储方式表现在数组使用之前，数组元素个数已经确定好了，而且所占用的内存空间是连续的。因此，数组在处理一些动态数据（无法确切知道数据的项数，并有可能增减）时存在一定的局限。比如，在程序设计中针对不同问题有时需要30个元素大小的数组，有时需要50个元素大小的数组，难以统一。这就要求数组必须声明得足够大，如果数据项较少会造成内存使用的浪费；如果数据项多于声明，有可能造成程序错误。这时我们可以使用链表。

链表是一种常用的重要的数据结构，是动态分配内存的数据组织方式。该方式允许用户根据需要随时增减数据项，而且，数据项在内存中不必连续。如图8-2所示为最简单的一种链表（单链表）的结构。

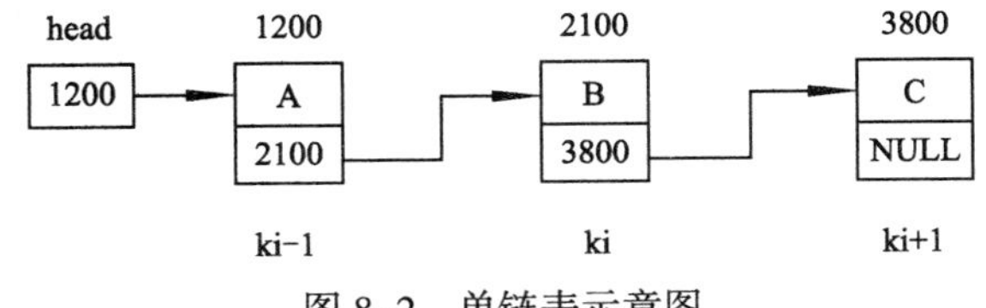

图 8-2 单链表示意图

单链表有一个头结点head，指向链表在内存中的首地址。链表中的每一个结点的数据类型都是结构体类型，结点有两个成员：数据域（存放该项数据的内容）和指针域（用来存放下一个结点的地址）。链表按此结构对各结点的访问需从链表的头找起，后续结点的地址由当前结点给出。无论在表中访问哪一个结点，都需要从链表的头开始，顺序向后查找。链表的尾结点由于无后续结点，其指针域为空，写作NULL。

图8-2还给出这样一层含义，链表中的各结点在内存的存储地址不是连续的，其各结点的地址是在需要时向系统申请分配的，系统根据内存的当前情况，既可以连续分配地址，也可以离散分配地址。

链表结点的数据结构定义：

```
struct node
{
  int num;
```

```
    struct node *p;
};
```

在链表结点的定义中，除一个整型的成员外，成员p是指向与结点类型完全相同的指针。在链表结点的数据结构中，非常特殊的一点就是结构体内的指针域的数据类型使用了未定义成功的数据类型。这是在C中唯一规定可以先使用后定义的数据结构。

【注意】

上面只是定义了一个struct node类型，并未实际分配存储空间。链表结构是动态地分配的，即在需要时才开辟一个结点的存储单元。

对链表的操作主要有以下几种。

① 建立并初始化链表：从无到有地建立起一个链表，即往空链表中依次插入若干结点，并保持结点之间的前驱和后继关系。

② 索引操作：按给定的结点索引号或检索条件，查找某个结点。如果找到指定的结点，则称为检索成功；否则，称为检索失败。

③ 插入操作：在结点k_{i-1}与k_i之间插入一个新的结点k'，线性表的长度增1，且k_{i-1}与k_i的逻辑关系发生变化。插入前，k_{i-1}是k_i的前驱，k_i是k_{i-1}的后继；插入后，新插入的结点k'成为k_{i-1}的后继、k_i的前驱，如图8-3所示。

④ 删除操作：删除结点k_i，线性表的长度减1，且k_{i-1}、k_i和k_{i+1}之间的逻辑关系发生变化。删除前，k_i是k_{i+1}的前驱、k_{i-1}的后继；删除后，k_{i-1}成为k_{i+1}的前驱，k_{i+1}成为k_{i-1}的后继，如图8-4所示。

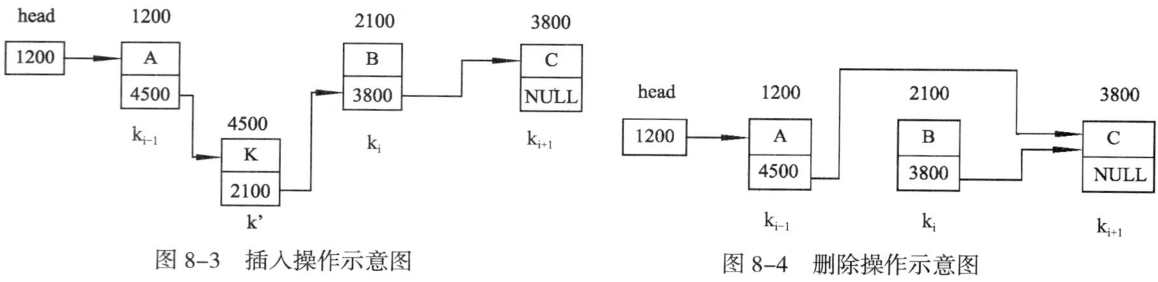

图 8-3 插入操作示意图

图 8-4 删除操作示意图

任务实施

在“职苑物业管理系统”中，业主信息中房屋信息又是一个结构体类型，利用房屋信息中的面积信息，计算出各业主应交纳的物业费。先在VC++ 2010中新建一个win32控制台应用空项目wyf2，然后在其源程序中添加“新建项”→“C++文件”选项，并命名为wyf2.c，输入代码如下：

```
#include <stdio.h>
#include "string.h"
#include "stdio.h"
void main()
{
    #define RATE 0.5                          /*符号常量，物业费率*/
    /*房屋信息结构体*/
```

```
    struct house_inf
    {
        char house_ID[7];                   /*房屋序号*/
        char addr[20];                      /*房屋地址*/
        float area;                         /*房屋面积*/
        int h_type;                         /*房屋类型*/
        int state;                          /*房屋状态（1-产权人入住，2-出租，0-空置）*/
    };
    /*业主信息结构体*/
    struct owner_inf
    {
        int owner_ID;                       /*业主序号*/
        char owner_name[10];                /*业主姓名*/
        char sex;                           /*业主性别*/
        int age;                            /*业主年龄*/
        int coun;                           /*家庭人口数*/
        char tel[12];                       /*联系电话*/
        struct house_inf house;             /*房屋信息是房屋信息结构体类型*/
        float cost;                         /*物业费*/
    }p[2];
    strcpy(p[0].owner_name,"张三");     /*第一位业主的姓名*/
    strcpy(p[0].house.addr,"a1206");    /*第一位业主的房屋地址*/
    p[0].house.area=92;                 /*第一位业主的房屋面积*/
    p[0].cost=p[0].house.area *RATE;    /*计算第一位业主的物业费*/
    p[1].house=p[0].house;              /*第一位业主的房屋信息复制给第二位业主*/
    strcpy(p[1].owner_name,"张四");     /*第二位业主的姓名*/
    strcpy(p[0].house.addr,"a1306");    /*第二位业主的房屋地址*/
    p[1].cost=p[0].cost;                /*第二位业主的物业费*/
    printf("%s的房屋地址为：%s,房屋面积为：%f,物业费为：%f\n",p[0].owner_name,
p[0].house.addr,p[0].house.area,p[0].cost);
    printf("%s的房屋地址为：%s,房屋面积为：%f,物业费为：%f\n",p[1].owner_name,
p[1].house.addr,p[1].house.area,p[1].cost);
  }
```

运行结果：

```
张三的房屋地址为: a1306,房屋面积为: 92.000000,物业费为: 46.000000
张四的房屋地址为: a1206,房屋面积为: 92.000000,物业费为: 46.000000
```

任务三　小区管理员的分配

任务导入

在“职苑物业管理系统”中有5名管理员：user01、user02、user03、user04、user05，需从中选取3名管理员去管理a、b、c三个小区，打印出不同的分配方案。我们可以通过枚举类型来实现。

知识准备

一、共用体类型

共用体是一种由不同数据类型构造出的数据类型。与结构体类型类似，共用体也包含成员项。

但与结构体不同的是，结构体的每个成员项都有独立的内存空间，而共用体类型的每个成员项存放在同一段内存单元中。

例如，把一个字符型变量ch、一个整型变量i和一个实型变量f放在同一个地址开始的内存单元中，这时这3个变量在内存中所占字节数虽然不同，但都是从同一地址开始存放的，也就是说，它们共享了这段内存区域，如图8-5所示。

变量在内存中的起始地址

char ch	空闲3个字节	
int i		空闲2个字节
float f		

图 8-5 共用体类型示意图

共用体类型在使用中采用覆盖技术，将几个变量互相覆盖，在某一瞬间仅有其中一个变量在占用这段内存区域，也只有在这段时间内该变量存在实体。用户在使用中只考虑如何引用，不需要考虑如何进行覆盖、何时某一变量在共享该内存区域。

1. 共用体类型变量的定义

共用体类型变量的定义形式为：

```
union 共用体名
{
  类型说明符  成员项1;
  类型说明符  成员项2;
  …
  类型说明符  成员项n;
}变量列表;
```

例如：

```
union  share
{
  int i;
  char  c;
  float  f;
}v1,v2,v3;
```

需要注意的是：结构体变量所占内存的长度是各成员所占的内存长度之和，而共用体变量所占的内存长度则是各成员中的长度最大成员的长度。

在C语言中，常见的共用体是把16位通用寄存器与8位通用寄存器共享内存单元。例如，16位通用寄存器AX可以分解为2个8位寄存器，即AH和AL，AH为AX的高8位，AL则为AX的低8位。定义如下：

```
struct WORDREGS
{
   unsigned int ax,bx,cx,dx,si,di,cflag,flags;
};
struct BYTEREGS
{
   unsigned int al,ah,bl,bh,cl,ch,dl,dh;
};
union REGS
{
```

```
    struct WORDREGS x;
    struct BYTEREGS h;
};
```

2．共用体变量的引用

对于共用体变量的引用，可以引用共用体变量的成员，其用法与结构体完全相同。可以通过变量引用，也可以通过指针引用。引用的格式如下：

```
共用体变量名.成员项名
共用体指针名->成员项
```

例如：

```
union REGS regs;
regs.h.ah=2;
regs.x.dx=0x0108;
```

使用共用体类型时要注意以下几点：

① 共用体变量中起作用的成员是最后一次存放的成员值，在存入一个新的成员后原有的成员就失去作用。

② 共用体变量的地址和它的各成员的地址都是同一地址，因为它们共享同一段内存区域。

③ 不能对共用体变量赋值，也不能通过引用共用体变量名来得到其成员的值，也不能在定义共用体变量时对它进行初始化。

④ 不能把共用体变量作为函数参数，也不能使函数返回共用体变量，但可以使用指向共用体变量的指针。

【例8.5】共用体变量的使用。

```
#include <stdio.h>
union share
{
    int i;
    int j;
    float f;
 }sh;
void main()
{
    sh.f=10.5;
    sh.i=20;
    sh.j=30;
    printf("%.1f,%d,%d\n",sh.f,sh.i,sh.j);
    sh.f=1387.5;
    sh.j=30;
    sh.i=20;
    printf("%d,%d,%.1f\n",sh.i,sh.j,sh.f);
    sh.j=200;
    sh.i=20;
    sh.f=1357.5;
    printf("%d,%d,%.1f\n",sh.i,sh.j,sh.f);
}
```

运行结果：

```
10.5,30,30
20,20,1384.0
-20480,-20480,1357.5
```

请读者自行分析得到的结果。

二、枚举类型

在实际应用中，有些变量的取值被限定在一个有限的范围内。例如，一天有24个小时、一个星期内有7天、一年有12个月等。如果把这些量定义为整型、字符型或其他类型都将不是十分妥当的。为此，C语言提供了一种称为“枚举”的类型。在“枚举”类型的定义中列举出所有可能的取值，被说明为该“枚举”类型的变量取值不能超过定义的范围。枚举类型仍是一种基本数据类型。

枚举类型定义的一般形式为：

```
enum  枚举类型名{枚举元素表}枚举变量表;
```

例如：

```
enum week {Sun,Mon,Tue,Wed,Thu,Fri,Sat}first,second;
/*定义该枚举类型名为day,枚举元素共有7个,即一周中的7天,first和second为枚举变量,它们的值只能取Sun到Sat之一*/
first=Wed;
second=Fri;
if(first==Sat)printf("双休日到了\n");
```

枚举元素表反映了该枚举类型的变量所取值的集合。枚举元素如果不给值，自动取0～n-1整数值（n是枚举元素的个数），如例中的Sun是0，Mon是1，……，Sat是6；在定义枚举元素表时，可以对某个枚举元素赋值，其后元素的值将按顺序自动加一递增。例如：

```
enum week{Sun=1,Mon,Tue,Wed=8,Thu,Fri,Sat};
```

现在例中的Sun是1，Mon是2，Tue是3，Wed是8，Thu是9，Fri是10，Sat是11。

与结构体和共用体类似，枚举变量也可用不同的方式说明，即先定义后说明，同时定义说明或直接说明。

① 先定义后说明。

```
enum week{Sun,Mon,Tue,Wed,Thu,Fri,Sat};
enum week day1,day2,day3;
```

② 同时定义说明。

```
enum week{Sun,Mon,Tue,Wed,Thu,Fri,Sat} day1,day2,day3;
```

③ 直接说明。

```
enum {Sun,Mon,Tue,Wed,Thu,Fri,Sat} day1,day2,day3;
```

day1、day2、day3是3个enum week 类型的枚举变量，每个枚举变量只能取该类型中的一个元素的值。

在引用枚举变量时应注意以下规则：

① 枚举元素是常量，不是变量，不能在程序中用赋值语句再对它赋值。例如对枚举类型week的元素再做mon=2;的赋值，这是错误的。

② 只能把枚举元素名赋给枚举变量，不能把枚举元素的数值直接赋给枚举变量。例如，day1=mon;是正确的，而day1=1是错误的。如果要赋枚举元素的值可以通过强制类型转换，例如，day1=(enum week)1赋值。

③ 枚举元素可以用来作判断，其比较的规则是：按其在定义时的顺序号比较大小。

【例8.6】口袋中有红、黄、蓝、白、黑5种颜色的球若干个。每次从口袋中取出3个球，问得到3种不同色的球的可能取法，打印出每种组合的3种颜色。

程序分析：球只能是5种颜色之一，而且要判断各球是否同色，应该用枚举类型变量处理。

设取出的球为x、y、z。根据题意，x、y、z分别是5种色球之一，并要求x≠y≠z。本例中采用穷举法，即一种可能一种可能地试，看是否符合条件。

```
#include <stdio.h>
void main()
{enum color{red,yellow,blue,white,black};
  enum color p;
  int  x,y,z,count=0,i;                  /*count变量用来记录符合条件的组数*/
  for(x=red;x<=black;x++)
    for(y=red;y<=black;y++)
      if(x!=y)
      { for(z=red;z<=black;z++)
        if(z!=x&&z!=y)
        { count++;
          printf("No.%-4d",count);
          for(i=1;i<=3;i++)              /*循环3次分别用来输出符合条件的x,y,z*/
          {
            switch(i)
            {case 1:p=(color)x;break;
            case 2:p=(color)y;break;
            case 3:p=(color)z;break;
            }
            switch(p)                    /*不能直接输出red，而应该输出字符串"red"*/
            { case red:printf("%-10s","red");break;
            case yellow:printf("%-10s”,"yellow");break;
            case blue:printf("%-10s","blue");break;
            case white:printf("%-10s","white");break;
            case black:printf("%-10s","black");break;
            }
          }
          printf("\n");
        }
    }
    printf("\ntotal:%5d\n",count);
}
```

运行结果：

```
No.39  white    red      black
No.40  white    yellow   red
No.41  white    yellow   blue
No.42  white    yellow   black
No.43  white    blue     red
No.44  white    blue     yellow
No.45  white    blue     black
No.46  white    black    red
No.47  white    black    yellow
No.48  white    black    blue
No.49  black    red      yellow
No.50  black    red      blue
No.51  black    red      white
No.52  black    yellow   red
No.53  black    yellow   blue
No.54  black    yellow   white
No.55  black    blue     red
No.56  black    blue     yellow
No.57  black    blue     white
No.58  black    white    red
No.59  black    white    yellow
No.60  black    white    blue

total:   60
```

三、类型定义符typedef

在说明数据的类型时，可以使用整型、字符型、单精度实型、双精度实型、枚举型等基本类型，也可以使用数组、结构体、共用体等构造类型，还可以使用指针类型和空类型等。但在定义结构体和共用体等构造类型时，程序会显得比较臃肿，因此，在C语言中还允许由用户自己定义类型说明符，也就是说允许由用户为数据类型取“别名”。用户可以通过typedef给已经存在的系统类型或用户构造的类型重新命名。一般形式如下：

```
typedef 原类型名 用户自定义类型名;
```

1. 基本类型的自定义

```
typedef int INTEGER;                    /*用INTEGER代替int类型*/
INTEGER i,j=100;                        /*等同于int i,j=100;*/
for(i=0;j<=j;i++)
…
```

2. 数组类型的自定义

```
typedef float ARRAY[10];                /*将数组类型和数组变量分离开来*/
ARRAY a,b;                              /*等同于float a[10],b[10];*/
int i;
for(i=0;i<10;i++)
  {a[i]=i;b[i]=a[i];}
…
```

3. 指针类型的自定义

```
typedef char *PTR;                      /*将指针类型和指针变量分开*/
PTR p1;                                 /*等同于char *p1;*/
PTR *p2;                                /*等同于char **p2;*/
PTR p3[10];                             /*等同于char *p3[10];*/
…
```

4. 结构体类型的自定义

```
typedef struct
{
```

```
    int year;
    int month;
    int day;
}DATEFMT;                                       /*用DATEFMT代替原结构体类型*/
DATEFMT nationalday;
DATEFMT Sunday[12];
…
```

5. 枚举类型的自定义

```
typedef enum {TRUE,FALSE}LOGICAL;    /*用LOGICAL代替原枚举类型*/
LOGICAL s;
…
```

6. 指向函数的指针的自定义

```
typedef int (*FP)();                          /*用FP代替指向函数的指针*/
FP func;
…
```

在用户自定义类型中，用户自定义的类型名一般用大写表示，以便于区别。在使用typedef时应注意不得与#define相混淆。#define只是在预编译处理时做简单的字符串替换，而typedef是在编译处理时，用定义变量的方法来定义一个别名。

【例8.7】输出数据类型的存储长度。

```
#include <stdio.h>
void main()
{
  typedef struct
  {
    int i;
    float f;
    }STRU;
  typedef union
  {
    int i;
    float f;
  }UNION;
  typedef enum{Sun,Mon,Tue,Wed,Thu,Fri,Sat}WEEK;
  printf("%d,%d\n",sizeof(int),sizeof(float));
  printf("%d,%d,%d\n",sizeof(STRU),sizeof(UNION),sizeof(WEEK));
}
```

运行结果：

```
2,4
6,4,2
```

任务实施

在“职苑物业管理系统”中，有5名管理员：user01、user02、user03、user04、user05，需从中选取3名管理员去管理a、b、c三个小区，打印出不同的分配方案。

分析：管理员有5个人，而且每个小区只能有一个管理员，3个小区管理员不能相同，应该用枚举类型变量处理。设选取的管理员为a、b、c，分别管理a、b、c三个小区 。根据题意，a、b、c分别是5个管理员中成员之一，并要求a≠b≠c。本例中采用穷举法，即一种可能一种可能地试，看是否符合条件。

先在VC++ 2010中新建一个win32控制台应用空项目admin，然后在其源程序中添加“新建项”→“C++文件”选项，并命名为admin.c，输入代码如下：

```
#include <stdio.h>
void main()
{
  enum manage{user01,user02,user03,user04,user05};
  int a,b,c,m;
  int count=0,i;                          /*count变量用来记录符合条件的组合的个数*/
  for(a=user01;a<=user05;a++)
    for(b=user01;b<=user05;b++)
      if(a!=b)                            /*a和b小区管理员不能是同一个人*/
      {
      for(c=user01;c<=user05;c++)
        if(c!=a&&c!=b)                    /*c和a和b小区管理员不能是同一个人*/
        {
          count++;
          printf("No.%-4d",count);
          for(i=1;i<=3;i++)               /*循环3次分别用来输出符合条件的a,b,c*/
          {
               switch(i)
              {
               case 1:m=a;break;
               case 2:m=b;break;
               case 3:m=c;break;
              }
               switch(m)       /*不能直接输出user01，而应该输出字符串"user01"*/
               {
                case user01:printf("%-10s","user01");break;
                case user02:printf("%-10s","user02");break;
                case user03:printf("%-10s","user03");break;
                case user04:printf("%-10s","user04");break;
                case user05:printf("%-10s","user05");break;
               }
           }
           printf("\n");
        }
    }
  printf("\ntotal:%5d\n",count);
}
```

运行结果：

```
No.1   user01   user02   user03
No.2   user01   user02   user04
No.3   user01   user02   user05
No.4   user01   user03   user02
No.5   user01   user03   user04
No.6   user01   user03   user05
……
No.58  user05   user04   user01
No.59  user05   user04   user02
No.60  user05   user04   user03

total:  60
```

小　结

1. 结构体概念中要分清结构体类型和结构体类型变量的联系和区别，此类型为构造类型之一，首先定义类型后再定义该类型变量（也可定义类型同时直接定义变量）；另外应该注意结构体成员的类型不需要像数组那样要求是同一类型；结构体类型的定义是以 struct 字开始，其成员包含在一对大括号中。

2. 结构体类型变量的定义有 3 类形式：

（1）先定义结构体类型，再定义结构体类型变量。

（2）定义结构体类型同时定义结构体类型变量。

（3）直接定义无结构体名的结构体类型变量。

3. 结构体变量成员的引用方法。

```
结构体类型变量名.成员名
```

4. 结构体数组的概念及使用。

5. 动态存储分配函数。C 语言中为变量动态申请内存单元才能使用，使用完成后可以释放内存单元，涉及的函数有：malloc()、calloc()、free() 和 realloc()。

6. 链表。链表是结构体的典型应用，包括单链表数据结构的定义中就包含 2 个成员（结点数据和下一结点地址），单链表的操作有：索引、插入和删除等。在 C 语言中可通过库函数 malloc() 函数和 free() 函数，实现链表插入和删除时内存的申请和释放。

7. 共用体类型及其变量的概念。主要了解共用体的定义与引用，尤其是共用体与结构体的区别。

8. 枚举类型及其变量的概念。主要了解枚举类型及其变量的定义与引用，尤其是枚举类型变量序号的使用。枚举类型定义是以关键字 enum 定义，除非指定了起始值，否则枚举常量的起始值从 0 开始，其后的每一个值依次加 1。

9. 结构体和共用体的比较。

结构体和共用体是两种构造数据类型，是用户定义新数据类型的重要手段。它们有很多相似之处，都是由若干成员组成；成员可以具有不同的数据类型；成员的引用方法相同，都可以用 3 种方式做变量说明。

结构体类型定义允许嵌套，也可以用共用体作为成员，形成结构体和共用体的嵌套。

在结构体中，各成员都占有自己的内存空间，它们是同时存在的，一个结构体变量的总长度等于所有成员长度之和；在共用体中，所有成员共享同一段内存空间，在某一时刻，只能有一个成员存在，所有成员不能同时存在，共用体变量的长度等于最长成员的长度。

结构体变量可以作为函数参数，函数也可返回指向结构体的指针变量；而共用体变量不能作为函数参数，函数也不能返回指向共用体的指针变量，但可以使用共用体变量的指针和共用体数组。

10. 成员运算符。“.”是成员运算符，可用它表示成员项。如果是结构体指针类型，还可以用“→”运算符来引用成员。

实　训

实训要求

1. 对照教材中的例题，模仿编程完成各验证性实训任务，并调试完成，记录实训源程序和运行结果。

2. 在学完相关内容后，请大家课后试着设计编写源代码解决各设计性实训任务，并调试完成，记录实训源程序和运行结果。

3. 对照实训时完成情况，将调试完成的源代码与运行结果填入实训报告中。

实训任务

验证性实训任务

实训 1　试着定义一个学生结构体，学生结构体中包括学生的学号、姓名、性别、年龄、家庭住址，并加以初始化。

实训 2　试着定义一个分数结构体，分数结构体中包括学生的 3 门课的成绩，3 个科目分别是语文、数学、英语，并加以初始化。

实训 3　试着定义一个学生结构体、一个分数结构体，其中，分数结构体嵌套在学生结构体中，要求编写一个函数 fun()，采用结构体变量、结构体指针变量作为函数参数，分别输出每个学生的详细信息及考试成绩。

设计性实训任务

实训 1　利用两个结构体变量求解复数的积 (5+3i)*(2+6i)。

实训 2　定义一个结构体变量（包括年、月、日），计算该日在本年中是第几天（注意闰年问题，要求编写一个函数 days()，由主函数将年、月、日传递给 days() 函数，计算后将日数传回主函数并输出。

习　题

一、选择题

1. 设有以下声明语句：

```
struct ex
{ int x;
  float y;
  char z;
}example;
```

则下面的叙述中不正确的是（　　）。

A. struct 是结构体类型的关键字　　B. example 是结构体类型名

C. x、y、z 都是结构体成员名　　D. struct ex 是结构体类型

2. 已知：

```
struct
{   int i;
    char c;
    float a;
}ex;
```

则 sizeof(ex) 的值是（　　）。

A. 4　　B. 5　　C. 6　　D. 7

3. 下面程序的运行结果是（　　）。

```
 main()
{
    struct sample
    {int x;
    int y;}a[2]={1,2,3,4};
    printf("%d\n",a[0].x+a[0].y*a[1].y);
}
```

A. 7　　B. 9　　C. 13　　D. 16

4. 已知：

```
union
{   int i;
    float a;
    char c;
}ex;
```

则 sizeof(ex) 的值是（　　）。

A. 4　　B. 5　　C. 6　　D. 7

5. 设有定义语句：

```
enum team{ my,your=4,his,her=his+10};
```

则 printf("%d,%d,%d,%d\n",my,your,his,her); 的输出是（　　）。

A. 0，1，2，3　　B. 0，4，0，10　　C. 0，4，5，15　　D. 1，4，5，15

6. 若有如下定义，则 printf("%d\n",sizeof(them)); 的输出是（　　）。

```
typedef union
{ long x[2];
  int y[4];
  char z[8];
}MYTYPE;
MYTYPE them;
```

A. 32　　B. 16　　C. 8　　D. 24

7. 若有如下定义，则对 data 中的 a 成员的正确引用是（　　）。

```
struct sk
{ int a;
  float b;
}data,*p=&data;
```

A. (*p).data.a　　B. (*p).a　　C. p−>data.a　　D. p.data.a

二、阅读下面程序，写出程序运行结果

1.

```
#include <stdio.h>
union myun
{ struct
  {
    int x, y, z;
  }u;
  int k;
}a;
main()
{
   a.u.x=4;
   a.u.y=5;
   a.u.z=6;
   a.k=0;
   printf("%d\n",a.u.x);
}
```

运行结果为：__________

2.

```
#include <stdio.h>
struct stru
{ int x;
  char ch;
};
main()
{ struct stru a={10,'x'};
  func(a);
  printf("%d,%c\n",a.x,a.ch);
}
func(struct stru b )
{
   b.x=100;
   b.ch='n';
}
```

运行结果为：__________

三、编程题

1. 已知一个班有 45 个人，本学期有两门课程的成绩，求：

（1）求总分最高的同学的姓名和学号。

（2）求课程 1 和课程 2 的平均成绩，并求出两门课程都低于平均成绩的学生姓名和学号。

（3）对编号 1 的课程从高到低排序（注意，其他成员项应保持对应关系）。

要求：定义结构，第一成员项为学生姓名，第二成员项为学号，另外两个成员项为两门课成绩。（1）（2）（3）分别用函数完成。

2. 设有一个描述零件加工的数据结构为：零件号 pname；工序号 wnum；指针 next。建立一个包含 10 个零件加工数据的单向链表。

3. listA 和 listB 是两个按学号升序排列的有序链表，每个链表中的结点包括学号和总成绩。要求把两个链表合并，并使链表仍有序。

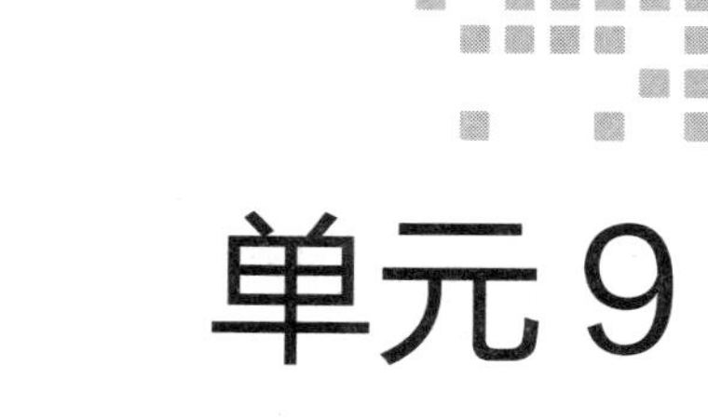

单元9 位数据处理

C语言是为了设计系统而设计的，所以它既具有高级语言的特点，也具有低级语言（如汇编语言）的功能。这一单元所讲的位运算就具有低级语言的特点，并被广泛用于对底层硬件，外围设备的状态检测和控制。

学习目标

➢掌握与运算符的正确使用

➢掌握位运算在计算机I/O状态控制方面的应用。

任务　小区路灯的控制

任务导入

下面的程序是通过位运算方式来实现路灯的打开与关闭。

在“职苑物业管理系统”中，请设计一个int变量，它的每一位用来控制小区里的一盏路灯，可以控制32盏路灯，想要控制灯亮就把相应位置置1，否则置0。请设计程序实现指定位置灯的控制。

怎样来设置灯亮呢？我们需要先了解什么是位运算？以及它是怎样进行运算的？

知识准备

一、位运算概述

1．位运算概念简介

所谓位运算，是指对一个数据的某些二进制位进行的运算。每个二进制位只能存放1位二进制数“0”或者“1”。通常把组成一个数据的最右边的二进制位称作第0位，从右向左依次称为第1位，第2位……最左边一位称作最高位，如图9-1所示。

15	14	13	12	11	10	9	8	7	6	5	4	3	2	1	0

图 9-1　位（bit）的排列顺序示意图

2. 位运算符

（1）位运算符

C语言中的位运算符如表9-1所示。

表 9-1　位运算符

位运算符号	含　义	位运算符号	含　义
&	按位与	~	取反
|	按位或	<<	左移
^	按位异或	>>	右移

读一读

① 位运算的运算对象只能是整型或字符型数据，不可以是其他类型的数据。

② 关系运算和逻辑运算表达式的结果只能是1或0，而按位运算的结果不一定是0或1，还可以是其他数。

③ 位运算符和逻辑运算符很相似，要注意区分它们的不同，例如，若x=5，则x&&8 的值为真（两个非零值相与值为1），而x&8的值为0。

④ 移位运算符“>>”和“<<”是指将变量中的每一位向右或向左移动，其通常形式如下。

右移：变量名>>移位的位数。

左移：变量名<<移位的位数。

C语言中的移位通常不是循环移动的，经过移位后，一端的位被“挤掉”，而另一端空出的位填补0。

⑤ 取反运算符“~”是单目运算符，其余是双目运算符（即要求运算符两侧各有一个运算量）。

⑥ 位运算符的优先级别请参考附录C。

（2）位复合赋值运算符

类似于算术运算的复合运算符，位运算符和赋值运算符也可以构成“复合赋值运算符”，如表9-2所示。

表 9-2　位复合赋值运算符

运　算　符	名　称	例　子	等　价　于
&=	与赋值	x&=y	x=x&y
|=	或赋值	x|=y	x=x|y
>>=	左移赋值	x>>=y	x=x>>y
<<=	左移赋值	x<<=y	x=x<<y
^=	异或赋值	x^=y	x=x^y

二、位运算

1. 按位与运算

按位与运算是指参与运算的两个数对应二进制位进行逻辑与操作。运算规则是：0&0=0，0&1=0，1&0=0，1&1=1，即当两个数的对应位全为1时，得到的该位就为1，只要对应位有一个0时，得到的该位就为0。

例如：10&6可写成算式

```
    00001010
&   00000110
────────────
    00000010
```

所以10&6=2。

“按位与”运算的应用主要为：按位清零、测试指定位的值和获取指定位的值。

（1）按位清零

只要把需进行清零位与0进行“按位与”操作，其余与1进行“按位与”操作。

【例9.1】把整型变量a的高24位清零，保留低8位。

可把a和一个高二十四位为0，低8位为1的数进行按位与运算。

```
    ************************00001101
&   00000000000000000000000011111111
────────────────────────────────────
    00000000000000000000000000001101
```

程序代码：

```
#include <stdio.h>
void main()
{
  int a=268,b=255,c;    /*b的高24位为0,低8位为1*/
  c=a&b;
  printf("a=%d,b=%d,c=%d\n",a,b,c);
}
```

运行结果：

```
a=268,b=255,c=13
```

（2）测试指定位的值

要判断某一指定位的值是否为1（或0），只需将这一位与1（或0）进行“按位与”运算，然后判断结果是否为0即可。

【例9.2】设x是一个字符型变量（8位二进制位），判断x的最低位是否为1。

可把x与0x01进行“按位与”操作，如果结果为1则x的最低位是1。

```
x= ********
  &00000001
───────────
   0000000*
```

“按位与”运算&的优先级低于关系运算符!=和==，所以在判断结果是否为0时，表达式if(x&0x01)!=0中的圆括号不能省略。如果写成了if(x&0x01!=0)这种形式，结果又会如何呢？

（3）获取指定位的值

要想获得某些位的值，只需将这些位与1“按位与”操作，其余与0“按位与”操作。

【例9.3】设x是整型变量（32位二进制数），要想获取x的低8位，可做运算x & 0x000000ff。运算过程为：

```
x= ********************************
&  00000000000000000000000011111111
-----------------------------------
   000000000000000000000000********
```

可以看出，结果只保存了x的低8位。

【例9.4】将一个十进制数转化为二进制数输出。

分析：C语言标准输出函数只能将一个short型整数以十进制、八进制、十六进制输出（使用%x、%o、%d），但是C语言没有二进制输出格式。我们可以利用位运算进行转换，其方法如下。

设置一个屏蔽字，循环测试每一位是0还是1（一个short型整数2字节，16位，测试16次），每次测试后屏蔽字右移1位以便测试下一位，输出的测试结果就是二进制数对应的整数。循环测试时可从最高位开始测，只要设置这个屏蔽字的最高位为1即可，其余为0，为1的位为测试位置；将此屏蔽字与被转换数进行“位与”运算，根据运算结果判断被测试的位是1还是0。

程序代码：

```
#include <stdio.h>
void main()
{
  int i,bit;                         /*定义循环变量i和位标志变量bit*/
  unsigned short int n,maskword;     /*定义欲转换的整数n和屏蔽字变量maskword*/
  maskword=0x8000;        /*初始屏蔽字1000,0000,0000,0000,从左边最高位开始检测*/
  printf("Enter a integer:");        /*输入要转换的整数*/
  scanf("%d",&n);
  printf("binary of %u is:",n);
  for(i=0; i<16;i++)                 /*循环检查16位，并输出结果*/
  {
    if(i%4==0&&i!=0)printf(",");     /*习惯上二进制每4位用","分隔以便查看*/
    bit=(n&maskword)?1:0;            /*n&maskword非0,该位为1;否则该位为0*/
    printf("%d",bit);                /*输出1或0*/
    maskword=maskword>>1;            /*右移1位得到下一个屏蔽字*/
  }
  printf("\n");
}
```

运行结果：

```
Enter a integer:65
binary of 65 is:0000,0000,0100,0001
```

2．按位或运算

按位或运算是指参与运算的两个数对应二进制位进行逻辑或操作。运算规则是：0|0=0，0|1=1，1|0=1，1|1=1，即当两个数的对应位全为0时，得到的这位才为0，只要对应位有一个1时，得到的这位就为1。

按位或运算的主要应用为：按位置1。

按位置1：把需进行置1的位与1进行“按位或”操作，其余与0进行“按位或”操作。

【例9.5】设x是一个短整型变量，现要求将x的低8位置1。

```
x= ****************
   ****************
|  0000000011111111
--------------------
   ********11111111
```

【例9.6】编一程序，从键盘输入一个字符，如果是大写字母，则转换成小写字母输出。

分析：字符在计算机内是以ASCII码表示的，小写字母的ASCII码值范围为16进制数61H～7AH，大写字母的ASCII码值范围为16进制数41H～5AH，即小写字母和大写字母的ASCII码值相差20H。因此要想把大写字母转换成小写字母只需把大写字母的第5位置1即可。如：A的ASCII码为41H（0100，0001B），a的ASCII码值为61H（0110，0001B）。

```
  01000001 (41H)
| 00100000 (20H)
----------------
  01100001 (61H)
```

程序代码：

```
#include <stdio.h>
void main()
{
   char ch;
   while(1)
   {
      printf("Input a char: ");
      ch=getchar();
      if((ch<='Z')&&(ch>='A')) break;
   }
   ch=ch|0x20;
   putchar(ch);
}
```

3．按位异或运算

按位异或运算是指参与运算的两个数对应二进制位进行异或操作。运算规则是：0^0=0，0^1=1，1^0=1，1^1=0，即当两个数的对应位相同时，得到的该位为0，否则，得到的该位就为1。

按位“异或”运算的应用主要为：特定位翻转、保留原值。

特定位翻转方法：特定位与1异或

特定位翻转：是指对某些位进行操作，如该位为1则将它变为0，如该位为0则将它变为1的操作。只需将翻转的这些位与1进行“按位异或”操作即可。

【例9.7】假设a是一个字符型变量，现在想将它的低四位进行翻转。（假设a中的值为01100110）

```
a=  01100110
^   00001111
------------
    01101001
```

保留原值方法：与0异或。本例中的高四位与0异或后，保留原值0110。

4. 求反运算

求反运算是单目运算，用来对二进制数按位进行取反运算。运算规则是：～0=1，～1=0，即1取反后为0，0取反后为1。

【例9.8】对十六进制数32进行取反。

～00110010=11001101

求反运算可以用来适应不同字长型号的机型，使原数最低位为0。想使a中最低位为0，可让a=a&～1。如果a是16位，其中～1等于0177776，与a相与后，使最低位为0。如果a是32位，其中～1等于0377776，与a相与后，使最低位为0。

这样不管什么样机型，只要用a=a&～1，就可以使原数的最低位为0，其余位不变了。

5. 左移运算

左移运算的运算符“<<”是双目运算符，其功能是把“<<”符号左边的运算数的各二进位全部左移若干位，移动的若干位由“<<”符号右边的数指定，高位丢弃，低位补0。每左移1位，相当于乘2，左移n位相当于乘2的n次方。

格式：变量名<<移位的位数

【例9.9】左移运算举例。

```
unsigned char a=30;              /*(30)_10=(0001,1110)_2=(1E)_16*/
a=a<<2;                          /*(0111,1000)_2=(78)_16=(120)_10*/
```

6. 右移运算

右移运算的运算符“>>”是双目运算符，其功能是把“>>”符号左边的运算数的各二进位全部右移若干位，移动的若干位由“>>”符号右边的数指定，低位丢弃，高位对于无符号数补0，有符号数补符号位。若符号位为0，则左边也是移入0，如果符号位为1，则左边移入0还是1，取决于编译系统的规定。移入0，则称为“逻辑右移”，移入1，则称为“算术右移”。每右移1位，相当于除2，右移n位相当于除2的n次方。

格式：变量名>>移位的位数

【例9.10】右移运算举例。

```
unsigned char a=0x78;        /*(78)_16=(120)_10=(0111,1000)_2*/
a=a>>2;                      /*(0001,1110)_2=(1E)_16=(30)_10*/
```

三、位域

前面介绍了存取信息的最小单位是一个字节，但在计算机的过程控制、参数检测或数据通信等领域时，控制信息常常只占一个字节中的一个或几个二进制位，这样就会造成空间的极大浪费。怎样才能对一个字节中的一位或几位进行存取操作呢？我们可以通过位与运算、位或运算、位异或运算、反运算、左移运算和右移运算等几种运算进行综合运算，实现对某一位或某几位的存取，但这种方法比较麻烦。在C语言还提供了一种比较简单的结构体，这种结构体以位为单位来指定其成员所占内存的长度，这种以位为单位的成员构成的结构体称为“位段”或称“位域”（bit field），其成员称为“位域成员”。

1．位域的定义和位域变量的说明

位域的定义和位域变量的说明与结构体类似。

① 定义形式为：

```
struct 位域结构名
{位域列表};
```

其中位域列表的形式为：

```
类型说明符 位域名：位域长度
```

【注意】

位域列表中定义的各位域成员，其类型必须指定为unsigned（unsigned int）或int型。

【例9.11】定义一个位域结构bs。

```
struct bs
{
  unsigned a:6;         /*位域结构bs中a成员占6位*/
  int b:2;              /*位域结构bs中b成员占2位*/
  int c:8;              /*位域结构bs中c成员占8位*/
};
```

可以看出，位域在本质上就是一种结构类型，不过其成员是按二进位分配的。

② 位域变量的说明可采用先定义位域结构，再定义变量名称的方式，也可采用直接定义的方式。

【例9.12】定义位域结构bs，并用它来直接定义变量data。

```
struct bs
{
  unsigned a:6;
  int b:2;
  int c:8;
}data;
```

【说明】

data为bs变量，共占两个字节。其中，位域a占6位，位域b占2位，位域c占8位。

2．位域中数据的引用方法

```
位域变量名.位域名
```

【例9.13】例9.12中位域中数据的引用为：

```
data.a=7;
data.b=1;
data.c=9;
```

【注意】

赋值时，不能超过位域成员允许的最大值范围，如data.b只占2位，最大值为3。如此时把8（二进制形式为1000）赋给它，它会自动取赋予该数的低位，也就是00，即data.b的值就为0。

3. 位域成员可以用整型格式符输出

如：printf("%d%d%d",data.a,data.b,data.c)，也可以用%u、%o、%x等格式符输出。

读一读

① 位域定义时可以使位域成员不是恰好占满一个字节。

【例9.14】位域bs共占9位段位，应占2个字节，第2个字节中后7位空间应闲置不用。

```
struct bs
{
   unsigned a:4
   int b:2;
   int c:3;
}data;
```

② 因为位域成员不允许跨2个字节，所以位域成员的长度不能大于一个字节的长度，即位域成员的长度不能超过8位二进位。

③ 如果在定义位域时，不提供位域成员的名，这种位域称为“匿名位域”或“无名变量”。匿名位域仍占有相应的位数，但程序无法访问这个位域。

【例9.15】匿名位域的定义。

```
struct  bs
{
  int  a:7
  int   :4                /*该4位不能使用*/
  int  b:4
  int  c:1
};
```

④ 对于位域结构中的成员来说，其长度不能超过8位。当然如果设置空白位（无名变量，仅仅用作占位的）是没有这个限制的。如果一个字节剩下的位长度不够放一个位域成员，那么从下个字节开始放该位域成员，也可有意置某个位域成员从下个字节开始。

【例9.16】设置b的位域从下个字节开始。

```
struct bs
{
  unsigned a:4
  unsigned :4           /*空域*/
  unsigned b:4          /*从下一单元开始存放*/
  unsigned c:4
}
```

在这个位域定义中，a占第一字节的4位，后4位不使用，b从第二字节开始，占用4位，c占用4位。

⑤ 位域可以用于数值表达式中，它将会被系统自动转换成整型数。

⑥ 位域在存储单元中分配方向因机器而异。通常情况下是由右到左进行分配的，但用户可以不必过问这种细节。

视 频

任务一
任务实施

任务实施

在“职苑物业管理系统”中，请设计一个int变量，它的每一位用来控制小区里的一盏路灯，想要控制灯亮就把相应位置置1，否则置0。请设计程序实现指定位置的灯亮。

分析：首先，请用户输入需要点亮的灯的编号（0~31）放入liang这个变量里（以999表示结束），通过liang的幂次方，把灯亮的相应位置变为1，与deng（表示灯亮的位置）进行或运算，从而把需要点亮的每盏灯位置置1，再设置一个maskword，并把它的最高位置1，与deng（表示灯亮的位置）进行与运算，从而得到第31位灯亮的情况，然后右移maskword变量1位，与deng（表示灯亮的位置）进行与运算，得到第30位灯亮的情况，循环执行移位和与操作，从而得到每一位置的灯亮情况，并输出显示。

先在VC++ 2010中新建一个win32控制台应用空项目lacon，然后在其源程序中添加“新建项”→“C++文件”选项，并命名为lacon.c,输入代码如下：

```
#include <stdio.h>
#include <math.h>
void main()
{
 unsigned  int deng=0;                          /*让每一盏灯一开始都是不亮的*/
 unsigned  int liang=0;
 unsigned  int bit;
 unsigned  int maskword=0x80000000;             /*设置最高位为1*/
 printf("请输入点亮的灯的位置(从第0盏至第31盏): ");
 scanf("%d",&liang);
 while (liang!=999)
{
   liang=pow(2,liang);                          /*2的liang次方*/
   deng=deng|liang;                             /*把需要灯亮的位置置1*/
   printf("\n请输入点亮的灯的位置(从第0盏至第31盏): ");
   scanf("%d",&liang);
}
 printf("相应位置的灯亮如下(1表示亮灯, 0表示不亮):\n");
 for(int i=0;i<32;i++)                   /*循环检查32位, 并输出结果*/
 {
     if(i%4==0&&i!=0) printf(",");       /*习惯上2进制每4位用","分隔以便查看*/
     bit=(deng&maskword)?1:0;            /*deng&maskword非0,该位为1;否则该位为: 0*/
     printf("%d",bit);                   /*输出1或0*/
     maskword=maskword>>1;               /*右移1位得到下一个屏蔽字*/
 }
  printf( “\n” );
```

运行结果：

```
请输入点亮的灯的位置(从第0盏至第31盏): 0

请输入点亮的灯的位置(从第0盏至第31盏): 1

请输入点亮的灯的位置(从第0盏至第31盏): 2

请输入点亮的灯的位置(从第0盏至第31盏): 5

请输入点亮的灯的位置(从第0盏至第31盏): 7

请输入点亮的灯的位置(从第0盏至第31盏): 999
相应位置的灯亮如下(1表示亮灯, 0表示不亮):
0000,0000,0000,0000,0000,0000,1010,0111
```

小　　结

本单元主要介绍了位运算和位域，具体要掌握的内容如下：

1. 什么是位运算？位运算是指进行二进制位的运算。

2. C 语言提供了 6 种位运算符，具体有：按位与、按位或、按位异或、左移位、右移位和求反运算。

3. C 语言还提供了一种比较简单的结构体，它以位为单位来指定其成员所占内存的长度，这种以位为单位的成员称为“位段”或称“位域”（bit field）。

位域中数据的引用：位域变量名.位域名。

位域是一种结构体，只不过这种结构体以位为单位来指定其成员所占内存的长度，所以位域的定义和位域变量的说明与结构相仿，但位域成员的类型必须指定为 unsigned（unsigned int）或 int 型

4. 位运算根据各自特点，具有不同的用途。

（1）位与运算主要用途是按位清零、测试指定位的值和获取指定位的值。

（2）位或运算主要用途是按位置 1。

（3）异或运算主要用途是特定位翻转、保留原值。

（4）位取反运算主要用途是～1，高位全部为 1，只末位为 0；～0，所有位全部为 1。

（5）左移位运算常用来使一个数字迅速以 2 的倍数扩大。

（6）右移位运算常用来使一个数字迅速以 2 的倍数缩小。

位运算的运算对象只能是整型或字符型数据，不可以是其他类型的数据。

实　　训

实训要求

1. 对照教材中的例题，模仿编程完成各验证性实训任务，并调试完成，记录实训源程序和运行结果。

2. 在学完相关内容后，请大家课后试着设计编写源代码解决各设计性实训任务，并调试完成，记录实训源程序和运行结果。

3. 对照实训时完成情况，将调试完成的源代码与运行结果填入实训报告中。

实训任务

验证性实训任务

实训 1　将整型变量 a 的低 8 位清零，保留高 24 位。（源程序参考例 9.1）

实训 2　测试一个整型变量 x（8 位二进制位），判断 x 的最高位是否为 1。（源程序参考例 9.2）

实训 3　设 x 为短整型变量（16 位二进制位），截取 x 的高 8 位。（参考例 9.3）

实训 4　设 x 为整型变量，现要求将 x 的高 8 位置 1。（参考例 9.5）

实训 5　设变量 a 为字符型变量（8 位二进制位），现将它高 4 位进行翻转。（参考例 9.7）

设计性实训任务

实训 1 用一个表达式，判断一个数 X 是否是 2 的 *N* 次方（2，4，8，16……），不可用循环语句。

实训 2 统计一个整数的二进制中 1 的个数。

习 题

一、选择题

1. 以下运算符中优先级最低的是（ ），运算符中优先级最高的是（ ）。

   A. && B. & C. || D. |

2. 表达式 0x12&0x16 的值是（ ）。

   A. 0x16 B. 0x12 C. 0xf8 D. 0xec

3. 表达式 0x12|0x16 的值是（ ）。

   A. 0x16 B. 0x12 C. 0xf8 D. 0xec

4. 设 int a=4,b;，则执行 b=a<<3; 后，b 的结果是（ ）。

   A. 4 B. 8 C. 16 D. 32

5. 若有运算符 <<，sizeof，^，&=，则它们按优先级由高到低的正确排列次序是（ ）。

   A. sizeof,&=,<<,^ B. sizeof,<<,^,&= C. ^,<<,sizeof,&= D. <<,^,&=,sizeof

6. 请选择以下程序的执行结果：（ ）、（ ）、（ ）。

```
#include  <stdio.h>
void main()
{ int  a=0234;
  char  c ='A';
  printf(" %o\n", ~a);
  printf("%o\n", a&c);
  printf("%o\n",a|c);
}
```

   A. 177543 B. 177 C. 175437 D. 17543

   A. 0 B. 1 C. 163 D. 24

   A. 35 B. 335 C. 53 D. 533

7. 以下程序的输出结果是（ ）。

```
#include <stdio.h>
void main()
{ char  x=020;
  printf( “%o\n” ,x<<2);}
```

   A. 100 B. 80 C. 64 D. 32

8. 整型变量 x 和 y 的值相等，且为非 0 值，则以下选项中，结果为零的表达式是（ ）。

   A. x||y B. x|y C. x & y D. x ^ y

9. 设 char 型变量 x 中的值为 10100111，则表达式 (8+x)^(～3) 的值是（ ）。

   A. 10101001 B. 10101000 C. 11111101 D. 01010011

二、填空题

1. 位运算是对运算量的________位进行运算。

2. 位运算符只对________和________数据类型有效。

3. 位运算符连线：

~	按位异或
<<	按位与
&	按位取反
^	左移位

4. 在6个位运算符中，只有________是需要一个运算量的运算符。

5. 按位异或的运算规则是：________。

6. C语言中，位运算符有________、________、________、________、>>、<<共6个。

7. 设有一个整数a，b；若要通过a ^ b运算，使a的高八位翻转，低八位不变，则b的八进制数是：________。

8. 如果想使一个数a的低四位全改为1，需要a与________进行按位或运算。

三、编程题

1. 设计一个函数。当给出一个数的原码，能得到该数的补码。

2. 取一个整数最高端的3个二进制位。

3. 编写一个函数getbits()，从一个16位单元中取出某几位（即该几位保留原值，其余为0），位数由输入者定。

单元 10

程序数据的存储——文件操作

在前面的程序设计中，我们介绍了输入和输出，即从标准输入设备——键盘输入，由标准输出设备——显示器或打印机输出。不仅如此，我们也常把磁盘作为信息载体，用于保存中间结果或最终数据。在使用一些字处理工具时，通过打开一个文件来将磁盘的信息输入到内存，通过关闭一个文件来实现将内存数据输出到磁盘。这时的输入和输出是针对文件系统的，故文件系统也是输入和输出的对象，谈到输入和输出，自然也离不开文件系统。

学习目标

➢掌握文件读写和关闭

➢掌握文件指针的定位操作

➢了解文件出错检查

任务一　文件的打开与关闭

任务导入

在物业管理系统中，我们定义了如下的结构体数组来处理业主的相关信息：

```
/*业主信息结构体*/
struct owner_inf
{  char owner_ID;                /*业主编号（唯一）*/
   char owner_name[10];          /*业主姓名*/
   char sex;                     /*业主性别*/
   int age;                      /*业主年龄*/
   char hou_AD[7];               /*房屋地址*/
   float area;                   /*房屋面积*/
}p[50];
```

我们要求将业主等相关信息保存起来，供管理员来使用，如读入某一业主信息、统计业主的物业费情况等，本任务要求创建一个物业管理系统存储业主信息的二进制文件owner_inf.dat。

若每次通过键盘输入业主等相关信息数据，很显然要花费很多时间且容易产生输入错误。而业主等相关信息一般都有原始的数据文件，我们可以直接利用已有的数据文件，也可利用程序创建数据文件并将处理好的数据存放在数据文件中，这样程序运行创建数据文件以后，就可以反复使用数据文件中的数据。

操作系统是以文件为单位对数据进行管理的，实际工作中更多的是与磁盘文件交互数据，因此掌握文件的基本操作才能真正写出满足实际工作需要、高效的应用程序。

知识准备

一、C文件概述

所谓“文件”是指一组相关数据的有序集合。这个数据集有一个名称，称为文件名。实际上在前面的各单元中我们已经多次使用了文件，例如源程序文件、目标文件、可执行文件、库文件（头文件）等。文件通常是驻留在外部介质（如磁盘等）上的，在使用时才调入内存中来。从不同的角度可对文件作不同的分类。

① 从用户的角度看，文件可分为普通文件和设备文件两类。

普通文件是指驻留在磁盘或其他外部介质上的一个有序数据集，可以是源文件、目标文件、可执行程序；也可以是一组待输入处理的原始数据，或者是一组输出的结果。对于源文件、目标文件、可执行程序可以称作程序文件，对输入/输出数据可称作数据文件。

设备文件是指与主机相连的各种外部设备，如显示器、打印机、键盘等。

② 从文件编码的方式来看，文件可分为ASCII码文件和二进制码文件两种。

ASCII文件也称文本文件，这种文件在磁盘中存放时每个字符对应一个字节，用于存放对应的ASCII码。例如，数5678在外存中的存储形式如下。

ASCII码：00110101 00110110 00110111 00111000

在内存中5678占2个字节，而在外存中占用4个字节。用ASCII码形式输出与字符一一对应，因此能读懂文件内容，也便于对字符进行逐个处理。但一般占用外存空间较多，而且要花费转换时间。例如，源程序文件就是ASCII文件，用DOS命令TYPE可显示文件的内容。

二进制文件在内存中的存储形式与外存上的存储形式是一致的，都是二进制码。例如，数5678在内、外存的存储形式均为：00010110 00101110，只占2个字节。用二进制形式输出数据，可以节省外存空间和转换时间，但一个字节不对应一个字符，不能直接输出字符形式，需要转换。一般中间结果数据需要暂时保存在外存上以后又需要输入到内存的，常用二进制文件保存。

C系统在处理这些文件时，并不区分类型，都看成是字符（字节）流，按字节进行处理。输入/输出字符流的开始和结束只由程序控制而不受物理符号（如回车符）的控制，因此也把这种文件称作“流式文件”。

C语言的输入/输出是由库函数来完成的。在C语言中没有用于完成I/O操作的关键字。C编译器遵守ANSI C标准定义了一组完整的I/O操作函数。但在老的UNIX标准中还定义了另外一组I/O操作函数。

在这两种标准中所定义的前一组函数称为“缓冲型文件系统”，有时也称为“格式文件系统”

或“高级文件系统”。所谓缓冲文件系统是指系统自动地在内存区为每一个正在使用的文件名开辟一个缓冲区。从内存向磁盘输出数据必须先送到内存中的缓冲区，装满缓冲区后才一起送到磁盘去。如果从磁盘向内存读入数据，则一次从磁盘文件将一批数据输入到内存缓冲区（充满缓冲区），然后再从缓冲区逐个地将数据送到程序数据区（给程序变量）。缓冲区的大小由各个具体的C版本确定，一般为512字节。

而另一组函数称为“非缓冲型文件系统”，也称为“非格式文件系统”。所谓“非缓冲文件系统”是指系统不自动开辟确定大小的缓冲区，而由程序为每个文件设定缓冲区。

ANSI C标准只采用缓冲文件系统。既用缓冲文件系统处理文本文件，也用它来处理二进制文件，也就是将缓冲文件系统扩充为可以处理二进制文件。

二、文件指针

本单元讨论流式文件的打开、关闭、读、写、定位等各种操作。在C语言中用一个指针变量指向一个文件，这个指针称文件指针。通过文件指针就可对它所指向的文件进行各种操作。

定义文件指针的一般形式：

```
FILE *指针变量标识符;
```

其中，FILE应为大写，它实际上是由系统定义的一个结构，该结构中含有文件名、文件状态和文件当前位置等信息。在编写源程序时一般不必关心FILE结构的细节。

例如：FILE *fp;表示fp是指向FILE结构的指针变量，通过fp即可找到存放某个文件信息的结构变量，然后按结构变量提供的信息找到该文件，实施对文件的操作。习惯上也笼统地把fp称为指向一个文件的指针。

人们在操作文件时，通常都关心文件的属性，如文件的名字、文件的性质、文件的当前状态等。对缓冲文件系统来说，上述特性都是要仔细考虑的。ANSI C为每个被使用的文件在内存开辟一块用于存放上述信息的内存区域，用一个结构体类型的变量存放。该变量的结构体类型由系统取名为FILE，在头文件stdio.h中定义如下：

```
typedef struct
{
  short  level;                          /*缓冲区"满"或"空"的程度*/
  unsigned  flags;                       /*文件状态标志*/
  char  fd;                              /*文件描述符*/
  unsigned char  hold;                   /*如无缓冲区不读取字符*/
  short  bsize;                          /*缓冲区大小*/
  unsigned char  *buffer;                /*数据传输缓冲区*/
  unsigned char  *curp;                  /*当前激活指针*/
  unsigned  istemp;                      /*临时文件指示器*/
  short  token;                          /*用于合法性校合*/
}FILE;
```

在操作文件以前，应先定义文件指针变量：

```
FILE *fp1,*fp2;
```

按照上面的定义，fp1和fp2均为指向结构体类型的指针变量，可以分别指向一个可操作的文件。换句话说，一个文件对应一个文件指针变量，今后对该文件的访问，就转化为对文件指针变量的操作。

三、文件的打开与关闭

文件在进行读/写操作之前要先打开，使用完毕要关闭。所谓打开文件，实际上是在内存中建立文件的相关信息，并使文件指针指向该文件，以便进行其他操作。关闭文件则断开指针与文件之间的联系，也就禁止再对该文件进行操作。在C语言中，文件操作都是由库函数来完成的。在本单元内将介绍主要的文件操作函数。

1. 文件的打开函数fopen()

ANSI C 提供了打开文件的函数——fopen()函数。fopen()函数的调用方式通常为：

```
FILE *fp;
fp=fopen(文件名,文件使用方式)
```

函数原型在stdio.h文件中，fopen()函数打开一个“文件名”所指的外部文件，fopen()函数返回指向以“文件名”为文件的指针，并赋予fp。对文件的操作模式由文件使用方式决定，文件使用方式也是字符串，表10-1给出了文件使用方式的取值表。

表 10-1　文件使用方式的取值表

文件的使用方式	含　义	文件的使用方式	含　义
r（只读）	打开一个文本文件只读	r+（读写）	打开一个可读 / 写的文本文件
w（只写）	打开一个文本文件只写	w+（读写）	创建一个新的可读 / 写的文本文件
a（追加）	打开一个文本文件在尾部追加	a+（读写）	打开一个可读 / 写的文本文件
rb（只读）	打开一个只读的二进制文件	rb+（读写）	打开一个可读 / 写的二进制文件
wb（只写）	打开一个只写的二进制文件	wb+（读写）	创建一个新的可读 / 写的二进制文件
ab（追加）	对二进制文件追加	ab+（读写）	打开一个可读 / 写的二进制文件

如表10-1所示，文件的操作方式有文本文件和二进制文件两种，例如：

```
FILE *fp;
fp=fopen("d:\\a1.txt","r");
```

这里打开了d:盘根目录下文件名为a1.txt的文件，打开方式r表示只读；fopen函数返回指向d:\a1.txt的文件指针，然后赋值给fp，fp指向此文件，即fp与此文件关联。文件名要注意：文件名包含文件名.扩展名，路径要用“\\”表示。

文件打开方式包含下面几类表示打开方式的关键词，不同类的可以组合。

“r，w，a”分别为：读、写、追加。

“b，t”分别为：二进制文件，文本文件。默认为文本方式，即没有b就是以文本方式打开文件。

打开文件的正确方法如下例所示：

```
#include <stdio.h>
FILE *fp;
if((fp=fopen("test.txt","w"))==NULL)
{
  printf("cannot open file \n");
  exit(0);
}
```

这种方法能发现打开文件时的错误。在开始写文件之前检查诸如文件是否有写保护，磁盘是否已写满等，因为函数会返回一个有确定指向的FILE类型指针，若打开失败，则返回空指针NULL，NULL值在stdio.h中定义为0。事实上打开文件是要向编译系统说明3个信息：

① 需要访问的外部文件是哪一个。

② 打开文件后要执行读或写，即选择操作方式。

③ 确定哪一个文件指针指向该文件。

对打开文件所选择的操作方式来说，一经说明不能改变，除非关闭文件后重新打开。只读文件就不能对其进行写操作，对已存文件如以新文件方式打开，则信息必丢失。

文件打开方式（使用方式）的说明：

① 文件打开一定要按前面提到的方法检查fopen()函数的返回值。因为有可能文件不能正常打开，不能正常打开时fopen()函数返回NULL。

② r方式：只能从文件读入数据而不能向文件写入数据。该方式要求打开的文件已经存在，否则出错。

③ w方式：只能向文件写入数据（输出）而不能从文件读入数据。如果文件不存在，创建该文件，如果文件存在，原来文件被删除，然后重新创建文件（相当覆盖原来文件），如果要保留原有数据，请看下面的a方式。

④ a方式：在文件末尾添加数据，而不删除原来文件。该方式要求欲打开的文件已经存在。打开时，文件指针移到文件末尾。

⑤ "+"（"r+、w+、a+"）方式：均为可读写。但是r+、a+要求文件已经存在，w+无此要求；r+打开文件时文件指针指向文件开头，a+打开文件时文件原来的文件不被删除，指针指向文件末尾；w+方式则新建立一个文件，先向此文件写数据，然后可以读此文件中的数据。

⑥ "b、t"方式：分别以二进制、文本方式打开文件。默认是文本方式，t可以省略。读文本文件时，将"回车"/"换行"转换为一个"换行"；写文本文件时，将"换行"转换为"回车/换行"。二进制文件不进行这种转换，内存中的数据形式与外存文件中的数据形式完全一致。

⑦ 程序开始运行时，系统自动打开3个标准文件：标准输入、标准输出、标准出错输出。一般这3个文件对应于终端（键盘、显示器）。这3个文件不需要手工打开，就可以使用。标准文件：标准输入、标准输出、标准出错输出对应的文件指针是stdin、stdout和stderr，这3个文件指针是由系统自动定义的。例如，程序中指定要从stdin所指的文件输入数据，就是指从终端键盘输入数据。

2. 文件的关闭函数fclose()

文件一旦使用完毕，应用关闭文件函数把文件关闭。关闭使文件指针变量不再指向该文件，此后不能再通过该指针对其相连的文件进行读/写操作，除非再次打开，使该指针变量重新指向该文件。及时关闭不再使用的文件，可以防止文件被误用，以及避免文件的数据丢失等错误。

fclose函数调用的一般形式：

```
fclose(fp)
```

fclose()函数关闭与文件指针fp相连接的文件，并把它的缓冲区内容全部写出。在fclose()函数调用以后，fp将与此文件无关，同时原自动分配的缓冲区也失去定位。fclose()函数关闭文件操作成功后，函数返回0；失败则返回EOF。

【例10.1】打开和关闭一个可读可写的二进制文件。

```
#include <stdio.h>
void main( )
{
  FILE *fp;
  if((fp=fopen("test.dat","rb"))==NULL)      /*打开文件*/
  {
      printf("cannot open file\n");
      exit(0);
  }
                                              /*此处省略了写入对文件执行读写的代码*/
  if(fclose(fp))
      printf("file close error!\n");          /*关闭文件*/
}
```

任务实施

本任务我们要求将业主等相关信息保存在一个文件中，具体是要求创建一个物业管理系统的存储业主信息的二进制文件owner_inf.dat。

视频

任务一
任务实施

先在VC++ 2010中新建一个win32控制台应用空项目owner_inf1，然后在其源程序中添加“新建项”→“C++文件”选项，并命名为owner_inf.c，我们在程序中按要求定义结构体数组p[]存储业主的相关信息，同时定义一个文件指针fp来操作存放数据的文件，首先以wb（可读写二进制文件）方式打开二进制文件owner_inf.dat，然后输入5位业主数据放入p[]数组中并同时写入文件owner_inf.dat中，输入完成后，关闭文件。具体代码为：

```
#include “stdio.h”
#include "stdlib.h"

/*业主信息结构体*/
struct owner_inf
{ int owner_ID;                         /*业主序号*/
  char owner_name[10];                  /*业主姓名*/
  char sex[3];                          /*业主性别*/
  int age;                              /*业主年龄*/
  char hou_AD[7];                       /*房屋地址*/
  float area;                           // 房屋面积*/
}p[50];                                 //定义结构体数组p[]*/

/*创建业主信息二进制文件*/
void main()
{ int i;
  FILE *fp;                             /*定义一个文件指针*/
  fp=fopen("owner_inf.dat","wb");       /*以可读写方式打开二进制文件owner_inf.dat*/
  printf("\n请依次输入:\n 姓名 性别 年龄  房屋地址 房屋面积\n");
  for(i=0;i<5;i++)
    { p[i].owner_ID=i+1;
      scanf("  %s %s %d %s %f",p[i].owner_name,p[i].sex,&p[i].age,p[i].hou_AD,&p[i].area);
    }
  printf("\n\n您所输入的信息为:\n 姓名 性别 年龄 房屋地址 房屋面积\n");
```

```
    for(i=0;i<5;i++)
        {printf("%d %s   %s   %d   %s   %f\n",p[i].owner_ID,p[i].owner_name,p[i].
sex,p[i].age,p[i].hou_AD,p[i].area);
         fwrite(&p[i],sizeof(struct owner_inf),1,fp); //将刚输入数据写入
                                                      owner_inf.dat文件
        }
    fclose(fp);                              //关闭文件
    system("pause");
  }
```

运行结果：

```
请依次输入：
 姓  名 性别 年龄  房屋地址 房屋面积
 张三   男   28    a12205    92
 李四   男   30    b22306    87
 王姗   女   29    c26302    98
 方小明 男   32    b15408    92
 朱小莉 女   31    a16208    78


您所输入的信息为：
 姓  名 性别 年龄 房屋地址 房屋面积
1 张三   男   28  a12205  92.000000
2 李四   男   30  b22306  87.000000
3 王姗   女   29  c26302  98.000000
4 方小明 男   32  b15408  92.000000
5 朱小莉 女   31  a16208  78.000000
Press any key to continue
```

任务二　文件的读写

任务导入

在上一任务中，我们保存了业主的相关信息并存放于owner_inf1.dat文件中，当需要使用时，可将文件打开并读入数据，也可将相关数据写入文件保存起来，以便今后使用。

我们要求将上一任务保存的业主相关信息的文件owner_inf.dat中数据读出来并进行修改后重新保存为二进制文件owner.dat。

知识准备

一、文件的读写

当文件按指定的工作方式打开以后，就可以执行对文件的读和写。针对文件的不同性质，可采用不同的读写方式：文本文件，可按字符读/写或按字符串读/写；二进制文件，可进行成块的读/写或格式化的读/写。

1．字符读写函数fgetc()和fputc()

C提供fgetc()和fputc()函数对文本文件进行字符的读写，其函数的原型存于stdio.h头文件中。

（1）读字符函数fgetc()

一般格式为：ch=fgetc(fp)

fgetc()函数从fp指向的文件当前位置返回一个字符，赋予字符变量ch，然后将文件指针fp移到下一个字符处，如果已到文件尾，函数返回EOF，此时表示本次操作结束。若读写文件完成，则应关闭文件。

（2）写字符函数fputc()

一般格式为：fputc(ch,fp)

fputc()函数完成将字符ch的值写入fp所指向文件的当前位置处，然后将文件指针后移一位。fputc()函数的返回值是所写入字符的值，出错时返回EOF。

（3）fget()函数与fputc()函数应用举例

【例10.2】将存放于磁盘的指定文本文件按读/写字符方式逐个地从文件读出，然后再将其显示到屏幕上。采用带参数的main()，指定的磁盘文件名由命令行方式通过键盘输入。

```
#include <stdio.h>
#include <stdlib.h>
void main(int argc, char *argv[])
{ char ch;
  FILE *fp;
  if((fp=fopen(argv[1],"r"))==NULL)  /*打开一个由argv[1]所指的文件*/
  {
     printf("not open");
     exit(0);
  }
  while((ch=fgetc(fp))!=EOF)         /*从文件读一字符,显示到屏幕*/
    putchar(ch);
  fclose(fp);
}
```

程序是一带参数的main()函数，要求以命令行方式运行，其参数argc用于记录输入参数的个数，argv是指针数组，用于存放输入参数的字符串，串的个数由argc描述。我们将上面的源程序存为文件名为L10-2.c的文件，经过编译和连接生成可执行的文件L10-2.exe。运行程序L10-2.exe，输入的命令行方式为：

```
D:\c10>L10-2 L10-2.c <回车>
```

上述程序以命令行方式运行，其输入参数字符串有两个，即argv[0]="D:\c10>L10-2"、argv[1]="L10-2.c"、argc=2。故打开的文件是L10-2.c。程序中对fgetc()函数的返回值不断进行测试，若读到文件尾部或读文件出错，都将返回C的整型常量EOF，其值为非零有效整数。程序的运行输出为源程序本身。

【例10.3】从键盘输入字符，存到磁盘文件test.txt中。

```
#include <stdio.h>
void main()
{
  FILE *fp;
  char ch;
  if((fp=fopen("test.txt","w"))==NULL)            /*以只写方式打开文件*/
  {
    printf("cannot open file!\n");
    exit(0);
  }
    while((ch=getchar())!='\n')                   /*回车时结束输入字符*/
```

```
        fputc(ch,fp);                                    /*写入文件一个字符*/
    fclose(fp);
}
```

程序通过从键盘输入字符串，以回车结束输入，写入指定的流文件test.txt。文件以文本文件只写方式打开。程序执行结束后，我们可以通过DOS提供的type命令来列表显示文件test.txt的内容。

运行结果：

```
I love china!
```

在DOS操作系统环境下，利用type 命令显示test.txt文件如下：

```
D:\C10> type test.txt<回车>
```

```
I love china!
```

2. 字符串读写函数fgets()和fputs()

C提供的这两个读写字符串的函数原型在stdio.h头文件中。

（1）字符串读函数fgets()

fgets()函数一般格式为：fgets(str,n,fp)

fgets()函数从fp指向的文件中读取至多n-1个字符，然后在最后加一个'\0'的字符，并把它们放入str指向的字符数组中。该函数读取所限定的字符数直到遇见回车符或EOF（文件结束符）为止。fgets()函数的返回值为str的首地址。fgets()函数一次最多只能读出127个字符。

（2）字符串写函数fputs()

fputs()函数一般格式为：fputs(str,fp)

fputs()函数将str指向的字符串写入文件指针fp指向的文件。操作成功时，函数返回0值，失败返回非零值。

【例10.4】向磁盘文本文件test.txt写入字符串。

```
#include <stdio.h>
#include <string.h>
void main()
{
  FILE *fp;
  char str[128];
  if((fp=fopen("test.txt","w"))==NULL)       /*打开只写的文本文件*/
  {
    printf("cannot open file!");
    exit(0);
  }
  while((strlen(gets(str)))!=0)              /*若串长度为零,则结束*/
  {
    fputs(str,fp);                           /*写入串*/
    fputs("\n",fp);                          /*写入回车符*/
  }
  fclose(fp);                                       /*关闭文件*/
}
```

运行该程序，从键盘输入长度不超过127个字符的字符串，写入文件。如串长为0，即空串，程

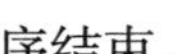

序结束。

运行结果：

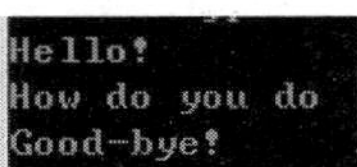

这里所输入的空串，实际为一单独的回车符，其原因是gets函数判断串的结束是以回车作标志的。

运行结束后，我们利用DOS的type命令列表文件：

```
D:\C10>type test.txt
```

【例10.5】从一个文本文件test1.txt中读出字符串，再写入另一个文件test2.txt。

```
#include <stdio.h>
#include <string.h>
void main()
{
  FILE *fp1,*fp2;
  char str[128];
  if((fp1=fopen("test1.txt","r"))==NULL)          /*以只读方式打开文件1*/
    {
      printf("cannot open file\n");
      exit(0);
    }
  if((fp2=fopen("test2.txt","w"))==NULL)          /*以只写方式打开文件2*/
    {
      printf("cannot open file\n");
      exit(0);
    }
    while((strlen(fgets(str,128,fp1)))>0)         /*从文件1读字符串*/
    {
      fputs(str,fp2);                             /*将字符串写入文件2*/
      printf("%s",str);                           /*在屏幕显示*/
    }
    fclose(fp1);
    fclose(fp2);
}
```

程序操作两个文件，需定义两个文件变量指针，因此在操作文件以前，应将两个文件以需要的工作方式同时打开（不分先后），读/写完成后，再关闭文件。设计过程是按写入文件的同时显示在屏幕上，故程序运行结束后，两个文本文件内容是一样的，并将文件内容显示在屏幕上。

3．数据块读写函数fread()和fwrite()

前面介绍的几种读写文件的方法，对其复杂的数据类型无法以块形式向文件写入或从文件读出。C语言提供成块的读/写方式来操作文件，使数组或结构体等类型的数据可以进行一次性读/写。成块读/写文件函数的调用形式如下。

fread()函数调用形式: int fread(char *buf,int size,int count,FILE *fp)

fwrite()函数调用形式: int fwrite(char *buf,int size,int count,FILE *fp) fread()函数从fp指向的流文件读取count（字段块数）个字段，每个字段块为size个字符长，并把它们放到buf（缓冲区）指向的字符数组中。

fread()函数返回实际已读取的字段数。若函数调用时要求读取的字段块数超过文件存放的字段块数，则出错或已到文件尾，实际在操作时应注意检测。

fwrite()函数从buf指向的字符数组中，把count个字段块写到fp所指向的文件中，每个字段块为size个字符长，函数操作成功时返回所写字段数。

成块的文件读写，在创建文件时只能以二进制文件格式创建。

【例10.6】向磁盘写入格式化数据，再从该文件读出显示到屏幕。

```
#include <stdio.h>
#include <stdlib.h>
void main()
{
  FILE *fp1;
  int i;
  struct stu                                    /*定义结构体*/
  {
    char name[15];
    char num[6];
    float score[2];
  }student;
  if((fp1=fopen("test.txt","wb"))==NULL)        /*以二进制只写方式打开文件*/
  {
    printf("cannot open file");
    exit(0);
  }
  printf("input data:\n");
  for(i=0;i<2;i++)
    {
    scanf("%s%s%f%f",student.name,student.num,&student.score[0],
            &student.score[1]);                 /*输入一记录*/
    fwrite(&student,sizeof(student),1,fp1);     /*成块写入文件*/
  }
    fclose(fp1);
    if((fp1=fopen("test.txt","rb"))==NULL)      /*重新以二进制只读方式打开文件*/
    {
    printf("cannot open file");
    exit(0);
  }
    printf("output from file:\n");
    for (i=0;i<2;i++)
    {
      fread(&student,sizeof(student),1,fp1);    /*从文件成块读*/
      printf("%s%s%7.2f%7.2f\n",student.name,student.num,
      student.score[0],student.score[1]);       /*显示到屏幕*/
    }
  fclose(fp1);
}
```

运行结果：

```
input data:
xiaowan j001 87.5 98.4
xiaoli j002 99.5 89.6
output from file:
xiaowanj001  87.50  98.40
xiaolij002  99.50  89.60
```

通常，对于输入数据的格式较为复杂的话，我们可采取将各种格式的数据当做字符串输入，然后将字符串转换为所需的格式。C提供的函数有:

```
int atoi(char *ptr)
float atof(char *ptr)
long int atol(char *ptr)
```

它们分别将字符串转换为整型、实型和长整型，使用时请将其包含的头文件math.h或stdlib.h写在程序的前面。

【例10.7】将输入的不同格式数据以字符串输入，然后将其转换后进行文件的成块读/写。

```
#include <stdio.h>
#include <stdlib.h>
void main()
{
  FILE *fp1;
  char temp[6];
  int i;
  struct stu                                         /*定义结构体类型*/
  {
    char name[15];                                   /*姓名*/
    char num[6];                                     /*学号*/
    float score[2];                                  /*二科成绩*/
  }student;
  if((fp1=fopen("test.txt","wb"))==NULL)             /*打开文件*/
  {
    printf("cannot open file");
    exit(0);
  }
  for(i=0;i<2;i++)
  {
    printf("input name:");
    gets(student.name);                              /*输入姓名*/
    printf("input num:");
    gets(student.num);                               /*输入学号*/
    printf("input score1:");
    gets(temp);                                      /*输入成绩*/
    student.score[0]=atof(temp);
    printf("input score2:");
    gets(temp);
    student.score[1]=atof(temp);
    fwrite(&student,sizeof(student),1,fp1);          /*成块写入到文件*/
 }
 fclose(fp1);
 if((fp1=fopen("test.txt","rb"))==NULL)
  {
     printf("cannot open file");
     exit(0);
```

```
    }
    printf("---------------------\n");
    printf("%-15s%-7s%-7s%-7s\n","name","num","score1","score2");
    printf("---------------------\n");
    for(i=0;i<2;i++)
    {
      fread(&student,sizeof(student),1,fp1);
      printf("%-15s%-7s%7.2f%7.2f\n",student.name,student.num,
      student.score[0],student.score[1]);
    }
    fclose(fp1);
}
```

运行结果：

```
input name:li-ying
input num:j0123
input score1:98.65
input score2:89.6
input name:li-li
input num:j0124
input score1:68.65
input score2:86.6
---------------------
name           num    score1 score2
---------------------
li-ying        j0123    98.65  89.60
li-li          j0124    68.65  86.60
```

4. 格式化读写函数fscanf()和fprintf()

前面的程序设计中，我们介绍过利用scanf()函数和printf()函数从键盘格式化输入及在显示器上进行格式化输出，不同的是：fscanf()函数和fprintf()函数的读/写对象不是终端而是磁盘文件。其函数调用方式：

fscanf()函数调用格式：fscanf(fp,格式字符串,输入列表)

fprintf()函数调用格式：fprintf(fp,格式字符串,输出列表)

其中，fp为文件指针，其余两个参数与scanf()函数和printf()函数用法完全相同。

例如：fscanf(fp, “%d,%f” ,&i,&t);

它的作用是从fp指向的磁盘文件中按” %d,%f” 格式读入ASCII字符，并分别给变量i与t赋值。如果磁盘文件上有以下字符：

```
3, 5.4
```

则将磁盘文件中的3送变量i，5.4给变量t。

同样，用下面的fprintf()函数可以将变量的值输出到fp指向的磁盘文件上：

```
fprintf(fp,"%d,%7.2f",i,t);
```

如果i=3，t=5.4，则输出到fp指向的磁盘文件上的是以下字符串：

```
3, 5.40
```

用fscanf()函数和fprintf()函数对磁盘文件读/写，使用方便，容易理解，但由于在输入时要将ASCII码转换为二进制形式，在输出时又要将二进制形式转换成字符，花费时间比较多。因此，在内存与磁盘频繁交换数据的情况下，最好不用fscanf()函数和fprintf()函数，而用fread()函数和fwrite()

函数。

【例10.8】将格式化的数据写入文本文件，再从该文件中以格式化方法读出显示到屏幕上，其格式化数据是两个学生记录，包括姓名、学号、两科成绩。

```
#include <stdio.h>
void main()
{
  FILE *fp;
  int i;
  struct stu
  {
    char name[15];
    char num[6];
    float score[2];
  }student;
  if((fp=fopen("test.txt","w"))==NULL)                 /*以文本只写方式打开文件*/
  {
    printf("cannot open file");
    exit(0);
  }
  printf("input data:\n");
  for(i=0;i<2;i++)
  {
    scanf("%s%s%f%f",student.name,student.num,&student.score[0],
    &student.score[1]);                                /*从键盘输入*/
    fprintf(fp,"%s %s %7.2f %7.2f\n",student.name,student.num,
    student.score[0],student.score[1]);                /*写入文件*/
  }
  fclose(fp);                                          /*关闭文件*/
  if((fp=fopen("test.txt","r"))==NULL)
  {                                                    /*以文本只读方式重新打开文件*/
    printf("cannot open file");
    exit(0);
  }
  printf("output from file:\n");
  while(fscanf(fp,"%s%s%f%f\n",student.name,student.num,
    &student.score[0],student.score[1])!=EOF)          /*从文件读入*/
  printf("%s%s%7.2f%7.2f\n",student.name,student.num,student.score[0],
    student.score[1]);                                 /*显示到屏幕*/
  fclose(fp);                                          /*关闭文件*/
}
```

程序中定义了一个文件变量指针，两次以不同方式打开同一文件，写入和读出格式化数据。有一点很重要，那就是用什么格式写入文件，就一定用什么格式从文件读，否则，读出的数据与格式控制符不一致，就造成数据出错。

运行结果：

```
input data:
xiaowan j001 87.5 98.4
xiaoli j002 99.5 89.6
output from file:
xiaowanj001  87.50  89.60
xiaolij002  99.50  89.60
```

列表文件的内容显示为：

```
D:\>D10\type test.txt<回车>
```

```
xiaowan j001   87.50   98.40
xiaoli j002    99.50   89.60
```

此程序所访问的文件也可以定为二进制文件，若打开文件的方式为：

```
if((fp=fopen("test1.txt","wb"))==NULL)      /*以二进制只写方式打开文件*/
{
  printf("cannot open file");
  exit(0);
}
```

其效果完全相同。

二、文件的随机读/写

C文件中有一个位置指针，指向当前读/写的位置，顺序读/写一个文件时，每次读/写完成后，该位置指针自动移动指向下一个位置。为了能够改变读/写的顺序，C语言提供了几个函数，强制使位置指针指向指定的位置，这样就可以完成文件的随机读/写。

1. 位置指针复位函数rewind()

rewind函数调用格式：rewind(fp)

该函数将fp所指向的文件的位置指针重新返回到文件的开头。

返回值：无。

【例10.9】有一个磁盘文件，先把它的内容显示到屏幕上，再把它复制到另一个文件中。

```
#include <stdio.h>
void main()
{
  FILE *fp1,*fp2;
  fp1=fopen("file1.c","r");
  fp2=fopen("file2.c","w");
  while(!feof(fp1))
    putchar(fgetc(fp1));
  rewind(fp1);                              /*位置指针复位*/
  while(!feof(fp1))
    fputc(fgetc(fp1),fp2);
  fclose(fp1);
  fclose(fp2);
}
```

2. 位置指针随机定位函数fseek()

所谓随机读/写是指读/写完一个字符（字节）后，并不一定要读/写其后续的字符（字节），而是可以读/写文件中任意所需的数据。用fseek()函数可以改变文件中的位置指针。

fseek()函数调用格式：

```
fseek(fp,位移量，起始点)
```

fseek()函数从fp所指向的文件中，以起始点开始将位置指针向前（+）或向后（-）移动“位移量”个字节的距离。

返回值：正确，返回0；错误，返回非0值。

其中，文件的起始点可以由常量标识，也可以由数字标识，如表10-2所示。

表 10-2　文件位置描述符

起　始　点	常量名标识	数 字 表 示
文件开始	SEEK_SET	0
文件当前位置	SEEK_CUR	1
文件末尾	SEEK_END	2

位移量是指以“起始点”为基点，向前（文件尾方向）或向后（文件头方向）移动的字节数。位置量是长整型的数值，当位移量超过64 KB时也不至于出现错误。如：

```
fseek(fp,100L,0);              /*以文件头为基点,向前移动100个字节的距离*/
fseek(fp,-4L,1);               /*以当前位置为基点,向后移动4个字节的距离*/
fseek(fp,-10L,SEEK_END);       /*以文件尾为基点,向后移动10个字节的距离*/
```

【例10.10】在磁盘文件student.dat中有10个学生记录，将第1、3、5、7、9号记录取出显示到屏幕上。

```
#define N 10
#include <stdio.h>
typedef struct
{
  char num[6],name[10],sex;
  int age,score;
}STU;
void main()
{
  int i;
  STU s[N];
  FILE *fp;
  savestu();                   /*调用该函数,创建磁盘文件: student.dat*/
  if((fp=fopen("student.dat","rb"))==NULL)
  { printf("Cannot open this file!\n");
    exit(0);
  }
  for(i=0;i<N;i+=2)
  {
    fseek(fp,i*sizeof(STU),0);
    fread(s+i,sizeof(STU),1,fp);
    printf("%s\t%s\t%c\t%d\t%d\n",s[i].num,s[i].name,s[i].sex,s[i].age,s[i].score);
  }
  fclose(fp);
}
savestu()                      /*键盘输入学生记录，创建磁盘文件: student.dat*/
{ STU s[N];
  FILE *fp;
```

```
  int i;
  if((fp=fopen("student.dat","wb"))==NULL)
/*以二进制只写方式打开*/
  {
     printf("Cannot create this file!\n");
     exit(0);
  }
  printf("Input %d student record: Num\tName\tSex\tAge\tScore\n",N);
  for(i=0;i<N;i++)
  {
     scanf("%s%s% c%d%d",s[i].num,s[i].name,&s[i].sex,&s[i].age,&s[i].score);
     fwrite(s+i,sizeof(STU),1,fp);
  }
  fclose(fp);
}
```

3. 检测当前位置指针的位置函数ftell()

ftell()函数调用格式：ftell(fp)

功能：检测流式文件中当前位置指针的位置距离文件头有多少个字节的距离。

返回值：成功则返回实际位移量（长整型），否则返回-1L。例如：

```
i=ftell(fp);
if(i=-1L) printf("Error\n");
```

利用这个函数，我们也可以测试一个文件所占的字节数。如：

```
fseek(fp,0L,2);                              /*将文件位置指针移到文件末尾*/
volume=ftell(fp);                            /*测试文件尾到文件头的位移量*/
```

4. 文件随机读/写应用举例

【例10.11】写入5个学生记录，记录内容为学生姓名、学号、两科成绩。写入成功后，随机读取第3条记录，并用第2条记录替换。

```
#include <stdio.h>
#include <stdlib.h>
#define n 5
void main()
{
  FILE *fp1;                                 /*定义文件指针*/
  char temp[6];
  int i,j;
  struct stu                                 /*定义学生记录结构*/
  {
    char name[15];
    char num[6];
    float score[2];
  }student[n];
  if((fp1=fopen("test.txt","wb"))==NULL)     /*以二进制只写方式打开文件*/
  {
    printf("cannot open file");
```

```
    exit(0);
  }
  for(i=0;i<n;i++)
  {
    printf("input name:");                      /*输入姓名*/
    gets(student[i].name);
    printf("input num:");
    gets(student[i].num);                       /*输入学号*/
    printf("input score1:");
    gets(temp);                                 /*输入一科成绩*/
    student[i].score[0]=atof(temp);
    printf("input score2:");
    gets(temp);                                 /*输入第二科成绩*/
    student[i].score[1]=atof(temp);
    fwrite(&student[i],sizeof(struct stu),1,fp1); /*成块写入*/
  }
  fclose(fp1);                                  /*关闭*/
  if((fp1=fopen("test.txt","rb+"))==NULL)       /*以可读写方式打开文件*/
  {
    printf("cannot open file");
    exit(0);
  }
  printf("---------------------\n");
  printf("%-15s%-7s%-7s%-7s\n","name","num","score1","score2");
  printf("---------------------\n");
  for(i=0;i<n;i++)                              /*显示全部文件内容*/
  {
    fread(&student[i],sizeof(struct stu),1,fp1);
    printf("%-15s%-7s%7.2f%7.2f\n",student[i].name,student[i].num,
    student[i].score[0],student[i].score[1]);
  }
                                                /*以下进行文件的随机读写*/
  fseek(fp1,2*sizeof(struct stu),0);            /*定位文件指针指向第三条记录*/
  fwrite(&student[1],sizeof(struct stu),1,fp1);
                                                /*在第3条记录处写入第二条记录*/
  rewind(fp1);                                  /*移动文件指针到文件头*/
  printf("---------------------\n");
  printf("%-15s%-7s%-7s%-7s\n","name","num","score1","score2");
  printf("---------------------\n");
  for(i=0;i<n;i++)                              /*重新输出文件内容*/
  {
    fread(&student[i],sizeof(struct stu),1,fp1);
    printf("%-15s%-7s%7.2f%7.2f\n",student[i].name,student[i].num,
    student[i].score[0],student[i].score[1]);
  }
  fclose(fp1);                                  /*关闭文件*/
}
```

运行结果:

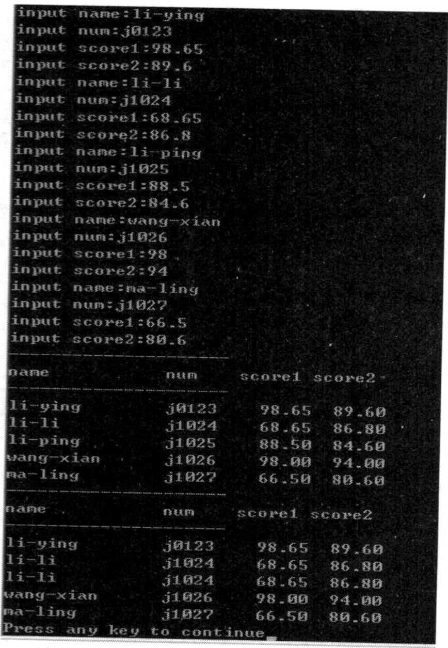

程序的第二次输出，即随机访问后，文件中会有两条相同的记录。

三、文件检测函数

C语言中常用的文件检测函数有以下几个：

1．文件结束检测函数feof()

feof()函数调用格式：feof(fp);

功能：判断文件是否处于文件结束位置。

返回值：如文件结束，则返回值为1，否则为0。

2．读写文件出错检测函数ferror()

ferror()函数调用格式：ferror(fp);

功能：检查文件在用各种输入输出函数进行读写时是否出错。

返回值：如ferror函数返回值为0表示未出错，否则表示有错。

3．文件出错标志和文件结束标志置0函数clearerr()

clearerr()函数调用格式：clearerr(文件指针);

功能：本函数用于清除出错标志和文件结束标志，使它们为0值。

返回值：无。

在读写文件时出现错误标志，其标志会一直保留，直到对同一文件调用clearerr()、rewind()或任何其他一个输入输出函数。

四、程序举例

【例10.12】假设文件A.DAT和B.DAT中的字符已经按降序排列，编写一个程序将两个文件合并成文件C.DAT，C.DAT中的字符也是按降序排列的。

程序代码如下：

```
#include <stdio.h>
void main()
{
  FILE *fpa,*fpb,*fpc;
  int flag1=1,flag2=2;
  char a,b,c;
  fpa=fopen("A.DAT","r");
  fpb=fopen("B.DAT","r");
  fpc=fopen("C.DAT","w");
  if(!fpa||!fpb||!fpc)
  {
     printf("cannot open file");
     return;
  }
  if(!feof(fpa)&&!feof(fpb))              /*读入第一个字符*/
  {a=fgetc(fpa);b=fgetc(fpb);}
  do                                      /*将A.DAT与B.DAT中字符按降序依次填入C.DAT*/
  {
      if(a>b)
      {fputc(a,fpc);a=fgetc(fpa);}
      else
      {fputc(b,fpc);b=fgetc(fpb);}
    }while(!feof(fpa)&&!feof(fpb));
  if(feof(fpa))                           /*如果文件A已读完,将B剩余的字符送C*/
    while(!feof(fpb))
    {fputc(b,fpc);b=fgetc(fpb);}
  if(feof(fpb))                           /*如果文件B已读完,将A剩余的字符送C*/
    while(!feof(fpa))
    {fputc(a,fpc);a=fgetc(fpa);}
  fclose(fpa);
  fclose(fpb);
  fclose(fpc);
}
```

任务实施

在上一任务中，我们保存了业主的相关信息并存放于owner_inf.dat文件中，我们要求将上一任务保存的业主相关信息的文件owner_inf.dat中数据读出来并进行修改后重新保存为二进制文件owner.dat。

视 频

任务一
任务实施

先在VC++ 2010中新建一个win32控制台应用空项目ownerinf_rw，然后在其源程序中添加"新建项"→"C++文件"选项，并命名为ownerinf_rw.c，在程序中我们定义一个的文件指针fp，对文件owner_inf1.dat操作的指针，同时在程序中按定义结构体数组p[]用于存储业主的相关信息；首先以rb（二进制文件只读）方式打开二进制文件owner_inf1.dat，将该文件中信息读出来赋给p[]，赋值后关闭该文件，再对p[]数组相关信息进行修改后，新建一个二进制文件owner.dat（以wb方式打开即可），将修改后的p[]数组登记写入该文件，然后再关闭文件。具体代码为：

```
#include "stdio.h"
#include "stdlib.h"
```

```
/*业主信息结构体*/
struct owner_inf
{ int owner_ID;                         //业主序号
  char owner_name[10];                  //业主姓名
  char sex[3];                          //业主性别
  int age;                              //业主年龄
  char hou_AD[7];                       //房屋地址
  float area;                           //房屋面积
}p[50];                                 //定义结构体数组p[]
/*读写业主信息二进制文件*/
void main()
{ int i;
  FILE *fp;                             //定义一个文件指针
  fp=fopen("owner_inf.dat","rb");   //以只读方式打开二进制文件owner_inf.dat
  /*依次读入owner_inf.dat中数据至p[]中相应元素*/
  for(i=0;i<5;i++)
    fread(&p[i],sizeof(struct owner_inf),1,fp );  /*读文件中数据到结构体数组p[]*/
  printf("\n\n从owner_inf1.dat读入的业主信息为:\n 序号\t 姓 名\t性别\t年龄\t房屋地址\t房
屋面积\n");
  fclose(fp);                                    /*关闭owner_inf.dat文件*/
  for(i=0;i<5;i++)
    printf("  %d \t %s\t%s\t %d\t%s \t\t%f\n",p[i].owner_ID,p[i].owner_name,
p[i].sex,p[i].age,p[i].hou_AD,p[i].area);
                                                 /*逐条显示读入的业主信息*/
   fp=fopen("owner.dat","wb");                   /*以读写方式打开二进制文件owner.dat*/
  for(i=0;i<5;i++)
    fwrite(&p[i],sizeof(struct owner_inf),1,fp);  /*将刚读入数据写入owner.dat文件*/
  printf("\n刚读入的业主信息成功写入owner.dat文件中! \n");
  fclose(fp);   /*关闭owner.dat文件*/
}
```

运行结果:

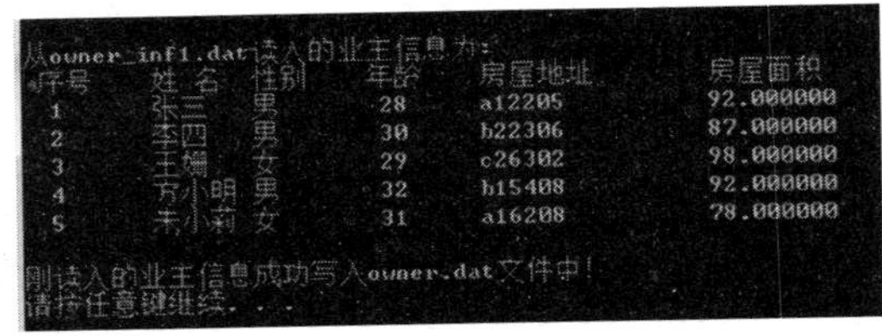

小　　结

1. C文件。C语言中从文件编码的方式来看，文件可分为ASCII码文件和二进制码文件两种。

文件只有打开后才能进行诸如读、写、改等操作，为了操作文件，须定义一个指向文件的指针——文件指针，后续对文件的操作主要通过对该文件指针来进行，文件指针也需要先定义才能使用。

（1）定义说明文件指针的一般形式为:

```
FILE* 指针变量标识符;
```

（2）文件打开函数fopen（ ）:

```
FILE *fp;
fp=fopen(文件名,文件使用方式)
```

文件打开方式通常为由“文件使用方式”来指定。

（3）文件关闭函数fclose(fp)。

2. 文件的读写。文件打开后，可以进行各类操作，其中最基本的操作是读写操作，C语言中文件读写操作有字符读写、字符串读写、块读写和格式化读写，具体的读写函数分别是：

（1）字符读写函数fgetc()和fputc()。

（2）字符串读写函数fgets()和fputs()。

（3）数据块读写函数fread()和fwtrite()。

（4）格式化读写函数fscanf()和fprintf()。

3. 文件指针定位。文件读写过程中，常常涉及文件指针的移动和定位，以便读写到指定位置的数据，C语言通过一些函数来对文件指针进行操作或通过检测得到当前文件指针的位置，具体有：

（1）位置指针复位函数rewind()。

（2）位置指针随机定位函数fseek()。

（3）检测当前位置指针的位置函数ftell()。

（4）文件结束检测函数feof()。

（5）读写文件出错检测函数ferror()。

（6）文件出错标志和文件结束标志置0函数clearerr()。

C语言文件操作中，打开文件时文件指针是指向文件的开始位置，通过读或写操作后文件指针会发生移动，经常需要判断文件指针是否到达文件尾部，此时可通过feof()函数来进行检测；文件指针也可以逆向（从文件尾部向文件头部移动），此时可以将文件指针先直接定位至文件尾，再对文件指针执行“--“操作来实现。

实　训

实训要求

1. 对照教材中的例题，模仿编程完成各验证性实训任务，并调试完成，记录实训源程序和运行结果。

2. 在学完相关内容后，请大家课后试着设计编写源代码解决各设计性实训任务，并调试完成，记录实训源程序和运行结果。

3. 对照实训时完成情况，将调试完成的源代码与运行结果填入实训报告中。

实训任务

验证性实训任务

实训 1　从键盘上输入一个字符串，将其中的小写字母全部转换成大写字母，然后输出到一个磁盘文件中保存。输入的字符以“!”结束。（源程序参考例 10.6）

实训 2　在磁盘文件 student.dat 中有 10 个学生记录，将第 2、4、6、8、10 号记录取出显示到屏幕上。（源程序参考例 10.10）

实训3 有5个学生，每个学生有3门课的成绩，从键盘上输入学生数据（包括学号、姓名、三门课的成绩）。计算出每个同学的平均成绩，将学生信息存放在磁盘文件中。（源程序参考例10.11）

设计性实训任务

实训1 编写一个函数，实现两个文本文件的复制。

实训2 编写程序，将一个文本文件的内容连接到另外一个文本文件中。

实训3 从键盘输入一个学号，若该学号学生信息存在于上面的学生成绩表文件stuscore中，则删除该学生的数据。

习 题

一、选择题

1. 系统的标准输入工具是指（　　）。

A. 键盘　　B. 显示器　　C. 软盘　　D. 硬盘

2. 文件类型是一个（　　）。

A. 数组　　B. 指针　　C. 结构体　　D. 地址

3. 若执行fopen()函数时发生错误，则函数的返回值是（　　）。

A. 地址值　　B. 0　　C. 1　　D. EOF

4. 若要用fopen()函数打开一个新的二进制文件，该文件要既能读也能写，则文件使用方式字符串应是（　　）。

A. "ab+"　　B. "wb+"　　C. "rb+"　　D. "ab"

5. fscanf()函数的正确调用形式是（　　）。

A. fscanf(fp, 格式字符串, 输出表列)

B. fscanf(格式字符串, 输出表列,fp);

C. fscanf(格式字符串, 文件指针, 输出表列);

D. fscanf(文件指针, 格式字符串, 输入表列);

6. fgetc()函数的作用是从指定文件读入一个字符，该文件的打开方式必须是（　　）。

A. 只写　　B. 追加　　C. 读或读写　　D. 答案b和c都正确

7. 函数调用语句：fseek(fp,−20L,2); 的含义是（　　）。

A. 将文件位置指针移到距离文件头20个字节处

B. 将文件位置指针从当前位置向后移动20个字节

C. 将文件位置指针从文件末尾处后退20个字节

D. 将文件位置指针移到离当前位置20个字节处

8. 若调用fputc()函数输出字符成功，则其返回值是（　　）。

A. EOF　　B. 1　　C. 0　　D. 输出的字符

9. 已知函数的调用形式：fread(buf, size, count, fp);，其中buf代表的是（　　）。

A. 一个整型变量，代表要读入的数据项总数

B. 一个文件指针，指向要读的文件

C. 一个指针，指向要读入数据的存放地址

D. 一个存储区，存放要读的数据项

二、填空题

1. 打开文件时：

（1）若要新建一个磁盘文本文件，打开方式应选用________。

（2）若要读出一个磁盘二进制文件，打开方式应选用________。

（3）若要对一个磁盘二进制文件的已有内容既可读又可追加新的内容，应选用________。

（4）若要对一个磁盘文本文件的已有内容既读又写，打开方式应选用________。

（5）若要新建一个磁盘文本文件，并且能读其内容，打开方式应选用________。

2. 设有以下结构体类型：

```
struct t
{
  char name[8];
  int num;
  float s[4];
}student[50];
```

并且结构体数组 student 中的元素都已有值，若要将这些元素写到 fp 指向的文件中，请将以下 fwrite 语句补充完整：

```
fwrite(student,________________,1,fp);
```

3. 从键盘输入一个字符串和一个十进制整数，将它们写到一个文件中去，然后再将它们从文件中读出来显示在屏幕上，请填空。

```
#include <stdio.h>
void main()
{
  char s[80];
  int  a;
  FILE  *fp;
  if((fp=fopen("abc.txt","w+"))==NULL)
  {
    puts("file can't open!\n");
    exit(0);
  }
  scanf("%s%d",s, &a);
  fprintf(______________,"%s\t%d",s,a);
  fprintf(stdout,"%s\t%d\n",s,a);
  fclose(fp);
}
```

三、编程题

1. 利用 fputc() 函数定义 fputw() 函数，完成对一个字数据的输出操作。

2. 利用 fgetc() 函数定义浮点数输入函数 floatload()，完成从文件读入一个浮点数的功能。

3. 从 ASCII 文件 A.DAT 中读入字符，将其中的小写字母单独输入到文件 B.DAT 中。

4. 建立某班学生的成绩表（每个学生 4 门课）数据文件 stuscore，然后给出每个学生的总分、平均成绩，再写回成绩表文件中。

单元 11 综合实训——物业管理系统开发与调试

我们已经学完了C语言全部基本知识，本单元我们将在前10单元的基础上，利用这些知识来学习一个简单的应用系统的开发与调试，进一步加强对C语言知识的巩固提高，也为后续的应用系统开发打下一定基础。

学习目标

- 培养学生分析问题、解决问题的能力
- 进一步培养学生的C语言运用能力
- 理解软件开发的初步知识和流程
- 掌握C语言知识在实际问题中的应用
- 掌握应用系统分析与调试

任务一　物业管理系统项目概述

任务导入

开发一个物业管理系统以实现业主信息和房屋信息的管理框架。本任务要求实现登录和系统主菜单代码的设计。

知识准备

一、项目概述

1. 项目要求

某物业公司要建立物业管理系统，要求能够进行业主信息管理、房屋信息管理、统计排序和管理员管理等操作。其中业主和房屋信息要求实现添加、删除、修改和查询（为了便于教学，本系统设计时以最多可管理50位业主和50套房屋），查询以房屋面积和地址实现排序，统计以房屋状态和物业费进行统计。

2．需求分析

本系统要求管理业主信息和房屋信息并且对这些信息进行增、删、改、查操作。基于业主和房屋的数据特点（每位业主和房屋含有多种数据类型数据），我们定义结构体数组来存储相应的数据，程序运行结束后的数据保存，使用二进制文件系统存储数据。具体以二进制文件user.dat作为物业管理系统管理员信息存储文件，以二进制文件owner_inf.dat存储业主信息，以二进制文件house_inf.dat存储房屋信息。程序运行后首先要求输入登录名和登录密码，再打开并读取user.dat文件内容与录入的登录名与密码比较，若比较通过则赋权并调用系统主菜单供管理员选择。

在程序中我们利用结构体数组对数据进行处理，数据处理完成结束程序前将数据一次性写入文件，需要使用原有数据时，我们可以打开相应文件并读入数据进行处理。

二、总体设计

本系统要求以管理员身份登录，管理员分为系统管理员和小区管理员，权限各不相同。小区管理员只能查询本小区业主和房屋信息，登录完成后显示系统主菜单供选择，选择不同功能则调用相应的功能模块的菜单，如图11-1所示。

图 11-1　系统主菜单

1．项目框架

根据上面的分析，可以将这个系统按功能分为如下5大模块：业主管理模块、房屋管理模块、排序统计模块、管理员管理模块、退出模块。

业主管理、房屋管理两个模块的菜单分别完成业主和房屋信息的添加、删除、修改和查询。排序统计模块完成按房屋面积和按房屋地址排序、统计查询房屋状态、统计物业费功能。管理员管理模块实现管理员添加和管理员密码修改。具体框架如图11-2所示。

2．管理员、业主和房屋信息存储

系统管理员信息保存在一个结构体类型数组中，其结构体类型为struct regulator，对应的结构体数组为manager[10]，具体成员有：

```
int ID;
char name[8];          /*管理员登录名*/
char  pass[10];        /*管理员登录密码*/
int type;              /*管理员类型(1-系统管理员，2-小区管理员，只有读的权限)*/
char local;            /*管理小区代码(z-所有小区，a-y小区代码)*/
```

每个模块以菜单形式分别按具体功能分列，每项功能对应一个函数分别供调用来完成该功能的实现，其中业主信息和房屋信息分别保存在结构体类型的数组中，其中业主结构体为struct owner_inf，对应的结构体数组为p[50]，房屋结构体为：struct house_inf，对应的结构体数组为h[50。

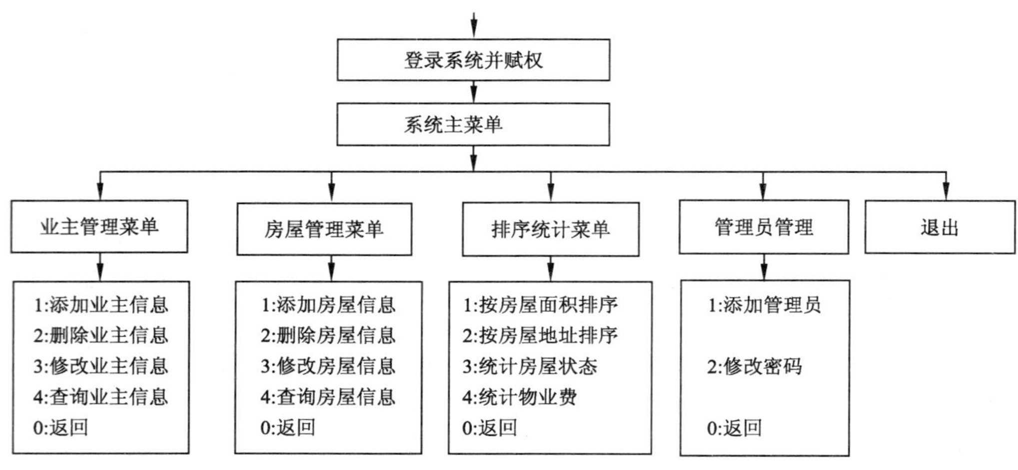

图 11-2　系统框图

业主结构体成员有：

```
int owner_ID;              /*业主序号*/
char owner_name[10];       /*业主姓名*/
char sex;                  /*业主性别*/
int age;                   /*业主年龄*/
int coun;                  /*家庭人口数*/
char hou_AD[7];            /*房屋地址*/
char tel[12];              /*联系电话*/
float area;                /*房屋面积*/
float cost;                /*物业费*/
```

房屋结构体成员有：

```
char house_ID[7];          /*房屋序号*/
char person_name[10];      /*业主姓名*/
char addr[20];             /*房屋地址*/
float area;                /*房屋面积*/
int h_type;                /*房屋类型*/
int state;                 /*房屋状态（1-产权人入住，2-出租，0-空置）*/
```

（1）系统登录

以登录名和密码完成登录，本系统默认的系统管理员登录名和密码为：admin和admin。小区管理员有user01、user02和user03，初始密码是123，密码可以登录后自行修改，该3个小区管理员分别对应管理a小区、b小区和c小区。

若以系统管理员登录则可以获得修改和删除数据、添加管理员的权限；若以小区管理员登录则只能查询本小区信息且不能修改和删除数据，也不能添加管理员；所有管理员登录后可以修改也只能修改自己的密码。

（2）系统菜单及功能

登录成功后，调用并显示系统主菜单（见图11-1）供管理员选择，当选择某个菜单后，系统调用相应模块的功能菜单，在主菜单中选择错误调用出错函数error()显示出错信息后返回主菜单重新选择，出错函数为：

```
/*错误信息函数*/
void error()
{   printf("你的输入有误，请重新输入！\n");
    mainmenu();
}
```

① 业主管理菜单：在主菜单输入“1”显示本菜单供选择，在此菜单中输入0～4选择某项功能，将调用相应的函数并执行；选择“0”将返回系统主菜单。

添加业主信息：从业主管理菜单选择“1”时调用本模块，实现对业主信息的添加，业主序号将在原有业主信息基础上自动顺序添加。

删除业主信息：从业主管理菜单选择“2”时调用本模块，实现对业主信息的删除。

修改业主信息：从业主管理菜单选择“3”时调用本模块，实现对业主商品信息的修改。

查询业主信息：从业主管理菜单选择“4”时调用本模块，实现对业主商品信息的查询。

② 房屋管理菜单：在主菜单输入“2”显示本菜单供选择，在此菜单中输入0～4选择某项功能，将调用相应的函数并执行；选择“0”将返回系统主菜单。

添加房屋信息：从房屋管理菜单选择“1”时调用本模块，实现对房屋信息的添加，房屋序号将在原有房屋信息基础上自动顺序添加。

删除房屋信息：从房屋管理菜单选择“2”时调用本模块，实现对房屋信息的删除。

修改房屋信息：从房屋管理菜单选择“3”时调用本模块，实现对房屋商品信息的修改。

查询房屋信息：从房屋管理菜单选择“4”调用本模块，实现对业主商品信息的查询。

③ 排序统计菜单：在主菜单输入选择“3”显示本菜单供选择，在此菜单中输入0～4来选择某项功能，将调用相应的函数并执行；选择“0”将返回系统主菜单。

按房屋面积排序：从排序统计菜单选择“1”时调用本模块，实现按房屋面积的排序后显示并保存在harea_inx.dat文件中。

按房屋地址排序：从排序统计菜单选择“2”时调用本模块，实现对房屋地址的排序后显示并保存在had_inx.dat文件中。

统计房屋状态：从排序统计菜单选择“3”时调用本模块，实现对房屋状态信息的统计和查询，可统计产权人入住、出租和空置的房屋信息，也可查询某房屋的状态。

统计物业费：从排序统计菜单选择“4”时调用本模块，实现对物业费的统计与计算。

返回：从排序统计菜单选择“0”时调用本模块，实现返回系统主菜单。

④ 管理员管理菜单：在主菜单输入选择“4”进入显示本菜单供选择，输入0～2来选择某项功能，将调用相应的函数并执行；选择“0”将返回系统主菜单。

添加管理员：从管理员管理菜单选择“1”时调用本模块，实现添加管理员的功能，添加的信息有：管理员登录名、管理员登录密码、管理员类型、管理的小区。本功能只有系统管理员可以使用。添加完成后，数据保存在user.dat文件中。

返回：从管理员管理菜单选择“0”时返回系统主菜单。

⑤ 退出：从主菜单选择“0”时退出系统。

视频

任务一
任务实施

任务实施

先在VC++ 2010中新建一个win32控制台应用空项目wygl_login，然后在其源程序中添加“新建项”→“C++文件”选项，并命名为wygl_login.c,在程序中我们定义一个的文件指针fp为对文件user.dat操作的指针，同时在程序中定义结构体数组manager[]用于存储管理员的相关信息；首先以rb（二进制文件只读）方式打开二进制文件user.dat，将该文件中信息读出来赋给manager[]，再获取输入的登录名和密码，与manager[]中的信息进行比较，通过后再显示主菜单，然后根据选择显示相应的菜单。具体代码为：

```
/*系统登录与菜单*/
#include "stdio.h"
#include "string.h"
#include "stdlib.h"
#include "conio.h"
int l, right=0;                   /*登录管理员权限标志*/
char la;                          /*存放登录管理员所管理的小区号*/

 /*管理员结构体类型*/
struct regulator
 {  int ID;
    char name[8];                 /*管理员登录名*/
    char  pass[10];               /*管理员登录密码*/
    int type; /*管理员类型1-系统管理员，有读写的权限和创建用户的权限，2-小区管理员，只有读的权限*/
    char local;                   /*管理小区代码(z-所有小区，a-y小区代码）*/
 }manager[10];

void managermenu();               /*管理员管理菜单函数声明*/
void trim(char *strIn,char *strOut);     /*声明除去字符串前后空格函数*/
void error();                     /*声明出错函数*/
int read_file();                  /*声明读数据函数*/
void modi_pass();                 /*声明修改密码函数
void mainmenu();                  /*声明系统主菜单函数*/
void ownermenu();                 /*添加业主管理菜单函数声明*/
void houmenu();                   /*添加房屋信息菜单函数声明*/
void sortmenu();                  /*排序信息菜单函数声明*/

/*业主信息结构体*/
struct owner_inf
{int owner_ID;                    /*业主序号*/
char owner_name[10];              /*业主姓名*/
char sex;                         /*业主性别*/
int age;                          /*业主年龄*/
int coun;                         /*家庭人口数*/
char hou_AD[7];                   /*房屋地址*/
char tel[12];                     /*联系电话*/
float area;                       /*房屋面积*/
float cost;                       /*物业费*/
}p[50];
```

```
/*房屋信息结构体*/
struct house_inf
{char house_ID[7];       /*房屋序号*/
char person_name[10];    /*业主姓名*/
char addr[20];           /*房屋地址*/
float area;              /*房屋面积*/
int h_type;              /*房屋类型*/
int state;               /*房屋状态（1-产权人入住，2-出租，0-空置）
}h[50];

/*出错信息显示函数*/
void error()
{  printf("你的输入有误，请重新输入！\n");
   mainmenu();
}

/*系统启动登录界面——主函数*/
void main()
{  char loguser[8],logpass[10],loguser1[8],logpass1[10];
   int k,p=0,i=0;
   system("mode con cols=120 lines=30");
   printf("\n");
   printf("*********************************************************\n");
   printf("*    ---------------欢迎登录物业管理系统------------       *\n");
   printf("*********************************************************\n");
   printf("   \n");
   printf("          请输入您的登录名：");
   scanf("%s",loguser);
   printf("          请输入您的密码：");
   scanf("%s",logpass);
   read_file();                                    /*读文本文件，并显示数据*/
   trim(loguser,loguser1);
   trim(logpass,logpass1);
   for(k=0;k<5;k++)
   {if(strcmp(loguser1,manager[k].name)==0)        /*比对用户名*/
   {    i++;
        if(strcmp(manager[k].pass,logpass1)==0)    /*比对密码*/
          {  if(manager[k].type==1)
               right=1;                         /*给系统管理员赋权限*/
             else
               right=2;                         /*给小区管理员赋权限*/
             la=manager[k].local;               /*给登录成功的管理员赋可管理的小区号*/
             p++;
             break;
          }
        else
           continue ;
   }
   else
     continue;
  }
     if(i==0)
      printf("没有您输入的用户！");
```

```
     else if(i>0&&p==0)
       printf("您输入的密码不正确！");
     else
    {  l=k;    //记录登录管理员序号
       mainmenu();
    }
}

/*主菜单函数mainmenu()
功能：显示物业管理的主菜单*/
void mainmenu()
{int k;
 system("mode con cols=120 lines=30");
 printf("\n");
 while(1)
 {system("CLS");
 printf("*********************************************************************\n");
 printf("*           --------------欢迎使用物业管理系统-------------           *\n");
 printf("*********************************************************************\n");
 printf("*    业主管理[1]   ");
 printf("     房屋管理[2]   ");
 printf("     排序统计[3]   ");
 printf("     管理员管理[4]");
 printf("     退     出[0]     *\n");
 printf("********************************************************************\n");
 printf(" \n");
 printf("    请输入您选择的操作：");
 scanf("%d",&k);
   if(k<0||k>4)
   {error();
    system("pause");
   }
   else if(k==1)
   {printf("您将进入业主管理菜单(ownermenu)\n");
    ownermenu();
   }
   else if(k==2)
   {printf("您将进入房屋管理菜单（houmenu)\n");
    houmenu();
   }
   else if(k==3)
   {printf("您选择的是排序统计！\n");
    printf("您将进入排序统计菜单（sortmenu)\n");
    sortmenu();
   }
   else if(k==4)
   {printf("您将进入管理员管理菜单（managermenu)\n");
    managermenu();
   }
   else if(k==0)
   {printf("您选择的是退出！\n");
    exit(0);
   }
```

```
  }
}

/*菜单函数
功能：显示管理员管理菜单。*/
void managermenu()
{  int t;
   system("mode con cols=120 lines=30");
   system("CLS");
   printf("---------------------物业管理员管理菜单--------------------\n");
   printf(" \n");
   printf("                *****************************\n");
   printf("                *    请输入您要操作的功能      *\n");
   printf("                *****************************\n");
   printf("                *          1:添加管理员        *\n");
   printf("                *          2:修改 密 码        *\n");
   printf("                *          0:返      回        *\n");
   printf("                *****************************\n");
   printf(" \n");
   printf("您的选择：");
   scanf("%d",&t);
   if(t<0||t>2)
    error();
   else
   { switch(t)
      {case 1:
         {system("CLS");
         if(right==1)
           {printf("调用添加管理员函数addmanager())\n");
//addmanager();    //本任务代码调试时因无此函数，先加注释，完整代码去掉本函数调用前的注释符"//"
}
         else
           {printf("\n\n对不起!您无权添加管理员！)\n");
           system("pause");}
         break;}
      case 2:
         {system("CLS");
         printf("调用修改密码函数modi_pass())\n");
         //modi_pass();    //本任务代码调试时因无此函数，先加注释，完整代码去掉本函数调
用前的注释符"//"
         break;}
      case 0:
         return;
         system("pause");
      }
   }
}
/*菜单函数ownermenu()
功能：显示业主管理的菜单。*/
void ownermenu()
{  int erk;
   system("mode con cols=120 lines=30");
   system("CLS");
```

```
    printf("----------------------物业管理业主管理菜单--------------------\n");
    printf(" \n");
    printf("                *******************************\n");
    printf("                *     请输入您要操作的功能      *\n");
    printf("                *******************************\n");
    printf("                *       1:添加业主信息          *\n");
    printf("                *       2:删除业主信息          *\n");
    printf("                *       3:修改业主信息          *\n");
    printf("                *       4:查询业主信息          *\n");
    printf("                *       0:返        回          *\n");
    printf("                *******************************\n");
    printf(" \n");
    printf("您的选择: ");
    scanf("%d",&erk);
    if(erk<0||erk>4)
    { error();}
    else
    {   switch(erk){
        case 1:
            {system("CLS");
             if(right==1)
             { printf("调用添加业主函数add_owner()\n");
               //add_owner(); //本任务代码调试时因无此函数，先加注释，完整代码去掉本函数调
用前的注释符"//"
             }
              else
               printf("\n\n对不起!您无权添加业主信息! )\n");
              system("pause");
              break;}
         case 2:
              {system("CLS");
              if(right==1)
               {printf("调用删除业主函数del_owner()\n");
               //del_owner();  //本任务代码调试时因无此函数，先加注释，完整代码去掉本函数
调用前的注释符"//"
              }
              else
               printf("\n\n对不起!您无权删除业主信息! )\n");
              system("pause");
              break;}
         case 3:
              {system("CLS");
               if(right==1)
               {printf("调用修改业主信息函数alt_owner()\n");
                //alt_owner();     //本任务代码调试时因无此函数，先加注释，完整代码时去掉
本函数调用前的注释符"//"
               }
              else
               {printf("\n\n对不起!您无权修改业主信息! )\n");
              system("pause");}
              break;}
           case 4:
               {system("CLS");
```

```
                printf("调用业主信息查询函数sele_owner()\n");
                //sele_owner();  //本任务代码调试时因无此函数，先加注释，完整代码去掉本函
数调用前的注释符"//"
              system("pause");
              break;}
          case 0:
              system("pause");
              return;
          }
      }
  }

  /*显示房屋管理菜单函数 houmenu()
  功能：显示房屋管理的菜单。*/
  void houmenu()          /*具体完整代码见二维码area_homenu*/
  /*排序统计菜单函数sortmenu()*/
  void sortmenu()/*具体代码见二维码area_sortmenu*/
  /*读文本文件user.dat函数read_file()
  功能：读入系统操作用户数据至manager数组*/
  int read_file()
  {   FILE *fp=NULL;
      int i;
      fp=fopen("user.dat", "rb");        /*b表示以二进制方式打开文件*/
      if(fp==NULL)                       /*打开文件失败，返回错误信息*/
       { printf("open file for read error\n");
        return -1;
       }
      else
        for(i=0;i<10;i++)
        {fread(&manager[i],sizeof(struct  regulator),1,fp ); /*读文件中数据到结构体*/
          manager[i].name[strlen(manager[i].name)]='\0';
          manager[i].pass[strlen(manager[i].pass)]='\0';
        }                                /*显示结构体中的数据*/
       fclose(fp);                       /*关闭文件*/
      return 0;
  }
  /*去除字符串前后空格函数trim()
  功能：删除登录用户前后空格*/
  void trim(char *strIn,char *strOut)
     {int f,n;
      f=0;
      n=strlen(strIn)-1;
      while(strIn[f]==' ')
        ++f;
      while(strIn[n]==' ')
       --n;
      strncpy(strOut,strIn+f,n-f+1);
      strOut[n-f+1]='\0';
     }
```

文档

area_homenu

文档

area_sortmenu

部分运行结果如图11-3~图11-6所示。

图 11-3 系统登录界面

图 11-4 系统主菜

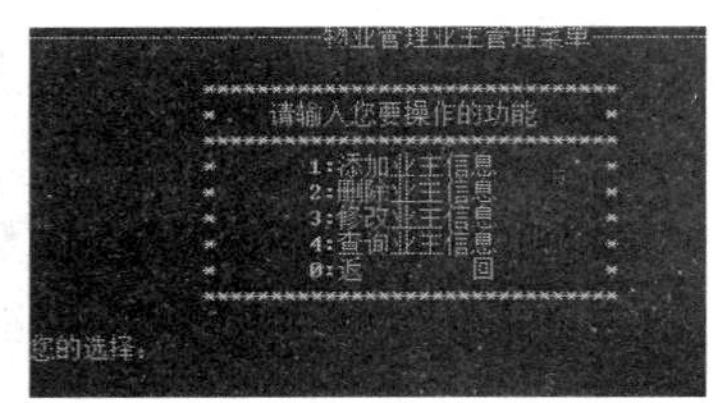

图 11-5 业主管理菜单

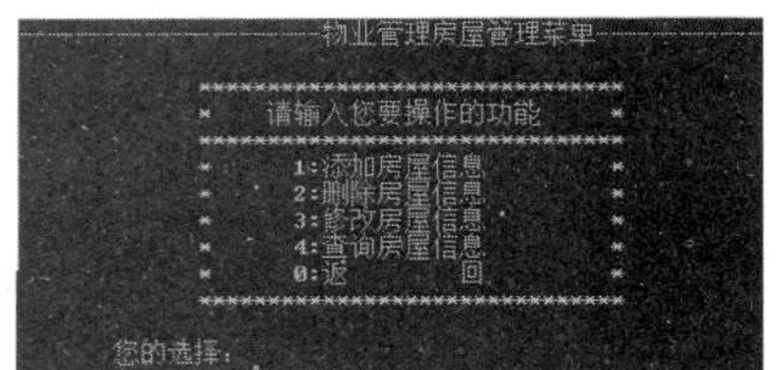

图 11-6 房屋管理菜单

任务二 物业管理系统项目功能设计

任务导入

在物业管理系统中要求实现对业主信息和房屋信息的管理，现要求实现业主管理和房屋管理的信息添加、删除、修改和查询，并能实现对信息的排序和统计。

知识准备

系统按功能设计函数具体分为4个模块，它们是业主管理模块、房屋管理模块、排序统计模块、管理员管理模块。管理员管理模块将在下一任务介绍，前三个模块介绍如下：

① 业主管理模块中有：添加业主信息、删除业主信息、修改业主信息和查询业主信息。

② 房屋管理模块中有：添加房屋信息、删除房屋信息、修改房屋信息和查询房屋信息。

③ 排序统计模块中有:按房屋面积排序、按房屋地址排序、统计查询房屋状态、统计物业费，对应的函数分别是sort_harea()、sort_had()、sele_hstate()和 cou_cost()。

为存放业主和房屋信息，将分别定义一个结构类型struct owner_inf struct goods和struct house_inf，并以此分别定义结构体数组p[50]、h[50]用于存放业主信息和房屋信息的数据。

本系统设计了四个二进制文件用于存储相关数据，分别是：业主信息数据文件为owner_inf.dat，房屋信息数据文件为house_inf.dat,按房屋面积排序后数据存储文件为harea_inx.dat，按房屋地址排序后数据存储文件为had_inx.dat。

任务实施

视 频

任务二
任务实施

1. 各主要模块流程图与主要函数名

（1）业主管理模块流程图与主要函数名

业主管理模块实现对业主信息增删改查的管理，涉及的函数有add_owner()、del_owner()、alt_owner()和sele_owner()，具体流程图如图11-7所示。

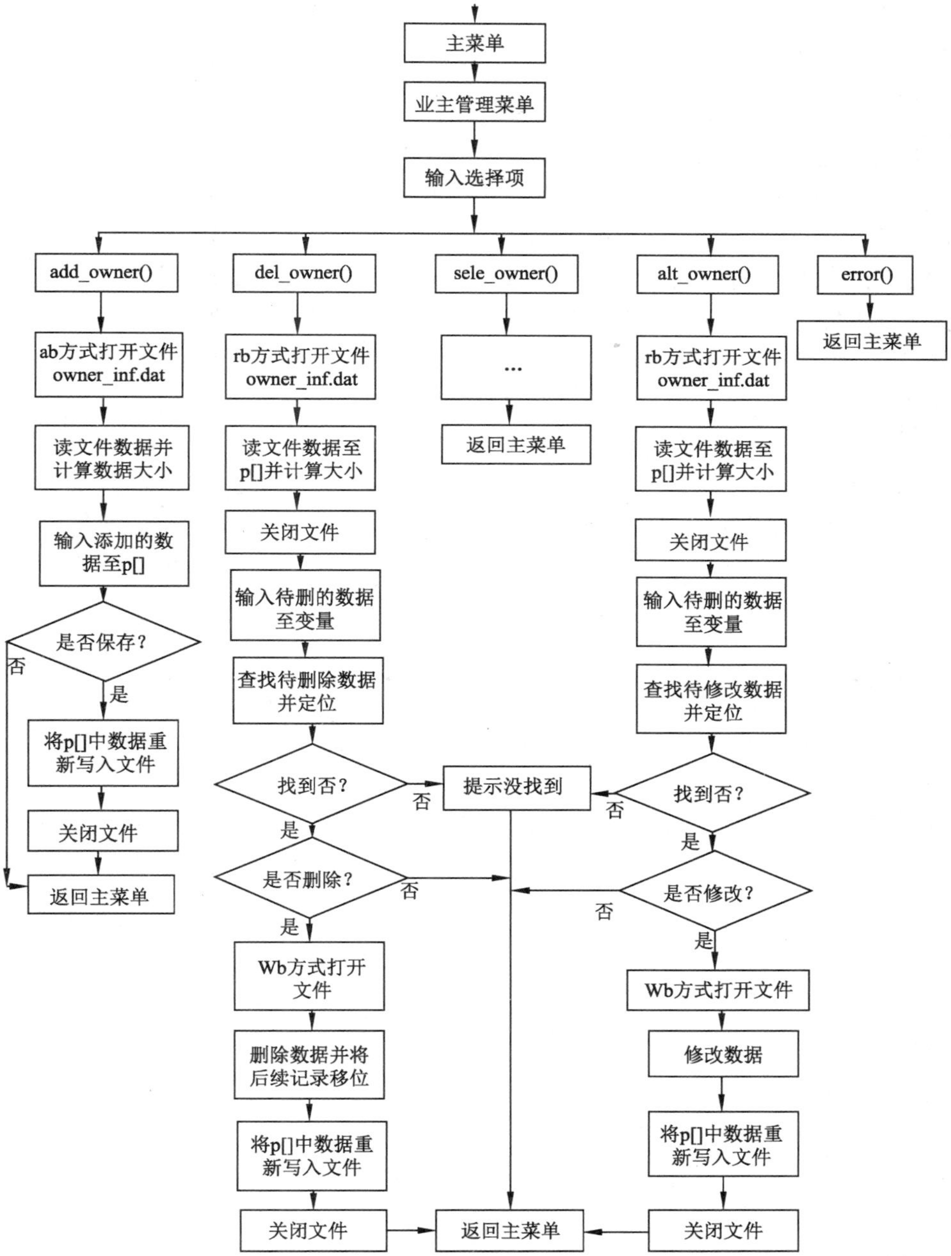

主菜单
业主管理菜单
输入选择项

add_owner()
ab方式打开文件 owner_inf.dat
读文件数据并计算数据大小
输入添加的数据至p[]
是否保存？
否
是
将p[]中数据重新写入文件
关闭文件
返回主菜单

del_owner()
rb方式打开文件 owner_inf.dat
读文件数据至p[]并计算大小
关闭文件
输入待删的数据至变量
查找待删除数据并定位
找到否？
否
是
是否删除？
否
是
Wb方式打开文件
删除数据并将后续记录移位
将p[]中数据重新写入文件
关闭文件

sele_owner()
...
返回主菜单

提示没找到

alt_owner()
rb方式打开文件 owner_inf.dat
读文件数据至p[]并计算大小
关闭文件
输入待删的数据至变量
查找待修改数据并定位
找到否？
否
是
是否修改？
否
是
Wb方式打开文件
修改数据
将p[]中数据重新写入文件
关闭文件

error()
返回主菜单

返回主菜单

图 11-7　业主管理模块流程图

（2）房屋管理模块流程图与主要函数名

房屋管理模块流程图与业主管理模块流程图类似，这里不再赘述。

房屋管理模块中有：添加房屋信息、删除房屋信息、修改房屋信息和查询房屋信息，对应的函数分别是add_house()、del_house()、alt_house()和sele_house()。

（3）排序统计模块主要函数名

排序统计模块的流程图中有：按房屋面积排序、按房屋地址排序、统计查询房屋状态、统计物业费，对应的函数分别是sort_harea()、sort_had()、sele_hstate()和 cou_cost()。

2. 各主要模块的源程序

```
/*系统登录与菜单
功能：系统启动、登录与主菜单显示*/
具体代码见本单元任务一
/*业主管理模块功能：业主信息添加、删除、修改、查询*/
```

/*读业主信息文本文件函数read_ownerinf()*/

本函数先只读方式打开业主信息文本文件owner_inf.dat，求出文件长度，然后再定位文件指针至文件头，逐条读出每位业主信息分别赋予结构体数组元素p[i]，具体代码如下：

```
int read_ownerinf()
{   system("mode con cols=120 lines=30");
    FILE *fp=NULL;
    int i,n,k;
    fp=fopen( "owner_inf.dat", "rb" );        /*rb表示以二进制只读方式打开文件*/
    if(fp==NULL )                             /*打开文件失败，返回错误信息*/
    { printf("open file for read error\n");
      return -1;
    }
    else
    { fseek(fp,0L,2);                         /*定位fp至文件尾*/
      k=ftell(fp);                            /*求出文件长度*/
      n=k/sizeof(struct owner_inf);
      rewind(fp);
      for(i=0;i<n;i++)
         fread( &p[i],sizeof(struct owner_inf),1,fp ); /*读业主信息到结构体数组*/
      p[i].owner_name[strlen(p[i].owner_name)]='\0';
      p[i].hou_AD[strlen(p[i].hou_AD)]='\0';
      p[i].tel[strlen(p[i].hou_AD)]='\0';
    }                                         /*显示结构体数组中的数据*/
}
fclose(fp);                                   /*关闭文件*/
 return 0;
}
```

/*添加业主信息函数add_owner()*/

本函数先以追加方式（ab）打开业主信息文本文件owner_inf.dat，求出文件长度n，然后逐条输入每位业主信息分别赋予结构体数组元素p[j]（i从0开始，j=n+i），再将此数组元素追加写入业主信息数据文件owner_inf.dat，具体代码如下：

```
    void add_owner()
    {   system("mode con cols=120 lines=30");
        int i=0,j=0,k,n;
        char m;
        FILE *fp;
        fp=fopen("owner_inf.dat","ab");
        read_ownerinf();
        fseek(fp,0L,2);              //定位fp至文件尾
        k=ftell(fp);                 //求出文件长度
        n=k/sizeof(struct owner_inf);
        i=50-n;
        printf("请注意一次最多添加%d位业主！是否添加？(Y/N)?",i);
        getchar();
        m=getchar();
        printf("\n请依次输入:\n 业主姓名，业主性别，业主年龄，家庭人口数，房屋地址，联系电话，房屋面积\n");
        for(i=0,j=n;m!='\n'&&i<50;i++,j++)
        {  if(m=='y')
           { printf("当前是%d次输入,是第%d位业主:\n",i+1,j+1);
              p[j].owner_ID=j+1;
              scanf("%s %c%d%d%6s%*c%11s%f",p[j].owner_name,&p[j].sex,&p[j].age,&p[j].coun,p[j].hou_AD,p[j].tel,&p[j].area);
              p[j].cost=(float)(p[j].area*RATE);
              printf("您当前输入的数据:\n业主序号,业主姓名，业主性别，业主年龄，家庭人口数，房屋地址，联系电话，房屋面积,物业费\n");
              printf("ID=%d name=%s sex=%c age=%d count=%d HID=%s tel=%s area=%5.1f cost=%5.1f\n",p[j].owner_ID,p[j].owner_name,p[j].sex,p[j].age,p[j].coun,p[j].hou_AD,p[j].tel,p[j].area,p[j].cost);
              fwrite(&p[j],sizeof(struct owner_inf),1,fp);
              getchar();
              printf("继续输入吗(Y/N)?");
              m=getchar();
           }
           else
              break;
        }
        if(i>0)
        {   printf("添加成功\n");
            printf("你输入的业主信息如下：\n");
            printf("您输入的业主信息为:\n 业主序号 业主姓名 业主性别 业主年龄 家庭人口数 房屋地址 联系电话 房屋面积  物业费\n");
            for(j=n;j<=n+i;j++)
              { printf("%d %s %c %d %d %s %s %5.1f %5.1f\n",p[j].owner_ID,p[j].owner_name,p[j].sex,p[j].age,p[j].coun,p[j].hou_AD,p[j].tel,p[j].area,p[j].cost);
              printf("\n");
            }
            printf("当前的业主信息如下：\n");
            for(j=0;j<n+i;j++)
              printf("%d %s %c %d %d %s %s %5.1f %5.1f\n",p[j].owner_ID,p[j].owner_name,p[j].sex,p[j].age,p[j].coun,p[j].hou_AD,p[j].tel,p[j].area,p[j].cost);
        }
        else
            printf("你未曾添加任何信息\n");
```

```
        fclose(fp);
        printf("读出文本文件中信息\n");
        fp=fopen("owner_inf.dat","rb");
        for(j=0;j<n+i;j++)
            {fread(&p[j],sizeof(struct owner_inf),1,fp);
             printf("%d %s %c %d %d %s %s %f %f\n",p[j].owner_ID,p[j].owner_name,
p[j].sex,p[j].age,p[j].coun,p[j].hou_AD,p[j].tel,p[j].area,p[j].cost);
             printf("\n");
            }
       fclose(fp);
    }
```

/*删除指定的业主信息函数del_owner()*/

本函数先通过调用read_ownerinf()（读业主信息文件函数）读入owner_inf.dat中的业主信息赋给结构体数组p[]，求出文件长度n，然后再定位fp至文件头，接着输入要删除的业主信息（先选择删除方式：编号、姓名、房屋地址），将此输入的信息与已读入结构体数组p[]的信息进行比较，若找到，则显示后询问是否删除。完成后以读写方式(wb)重建读业主信息owner_inf.dat。具体代码见二维码：area_del_owner。

文档

area_del_owner

/*查找指定业主信息函数具体代码见二维码：area_sele_owner()*/

本函数先通过调用read_ownerinf()（读业主信息文件函数）读入owner_inf.dat中的业主信息赋给结构体数组p[]，接着输入要查找的业主信息（先选择查找方式：业主姓名、房屋地址），求出文件长度n，然后再定位fp至文件头，将要查找的业主信息与已读入结构体数组p[]的信息进行比较，若找到，则记录该业主的记录号并显示；若从头找到尾（查找了n条记录）没找到，则显示业主没找到信息。具体代码见二维码：area_sele_owner

文档

area_sele_owner

/*修改指定业主信息*/

本函数先通过调用read_ownerinf()（读业主信息文件函数）读入owner_inf.dat中的业主信息赋给结构体数组p[]，求出文件长度n，然后再定位fp至文件头，接着输入要修改的业主信息（先选择修改方式：业主序号、业主姓名或房屋地址），将此输入的信息与已读入结构体数组p[]的信息进行比较，若找到，则记录该业主记录号并显示，并输入修改的数据保存在该记录对应的数组元素中，完成后以读写方式(wb)重建读业主信息owner_inf.dat。具体代码见二维码：area_alt_owner。

文档

area_alt_owner

房屋管理模块包含房屋信息的添加、删除、修改和查询，相关程序与业主管理模块类似，相关程序代码见对应的二维码，这里不再赘述，具体函数分别为：

① 读房屋信息文本文件函数具体代码见二维码：read_house_manage。

② 添加房屋信息函数具体代码见二维码：add_house_manage。

③ 删除指定房屋信息函数具体代码见二维码：del_house_manage。

④ 查找指定房屋信息函数具体代码见二维码：sele_house_manage。

⑤ 修改指定房屋信息函数具体代码见二维码：alt_house_manage。

/*排序统计模块*/

排序统计模块包含按房屋面积、地址排序以及按房屋状态（产权人入住，2–出租，0–空置）查询和物业费统计计算，相关程序代码见对应的二维码，这里不再赘述，具体函数分别为：

① 按房屋面积排序函数具体代码见二维码：sort_harea。

② 按房屋地址排序函数具体代码见二维码：sort_had。

③ 统计查询房屋状态函数具体代码见二维码：sele_hstate。

④ 统计物业费函数具体代码见二维码：cou_cost。

部分运行结果如图11–8~图11–10所示。

```
请注意一次最多添加36位业主！是否添加？<Y/N>?y

请依次输入：
 业主姓名，业主性别，业主年龄，家庭人口数，房屋地址，联系电话，房屋面积
当前是1次输入，是第15位业主：
```

图 11–8　添加业主信息图

```
当前业主信息为：
 业主序号      业主姓名  业主性别  业主年龄  家庭人口数    房屋地址  联系电话     房屋面积      物业费
     1         user12      m        33        3           a12106  11509243356  92.000000    46.000000
     2         user26      m        35        3           a23202  12112568523  112.000000   56.000000
     3         user28      f        29        2           b19302  12065722537  92.000000    46.000000
     4         user05      m        28        3           a25108  16107685362  106.000000   53.000000
     5         user33      m        34        3           b33502  12942153232  106.000000   53.000000
     6         user51      f        41        4           b35512  11956234156  99.000000    49.500000
     7         user36      m        30        3           c16305  1556523681   133.000000   66.500000
     8         user53      m        27        3           b15602  12225641263  95.000000    47.500000
     9         user61      f        36        3           c29102  14202563251  99.000000    49.500000
     10        user99      m        27        2           a34316  11356235106  98.000000    49.000000
     11        user29      m        35        3           b12409  12056285621  96.000000    48.000000
     12        user88      m        37        3           a35202  12425623568  96.000000    48.000000
     13        user89      f        33        4           b23309  11534241568  98.000000    49.000000
     14        uaer37      m        26        2           c15306  11756300464  108.000000   54.000000

您确定要删除的业主是：1-编号，2-姓名，3-房屋地址：1
请输入您要删除的业主序号：3


3 user28 f 29 2 b19302 12065722537 92.000000 46.000000
下列业主信息将被删除！
3 user28 f 29 2 b19302 12065722537 92.000000 46.000000
你确定要删除此记录吗?<y/n>
```

图 11–9　删除业主信息

```
请输入要修改的业主信息为:
 业主序号    业主姓名   业主性别   业主年龄   家庭人口数   房屋地址   联系电话      房屋面积     物业费
                                                      a12106  11509243356   92.000000   46.000000
   1        user12      m         33        3          a23202  12112568523   112.000000  56.000000
   2        user26      m         35        3          b19302  12065722537   92.000000   46.000000
   3        user28      f         29        2          a25108  16107685362   106.000000  53.000000
   4        user05      m         28        3          b33502  12942153232   106.000000  53.000000
   5        user33      m         34        3          b35512  11956234156   99.000000   49.500000
   6        user51      f         41        4          c16305  1556523681    133.000000  66.500000
   7        user36      m         30        3          b15602  12225641263   95.000000   47.500000
   8        user53      m         27        3          c29102  14202563251   99.000000   49.500000
   9        user61      f         36        3          a34316  11356235106   98.000000   49.000000
   10       user99      m         27        2          b12409  12056285621   96.000000   48.000000
   11       user29      m         35        3          a35202  12425623568   96.000000   48.000000
   12       user88      m         37        3          b23309  11534241568   98.000000   49.000000
   13       user89      f         33        4          c15306  11756300464   108.000000  54.000000
   14       uaer37      m         26        2

您确定要查找修改业主信息查找方式: 1-业主序号 2-业主姓名, 3-房屋地址 : 1
请输入你要修改的业主序号: 3
你输入要修改的业主序号是: 3

您要修改的业主信息为:
 业主序号    业主姓名   业主性别   业主年龄   家庭人口数   房屋地址   联系电话      房屋面积     物业费
                                                      b19302  12065722537   92.0       46.0
   3        user28      f         29        2

是否修改这条数据!<y/n>y

请依次输入修改后的业主信息:
业主姓名,业主性别,业主年龄,家庭人口数,房屋地址,联系电话 ,房屋面积>
user28
```

图 11-10　修改业主信息

任务三　物业管理系统项目整体调试与执行文件生成

任务导入

将物业管理系统的各功能模块作为一个整体进行调试并运行，其中管理员登录模块要求能按管理员角色分配不同权限和操作，系统管理员能进行小区管理员的添加和业主、房屋数据增加、删除、修改、查询，小区管理员则只能进行数据的查询，管理员可进行密码修改。将菜单和各功能模块调试、编译后生成可执行文件。

知识准备

物业管理系统中，在各主要功能模块和菜单函数完成后，要设计系统登录部分程序：其中要求能根据管理员文本文件中读出的数据与登录输入的登录名与密码进行比较，二者比较通过后调用系统主菜单，再根据选择项显示不同功能模块菜单，在功能模块菜单中通过迁用选用不同菜单项调用相应函数。

由于管理员权限值、管理员管理的小区号和查找到的记录号值要在多个函数中使用，定义为全局变量。

系统调通过后，通过编译后生成.exe可执行文件。

任务实施

一、登录模块及管理员管理代码

为存放管理员业主和房屋信息，定义一个管理员结构类型struct regulator，并以此定义员信息存放的结构体数组 manager[10]。

管理员管理模块中有添加管理员、修改密码，对应的函数分别是addmanager()、modi_pass()。定义为全局变量的有：管理员权限值、管理员管理的小区号和查找到的记录号值分别对应right、la、l，物业费中收费费率定义为符号常量RATE；登录时若管理员的RIGHT值为1,则为系统管理员，对整个系统数据有增、删、改、查权限，若RIGHT值为2,则为小区管理员，只有查看本小区信息（查看小区值保存在la变量中）。登录模块及管理员管理代码详见本单元任务一，此处只给出管理员管理模块代码。

视 频

任务三
任务实施

```
/*管理员管理模块，功能：管理员的管理与密码管理*/

/*添加管理员函数*/
void addmanager()
{   FILE *fp=NULL;
    system("mode con cols=120 lines=30");
    int i,n,k;
    char m;
    read_file();
    fp=fopen( "user.dat", "rb" );
    fseek(fp,0L,2);              //定位fp至文件尾
    k=ftell(fp);                 //求出文件长度
    n=k/sizeof(struct regulator);
    rewind(fp);
    fclose(fp);
    printf("n=%d\n",n);
    printf("目前已存在的管理员：\n",n);
    for(i=0;i<n;i++)
      printf("%d:ID=%d name=%s pass=%s type=%d  local=%c\n\n",i,manager[i].ID,
&manager[i].name,&manager[i].pass,manager[i].type,manager[i].local);
    fp=fopen( "user.dat","ab+" );
    for(i=n;i<5;i++)
     { printf("请添加管理员账户,分别输入:\n管理员名称,密码,类型和管理小区代码:\n");
       printf("i=%d\n",i);
       manager[i].ID=n;
       scanf("%s%s %d %c",manager[i].name,manager[i].pass,&manager[i].type,
&manager[i].local);
       printf("%d:ID=%d name=%s pass=%s type=%d local=%c\n",i,manager[i].ID,
&manager[i].name,&manager[i].pass,manager[i].type,manager[i].local);
        printf("保存否? (y/n)");
        getchar();
        m=getchar();
        if(m=='y')
          {
            n++;
            fwrite(&manager[i], sizeof(struct  regulator),1,fp);}
         else
          {i--;printf("放弃保存本次添加!");}
         printf("继续录入吗? (y/n)");
         getchar();
          scanf("%c",&m);
```

```
            printf("m=%c\n",m);
            if(m=='y'||m=='Y')
             continue;
            else
              break;
        }
     fclose(fp);//关闭文件
     read_file();
     printf("\n\n)");
     for(i=0;i<n;i++)
        printf("%d:ID=%d name=%s pass=%s type=%d  local=%c\n\n",i,manager[i].ID,
&manager[i].name,&manager[i].pass,manager[i].type,manager[i].local);
  }

  /*修改管理员密码函数*/
  void modi_pass()
  {  FILE *fp;
     system("mode con cols=120 lines=30");
     int i,n,t,m,p;
     char pass0[10],pass1[10],pass2[10],pass3[10];
     read_file();
     fp=fopen( "user.dat", "rb" );
     fseek(fp,0L,2);               //定位fp至文件尾
     t=ftell(fp);                  //求出文件长度
     n=t/sizeof(struct regulator);
     rewind(fp);
     fclose(fp);
     for(i=0;i<n;i++)
        {
         printf("%d:ID=%d name=%s pass=%s type=%d  local=%c\n\n",i,manager[i].ID,
&manager[i].name,&manager[i].pass,manager[i].type,manager[i].local);
        }                          //显示结构体中的数据
      printf("请输入当前管理员原密码: ");
      scanf("%s",pass3);
      trim(pass3,pass0);
      if(strcmp(pass0,manager[l].pass)==0)
      { printf("请输入新密码: ");
       scanf("%s",pass3);
       trim(pass3,pass1);
       printf("请再次输入新密码: ");
       scanf("%s",pass3);
       trim(pass3,pass2);
       m=strlen(pass1);
       pass1[m]='\0';
       if(strcmp(pass1,pass2)==0)
        {
          strcpy(manager[l].pass,pass1);
          p=-1;                    //p=-1表示密码修改过
        }
       else
```

```
        printf("您两次输入的密码不一致!");
    }
  else
   printf("您输入的原密码错误!");

  if(p==-1)
  { printf("是否保存密码修改?(y/n)");
    m=getchar();
    getchar();
    if(m=='y')
    {
      fp=fopen("user.dat", "wb");
      for(i=0;i<n;i++)
        fwrite(&manager[i], sizeof(struct  regulator),1,fp);
      fclose(fp);                          //关闭文件
      printf(" 密码修改成功!");
    }
    else
    printf(" 您放弃密码修改?(y/n)");
  }

}
```

/*各模块菜单，见本单元任务二*/

/*各功能模块函数，见本单元任务二*/

登录及管理员管理界面运行如图11-11~图11-15所示。

图 11-11　系统登录界面图

欢迎使用物业管理系统
业主管理[1]　房屋管理[2]　排序统计[3]　添加管理员[4]　返　回[0]
请输入您选择的操作：

图 11-12　系统主菜单

物业管理员管理菜单
请输入您要操作的功能
1:添加管理员
2:修改 密 码
0:返　　回
您的选择：

图 11-13　管理员管理菜单

```
目前已存在的管理员：
0:ID=0 name=admin pass=admin type=1  local=z

1:ID=1 name=user01 pass=123 type=2  local=a

2:ID=2 name=user02 pass=123 type=2  local=b

3:ID=3 name=user03 pass=123 type=2  local=c

请添加管理员帐户，分别输入：
管理员名称,密码,类型和管理小区代码：
i=0
```

图 11-14 添加管理员界面

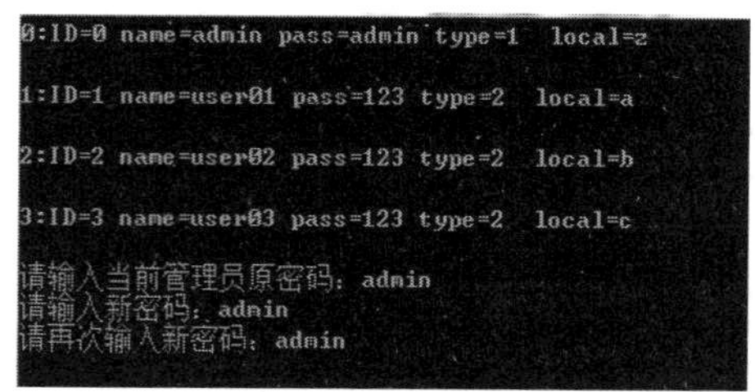

图 11-15 修改管理员密码界面

二、生成可执行文件

系统调试完成后，单击VC++ 2010菜单“调试”→“生成解决方案”选项，如图11-16（也可直接按“F7”功能键），系统会在设定的文件夹（一般在项目文件夹下的debug文件夹）中自动生成主文件名与项目名称相同的.exe可执行文件，此后该系统可脱离VC++ 2010环境独立运行（运行时系统相应的数据文件一定要包含进来）。

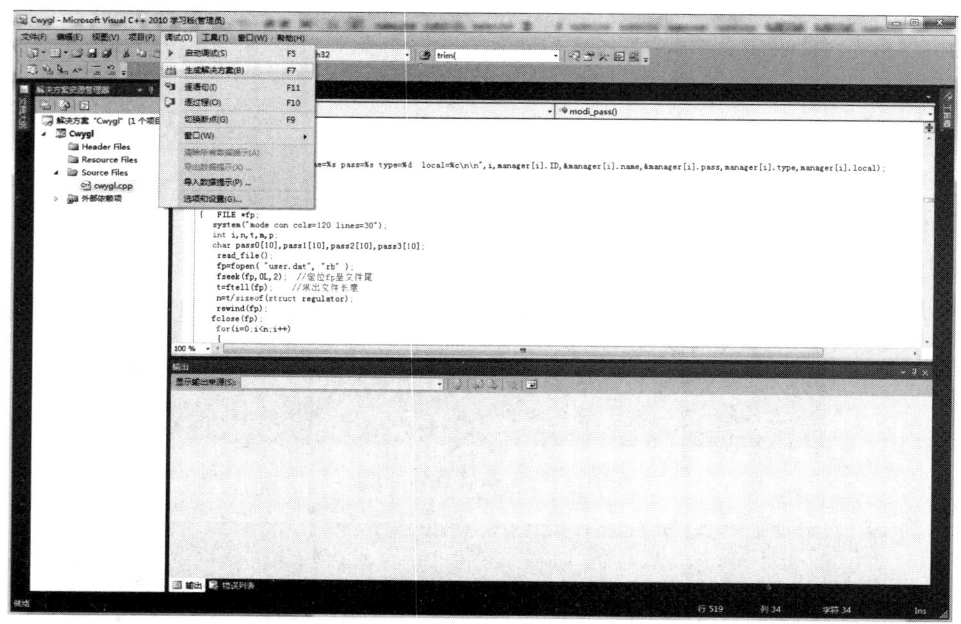

图 11-16 系统编译通过生成可执行文件界面

小 结

本单元主要介绍了物业管理系统的功能框图和各功能模块的详细设计与实现，介绍了该应用系统的登录、菜单及管理员管理和各功能模块的函数代码，并呈现了部分功能的运行结果，同时介绍了数据的文件实现的代码，最后调试整个应用系统并生成了可执行文件。

实　训

实训要求

1. 对照教材中的房屋管理模块代码，实现并调试运行，记录运行结果。
2. 调试物业管理系统完整代码，生成可执行的应用程序文件并运行。
3. 进行应用系统的数据操作。

实训任务

验证性实训任务

实训 1　将教材中房屋管理模块的各函数调试并运行，记录运行结果。

实训 2　登录物业管理系统，添加、删除、修改、查询业主信息。

设计性实训任务

实训　设计一个同学信息管理的简单程序，要求实现同学姓名、性别和年龄信息的存储和查询。

项目任务实训

完成物业管理系统调试、编译，生成可执行的应用程序文件并将运行结果记录下来。

习　题

一、填空题

1. 本教材使用的物业管理系统的管理信息两大类数据在教材代码中是采用________数据类型进行存储和处理的。

2. 在物业管理系统读入文件信息时，为确定读入的原有数据信息长度，该系统中可采用函数来完成测试，该函数名为________。

3. 物业管理系统生成可执行文件，需要依次进行________、________和________三步操作才能完成生成可执行（.exe）文件。

二、简答题

1. 在物业管理系统实现业主数目和房屋数量不定情况下的如何数据的处理？

2. 本应用系统只是用于教学示例，若从商业应用角度考虑，系统还有哪些需要完善和优化的地方？

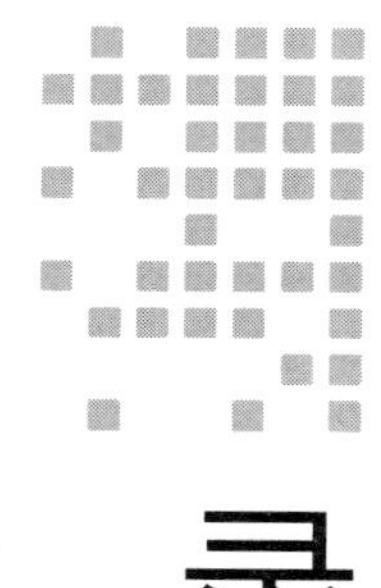

附　录

附录 A　ASCII 码表

Char	Dec	Oct	Hex	Char	Dec	Oct	Hex
(nul)	0	0000	0x00	(sp)	32	0040	0x20
(soh)	1	0001	0x01	!	33	0041	0x21
(stx)	2	0002	0x02	“	34	0042	0x22
(etx)	3	0003	0x03	#	35	0043	0x23
(eot)	4	0004	0x04	$	36	0044	0x24
(enq)	5	0005	0x05	%	37	0045	0x25
(ack)	6	0006	0x06	&	38	0046	0x26
(bel)	7	0007	0x07	‘	39	0047	0x27
(bs)	8	0010	0x08	(	40	0050	0x28
(ht)	9	0011	0x09	)	41	0051	0x29
(nl)	10	0012	0x0a	*	42	0052	0x2a
(vt)	11	0013	0x0b	+	43	0053	0x2b
(np)	12	0014	0x0c	,	44	0054	0x2c
(cr)	13	0015	0x0d	–	45	0055	0x2d
(so)	14	0016	0x0e	.	46	0056	0x2e
(si)	15	0017	0x0f	/	47	0057	0x2f
(dle)	16	0020	0x10	0	48	0060	0x30
(dc1)	17	0021	0x11	1	49	0061	0x31
(dc2)	18	0022	0x12	2	50	0062	0x32
(dc3)	19	0023	0x13	3	51	0063	0x33
(dc4)	20	0024	0x14	4	52	0064	0x34
(nak)	21	0025	0x15	5	53	0065	0x35
(syn)	22	0026	0x16	6	54	0066	0x36
(etb)	23	0027	0x17	7	55	0067	0x37

续上表

Char	Dec	Oct	Hex	Char	Dec	Oct	Hex
(can)	24	0030	0x18	8	56	0070	0x38
(em)	25	0031	0x19	9	57	0071	0x39
(sub)	26	0032	0x1a	:	58	0072	0x3a
(esc)	27	0033	0x1b	;	59	0073	0x3b
(fs)	28	0034	0x1c	<	60	0074	0x3c
(gs)	29	0035	0x1d	=	61	0075	0x3d
(rs)	30	0036	0x1e	>	62	0076	0x3e
(us)	31	0037	0x1f	?	63	0077	0x3f
@	64	0100	0x40	`	96	0140	0x60
A	65	0101	0x41	a	97	0141	0x61
B	66	0102	0x42	b	98	0142	0x62
C	67	0103	0x43	c	99	0143	0x63
D	68	0104	0x44	d	100	0144	0x64
E	69	0105	0x45	e	101	0145	0x65
F	70	0106	0x46	f	102	0146	0x66
G	71	0107	0x47	g	103	0147	0x67
H	72	0110	0x48	h	104	0150	0x68
I	73	0111	0x49	i	105	0151	0x69
J	74	0112	0x4a	j	106	0152	0x6a
K	75	0113	0x4b	k	107	0153	0x6b
L	76	0114	0x4c	l	108	0154	0x6c
M	77	0115	0x4d	m	109	0155	0x6d
N	78	0116	0x4e	n	110	0156	0x6e
O	79	0117	0x4f	o	111	0157	0x6f
P	80	0120	0x50	p	112	0160	0x70
Q	81	0121	0x51	q	113	0161	0x71
R	82	0122	0x52	r	114	0162	0x72
S	83	0123	0x53	s	115	0163	0x73
T	84	0124	0x54	t	116	0164	0x74
U	85	0125	0x55	u	117	0165	0x75
V	86	0126	0x56	v	118	0166	0x76
W	87	0127	0x57	w	119	0167	0x77
X	88	0130	0x58	x	120	0170	0x78
Y	89	0131	0x59	y	121	0171	0x79
Z	90	0132	0x5a	z	122	0172	0x7a
[	91	0133	0x5b	{	123	0173	0x7b
\	92	0134	0x5c	|	124	0174	0x7c
]	93	0135	0x5d	}	125	0175	0x7d

续上表

Char	Dec	Oct	Hex	Char	Dec	Oct	Hex
^	94	0136	0x5e	~	126	0176	0x7e
_	95	0137	0x5f	(del)	127	0177	0x7f

附录B　C语言的关键字

auto	break	case	char	const
continue	default	do	double	else
enum	extern	float	for	goto
if	int	long	register	return
short	signed	sizeof	static	struct
switch	typedef	union	unsigned	void
volatile	while			

附录C　运算符优先级和结合性

优先级	运算符	含义	要求操作数的个数	结合方向
1	( ) [ ] -> .	圆括号 下标运算符 指向结构体成员运算符 结构体成员运算符		自左向右
2	! ~ ++ -- - （类型） * & sizeof	逻辑非运算符 按位取反运算符 自增运算符 自减运算符 负号运算符 类型转换运算符 地址运算符（取内容） 地址运算符（取地址） 字节长度运算符	1（单目运算符）	自右向左
3	* / %	乘法运算符 除法运算符 求余运算符	2（双目运算符）	自左向右
4	+ -	加法运算符 减法运算符	2（双目运算符）	自左向右
5	<< >>	左移位运算符 右移位运算符	2（双目运算符）	自左向右
6	< <= > >=	关系运算符	2（双目运算符）	自左向右
7	== !=	关系等于运算符 关系不等于运算符	2（双目运算符）	自左向右

续上表

<table>
<tr><th>优 先 级</th><th>运 算 符</th><th>含 义</th><th>要求操作数的个数</th><th>结 合 方 向</th></tr>
<tr><td>8</td><td>&</td><td>按位与运算符</td><td>2（双目运算符）</td><td>自左向右</td></tr>
<tr><td>9</td><td>∧</td><td>按位异或运算符</td><td>2（双目运算符）</td><td>自左向右</td></tr>
<tr><td>10</td><td>|</td><td>按位或运算符</td><td>2（双目运算符）</td><td>自左向右</td></tr>
<tr><td>11</td><td>&&</td><td>逻辑与运算符</td><td>2（双目运算符）</td><td>自左向右</td></tr>
<tr><td>12</td><td>||</td><td>逻辑或运算符</td><td>2（双目运算符）</td><td>自左向右</td></tr>
<tr><td>13</td><td>? :</td><td>条件运算符</td><td>3（三目运算符）</td><td>自右向左</td></tr>
<tr><td>14</td><td>= += -= *=</td><td></td><td></td><td></td></tr>
<tr><td>/= %= >>=</td><td></td><td></td><td></td><td></td></tr>
<tr><td><<= &= |=</td><td>（复合）赋值运算符</td><td>2（双目运算符）</td><td>自右向左</td><td></td></tr>
<tr><td>15</td><td>,</td><td>逗号运算符</td><td></td><td>自左向右</td></tr>
</table>

说明：

（1）表达式中只有一个运算符时，则按该运算符的运算规则及结合方向进行运算；如果表达式中有多个运算符，则必须先分析各个运算符的优先级，从而确定运算次序和运算方向。

（2）处于同一优先级的运算符优先级别相同，运算次序决定于运算符的结合方向。例如 + 和 – 是处于同一优先级上的运算符，其结合方向是自左向右，因此 6+4–2 的运算次序是先加后减；又例如 – 和 ++ 处于同一优先级，结合方向为自右向左，因此 –i++ 等价于 –（i++）。

（3）不同的运算符要求有不同的操作数个数。双目运算符要求在运算符两侧各有一个运算对象；单目运算符只能在运算符的一侧出现一个运算对象；条件运算符是 C 语言中唯一的一个三目运算符。

（4）从上述表中可以大致归纳出各类运算符间的优先次序：

初级运算符（ ）[ ] -> · 　高

单目运算符（包括！）

算术运算符（先乘除后加减）

关系运算符

逻辑运算符（不包括！）

条件运算符

（复合）赋值运算符

逗号运算符 　低

参 考 文 献

[1] 克尼汉，里奇. C程序设计语言[M]. 2版. 徐宝文，李志，译. 北京：机械工业出版社，2004.
[2] C程序设计基础教程[M]. 8版. 李丽娟，等译. 北京：电子工业出版社，2010.
[3] 谭浩强. C程序设计[M]. 3版. 北京：清华大学出版社，2005.
[4] 方少卿. C语言程序设计[M]. 2版. 北京：中国铁道出版社，2015.
[5] 希尔特. C语言大全[M]. 4版. 北京：电子工业出版社，2001.
[6] 韦特，普拉塔. 新编C语言大全[M]. 范植华，樊莹，译. 北京：清华大学出版社，2000.
[7] 方少卿. C语言程序设计[M]. 北京：中国铁道出版社，2009.
[8] 周鸣争. C语言程序设计教程[M]. 成都：电子科技大学出版社，2005.
[9] 贾宗璞，许合利. C语言程序设计[M]. 2版. 北京：中国铁道出版社，2018.
[10] 李聪，曾志华，江伟. C语言程序设计[M]. 北京：中国铁道出版社，2019.
[11] 李岚，胡昌杰. 程序设计语言：C语言[M]. 北京：中国铁道出版社，2019.
[12] 杜凌志. C语言程序设计[M]. 北京：国防工业出版社，2003.